浙江省普通高校“十三五”新形态教材
三菱电机工业自动化系列教材

工业机器人虚拟仿真技术

主　编　黄金梭　周庆慧

副主编　沈正华　杨弟平

参　编　杨清全　鲁文杰

机械工业出版社

本书分为 5 个项目，主要内容包括虚拟工业机器人工作站的创建与仿真、虚拟工业机器人画线工作站的离线编程与仿真、虚拟工业机器人拧螺钉工作站的离线编程与仿真、虚拟工业机器人上下料工作站的离线编程与仿真、虚拟工业机器人立体仓库工作站的离线编程与仿真。本书内容既有理论知识讲解的部分，又有任务实施指导的部分，主动适应了“学中做、做中学”的教学方法改革。

本书为立体化新形态教材，读者通过扫描书中二维码即可下载虚拟工作站资源包、视频、动画、图片等数字资源，特别是在教材中无法用“图片+文字”方式描述清楚的内容，通过扫描二维码观看操作视频讲解、示范和动画演示，即可直观明了地展示，实现了线上线下相结合的教学新模式。

本书可作为高等职业院校和应用型本科院校工业机器人技术、机电一体化技术和电气自动化技术等相关专业“工业机器人离线编程与仿真”课程的教材，同时也可作为三菱工业机器人入门学习、工程师的职业技能培训、自学的参考资料。

本书配有授课电子课件等资源，需要的教师可登录 www.cmpedu.com 免费注册，审核通过后下载，或联系编辑索取（微信：13146070618，电话：010-88379739）。

图书在版编目（CIP）数据

工业机器人虚拟仿真技术 / 黄金梭，周庆慧主编. —北京：机械工业出版社，2022.12

三菱电机工业自动化系列教材

ISBN 978-7-111-72116-1

Ⅰ. ①工… Ⅱ. ①黄… ②周… Ⅲ. ①工业机器人-计算机仿真-高等职业教育-教材 Ⅳ. ①TP242.2

中国版本图书馆 CIP 数据核字（2022）第 222031 号

机械工业出版社（北京市百万庄大街 22 号　邮政编码 100037）

策划编辑：汤　枫　　　　责任编辑：汤　枫

责任校对：张亚楠　梁　静　　责任印制：郜　敏

中煤（北京）印务有限公司印刷

2023 年 1 月第 1 版 • 第 1 次印刷

184 mm×260 mm • 13.5 印张 • 298 千字

标准书号：ISBN 978-7-111-72116-1

定价：59.00 元

电话服务	网络服务
客服电话：010-88361066	机　工　官　网：www.cmpbook.com
010-88379833	机　工　官　博：weibo.com/cmp1952
010-68326294	金　　书　　网：www.golden-book.com
封底无防伪标均为盗版	机工教育服务网：www.cmpedu.com

前　言

随着我国经济的不断发展和技术的不断进步，工业机器人在工业生产中的应用越来越广泛、普遍，甚至在日常生活中也见到了工业机器人应用的案例。由于过去我国对工业机器人技术领域的教育存在“重研发轻应用、偏理论缺实践”的现象，导致工业机器人技术行业出现了人才的结构性矛盾，掌握工业机器人应用技术的人才已经出现较大缺口。而在工业机器人应用型人才的培养上也遇到诸多问题，例如工业机器人实训设备成本高、占地面积大、生均台套数少，特别是工业机器人动作控制的数学原理比较抽象，如果学习人员在没有任何基础知识的情况下，就直接学习操作工业机器人设备，会存在较大人身与设备财产安全风险。

编写本书的目的正是为了解决在没有真实工业机器人设备的情境下，也能开展工业机器人应用技术的理论知识教学和仿真操作训练的问题，从而为后续开展真实工业机器人操作教学奠定基础。

本书在形态上，吸取大部分实操类教材图文并茂、浅显易懂的优点；摒弃满篇都是操作截图、毫无理论知识支撑的缺点；吸取大部分理论类教材知识体系结构完整、创新性强的优点；摒弃枯燥乏味、抽象难以理解的缺点。采用纸质书嵌入多媒体数字资源的方法，将操作视频、原理知识讲解视频、虚拟动画等素材以二维码方式嵌入在书中相关页面上，将原本用文字和图片无法描述的内容更加形象生动地展示出来，供读者扫描、实时观看。

本书在内容上，摒弃传统的以知识逻辑结构为线索的教材编写体系，而是将知识体系打散，以够用为原则进行取舍，将知识讲解分析与技能训练指导相结合，按照项目实施的需要重新组织知识模块，将其分散在各个项目单元中。根据以上思路，本书以若干个虚拟仿真项目为载体，将项目划分为若干个任务，并按照这些项目完成的先后顺序进行编写。编写每个项目单元时，以整个项目的完整工作过程为线索，对完成每个项目所需要的理论知识和项目任务的实施步骤进行二次设计与整合，能够有效引导学生养成“学中做、做中学”的学习方法，改进了“先集中知识阐述，最后设计课程实践内容”的不足之处。本书既可用于指导有真实实训设备的教学过程，也可以用于指导数字化虚拟设备的模拟仿真实训。

本书由高校“双师”型教师和三菱电机自动化（中国）有限公司的工程师“双元”合作开发，是校企深度融合、长期合作的成果，也是“双高校”高水平专业群的一项重要建设成果。

建议在完成“线性代数”“SolidWorks 三维建模”等前导课程后，再开始本课程的学习。

本书建议采用 64 学时开展相关课程的教学活动。具体学时分配建议见下表：

序 号	内 容	建议学时
1	项目一：虚拟工业机器人工作站的创建与仿真	8
2	项目二：虚拟工业机器人画线工作站的离线编程与仿真	12
3	项目三：虚拟工业机器人拧螺钉工作站的离线编程与仿真	12
4	项目四：虚拟工业机器人上下料工作站的离线编程与仿真	16
5	项目五：虚拟工业机器人立体仓库工作站的离线编程与仿真	16

本书由黄金梭、周庆慧担任主编，沈正华、杨弟平担任副主编。项目一的任务引导、项目五整体由温州职业技术学院黄金梭编写；项目二、项目三的任务引导由温州职业技术学院周庆慧编写；项目四整体由温州职业技术学院沈正华编写；项目一的知识学习由三菱电机自动化（中国）有限公司杨弟平编写，同时，杨弟平参与了所有项目案例载体的教学设计工作；项目三的知识学习由温州职业技术学院杨清全编写；项目二的知识学习由东南电子股份有限公司鲁文杰提供，并负责参与该项目案例的教学转化设计工作；最后，本书由温州职业技术学院黄金梭统稿。在本书编写过程中，三菱电机自动化（中国）有限公司提供了许多宝贵经验和建议，并提供了大量的素材，对本书的编写工作给予了大力支持及指导，在此表示衷心感谢。

由于编者水平有限，书中难免有错漏之处，恳请读者批评指正。

编　者

目　　录

项目一　虚拟工业机器人工作站的创建与仿真

【项目介绍】

本项目的主要内容是在三菱工业机器人虚拟仿真系统上创建虚拟的工业机器人工作站，并尝试开展一些虚拟零部件仿真特性的验证性操作。该项目要求分别制作抓取型终端工具和处理型终端工具，并对虚拟工件进行抓取移动和轨迹插补的仿真操作。

为了逐步引导完成该项目的实施，分别设计了安装、打开三菱工业机器人离线编程与虚拟仿真系统，创建搬运工业机器人虚拟仿真工作站和创建加工工业机器人虚拟仿真工作站三个工作任务。

通过该项目的练习，读者应入门三菱工业机器人虚拟仿真系统的使用方法，为后续开展虚拟工业机器人离线编程与仿真运行项目奠定软件操作的基础。

【任务引导】

实训任务 1.1　安装、打开三菱工业机器人离线编程与虚拟仿真系统

一、任务介绍分析

本次实训任务的主要内容是安装三菱工业机器人的管理软件 RT ToolBox 和虚拟仿真的三维环境 SolidWorks。

为了理解并完成该任务，需要了解三菱工业机器人离线编程和虚拟仿真系统的整体框架构成及其工作原理，明确工业机器人离线编程与虚拟仿真系统的用途，以及搭建上述系统需要安装哪些软件，软件安装有哪些要求。

待虚拟仿真系统运行所需的软件安装完毕后，才能开始本项目后续任务的执行。

二、相关知识链接

知识 1.1。

三、任务实施步骤

（1）安装 SolidWorks

鉴于篇幅原因，本书不对 SolidWorks 软件本身的获取和安装做过多说明。有关 SolidWorks 3D 设计软件的详细安装说明请参考达索系统集团发布的关于 SolidWorks 软件安装指导教程和操作使用指导教程。

【知识点】SolidWorks 软件在三菱工业机器人虚拟仿真系统中起到什么作用？安装 SolidWorks 对计算机硬件有哪些要求？请学习知识 1.3 的内容后做思考。

（2）安装 RT ToolBox

在浏览器中登录三菱电机自动化（中国）有限公司网址：https://mitsubishielectric. yangben.cn，下载三菱工业机器人管理软件 RT ToolBox3 Pro 1.61P。请扫描二维码 1-1，观看“三菱工业机器人管理软件下载”的操作演示微课，此处不对 RT ToolBox 软件的安装过程做过多说明，详细请参考三菱电机自动化（中国）有限公司发布的关于 RT ToolBox 软件安装指导教程和软件安装引导，逐步完成软件的安装。安装过程中所需的序列号，可向三菱电机自动化（中国）有限公司申请索要。

微课：操作演示

1-1　三菱工业机器人管理软件下载

【知识点】为什么要先安装 SolidWorks，再安装 RT ToolBox？请结合知识 1.1.2 的内容做思考。

（3）打开 SolidWorks

双击计算机桌面上的图标，打开 SolidWorks 三维软件，三维软件打开后的界面如图 1-1 所示。

图 1-1　SolidWorks 软件界面

（4）打开 RT ToolBox

双击计算机桌面上的图标，打开 RT ToolBox 机器人管理软件后的界面如图 1-2 所示。

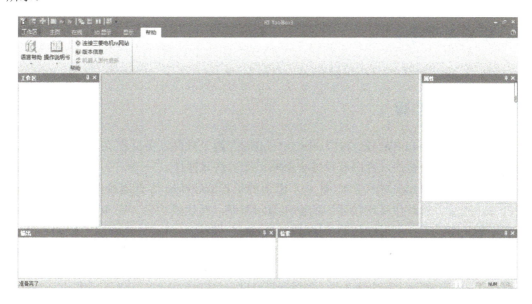

图 1-2　RT ToolBox 软件界面

实训任务 1.2　创建搬运工业机器人虚拟仿真工作站

一、任务介绍分析

本次实训任务的主要内容是创建工业机器人工作站文件，制作抓取型虚拟终端执行器（也叫虚拟终端工具）和虚拟工件，并对其虚拟仿真特性开展验证性实验，如图 1-3 所示。

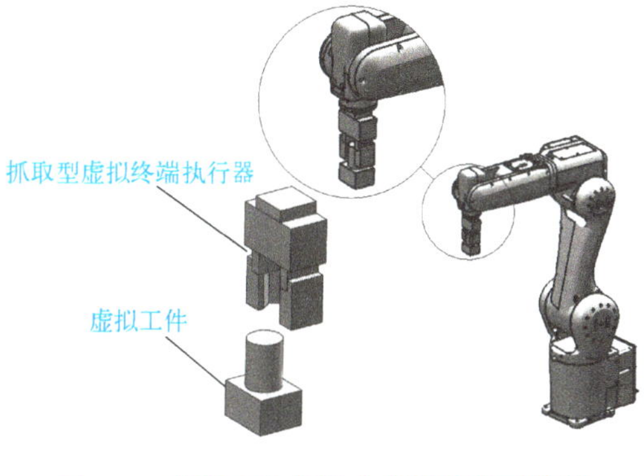

图 1-3　搬运工业机器人虚拟仿真工作站

为了理解并完成该任务，除了安装实训任务 1.1 所需要的软件及具备其相关知识外，还需要了解虚拟零部件的种类、仿真特性、文件类型、命名要求以及标识的概念，重点掌握抓取型虚拟终端执行器和虚拟工件的仿真特性及其制作规范。

二、相关知识链接

知识 1.2.1、知识 1.2.2、知识 1.2.3、知识 1.3.3。

三、任务实施步骤

1）先后打开 SolidWorks 2017 和 RT ToolBox3 两个软件，务必在完全打开第一个软件后再打开第二个软件，否则有可能会影响后续的仿真连接。

2）在 SolidWorks 中开启如图 1-4 所示的 RT ToolBox 仿真连接器。请扫描二维码 1-2，观看“启动仿真连接器”的操作演示微课。开启成功后，在 RT ToolBox 软件的右下角状态栏上会出现红色的“MELFA-Works”图标。

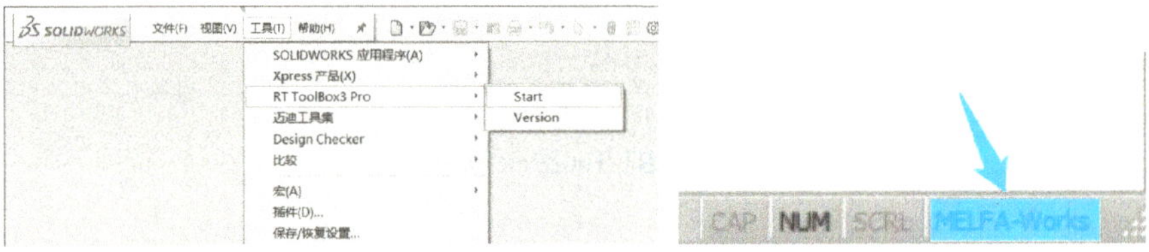

图 1-4　虚拟仿真器开启按钮与图标

3）在 RT ToolBox 中，新建工业机器人工作站文件。请扫描二维码 1-3，观看“新建工业机器人工作站”的操作演示微课。

【知识点】执行第 3）步后，应用知识 1.3.4 的内容，理解工作站、工作区、工程和计算机磁盘上对应文件夹的关系。

4）在 RT ToolBox 中，链接虚拟仿真器，使工作站进入虚拟仿真状态。请扫描二维码 1-4，观看“链接虚拟仿真器”的操作演示微课。

【知识点】制作抓取型虚拟终端工具需要满足哪些条件？请学习知识 1.2.1 和知识 1.2.2 的内容后再执行以下第 5）～7）任务步骤。

5）扫描二维码 1-5，下载“抓取型虚拟终端工具”三维模型素材，并保存在第 3）

微课：操作演示
1-2　启动仿真连接器

微课：操作演示
1-3　新建工业机器人工作站

微课：操作演示
1-4　链接虚拟仿真器

素材：三维模型
1-5　抓取型虚拟终端工具

步所创建的工作站文件中。该文件是以中间格式保存的，可以用任意版本的 SolidWorks 打开，并保存为 sldprt 格式，文件名为“虚拟抓手_Hand”。请扫描二维码 1-6，观看“虚拟抓手的打开与保存”的操作演示微课。

6）为抓取型虚拟终端工具添加两个标识：Orig1 和 Pick1。请扫描二维码 1-7，观看“虚拟抓手的标识添加”的操作演示微课。

7）将抓取型虚拟终端工具安装到机器人末端法兰上，请扫描二维码 1-8，观看“虚拟终端工具的安装”的操作演示微课。

微课：操作演示

1-6　虚拟抓手的打开与保存

微课：操作演示

1-7　虚拟抓手的标识添加

微课：操作演示

1-8　虚拟终端工具的安装

【知识点】制作虚拟工件需要满足哪些条件？请学习知识 1.2.1 和知识 1.2.3 的内容后再执行以下第 8）、9）任务步骤。

8）扫描二维码 1-9，下载“虚拟工件”三维模型素材，并保存在第 3）步所创建的工作站文件中。该文件是以中间格式保存的，可以用任意版本的 SolidWorks 打开，并保存为 sldprt 格式，文件名为“虚拟工件_Work”。请扫描二维码 1-10，观看“虚拟工件的打开与保存”的操作演示微课。

9）为虚拟工件添加一个标识：Orig1。请扫描二维码 1-11，观看“虚拟工件的标识添加”的操作演示微课。

10）使用虚拟抓手抓取虚拟工件，验证抓取型虚拟终端工具与虚拟工件的仿真特性。请扫描二维码 1-12，观看“虚拟抓手与虚拟工件的仿真特性试验”的操作演示微课。

素材：三维模型

1-9　虚拟工件

微课：操作演示

1-10　虚拟工件的打开与保存

微课：操作演示

1-11　虚拟工件的标识添加

微课：操作演示

1-12　虚拟抓手与虚拟工件的仿真特性试验

【知识点】虚拟工件被虚拟终端工具虚拟抓取的决定因素是什么？请学习知识 1.2.2 和知识 1.2.3 有关标识的内容后解答。

实训任务 1.3　创建加工工业机器人虚拟仿真工作站

一、任务介绍分析

本次实训任务的主要内容是创建加工工业机器人工作站文件，制作加工型虚拟终端执行器，并对其虚拟仿真特性开展验证性实验，如图 1-5 所示。

为了理解并完成该任务，除了需要前述所有任务相关的软件及知识外，还需要掌握加工型虚拟终端执行器的仿真特性及其制作规范。

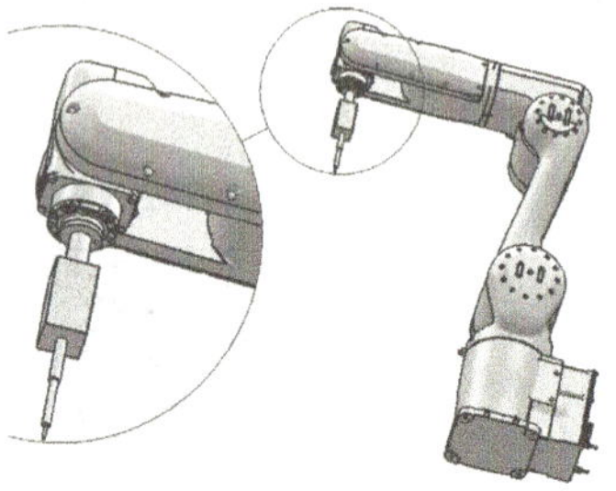

图 1-5　加工工业机器人虚拟仿真工作站

二、相关知识链接

知识 1.2.1、知识 1.2.2、知识 1.3.3。

三、任务实施步骤

1）参考实训任务 1.2 中的第 1）～4）步操作指导，创建本次任务的工作站文件，命名为“实训任务 1.3 加工工业机器人虚拟仿真工作站文件”，并进入虚拟仿真状态。

【知识点】制作加工型虚拟终端工具需要满足哪些条件？请学习知识 1.2.1 和知识 1.2.2 的内容后再执行以下第 2）、3）任务步骤。

2）扫描二维码 1-13，下载“虚拟加工工具”三维模型素材，并保存在第 1）步所创建的工作站文件中。该文件是以中间格式保存的，可以用任意版本的 SolidWorks 打开，并保存为 sldprt 格式，文件名为“虚拟加工工具_Hand”。请扫描二维码 1-14，观看“打开和保存虚拟加工工具”的操作演示微课。

3）为加工型虚拟终端工具添加两个标识：Orig1 和 Orig2。请扫描二维码 1-15，观看“虚拟加工工具的标识添加”的操作演示微课。

素材：三维模型

1-13　虚拟加工工具

微课：操作演示

1-14　打开和保存虚拟加工工具

微课：操作演示

1-15　虚拟加工工具的标识添加

【知识点】加工型机器人终端工具的第 2 标识与抓取型终端工具的第 2 标识在仿真功能上有何不同？请学习知识 1.2.2 有关标识的内容后解答。

4）参考实训任务 1.2 中的第 7）步操作指导，将加工型虚拟终端工具安装到机器人末端法兰上。

5）扫描二维码 1-16，下载“虚拟工件-加工用”的三维模型素材，并保存在第 1）步所创建的工作站文件中。该文件是以中间格式保存的，可以用任意版本的 SolidWorks 打开，并保存为 sldprt 格式，文件名为“虚拟加工工件_Work”。请扫描二维码 1-17，观看“虚拟加工工件的打开与保存”的操作演示微课。

6）使用虚拟加工工具在虚拟加工工件上做单击移动操作，验证加工型虚拟终端工具的仿真特性。请扫描二维码 1-18，观看“单击移动仿真特性试验”的操作演示微课。

7）使用虚拟加工工具在虚拟加工工件上做轨迹插补移动，验证加工型虚拟终端工具的仿真特性。请扫描二维码 1-19，观看“样条轨迹插补仿真特性试验”的操作演示微课。

素材：三维模型

1-16　虚拟工件-加工用

微课：操作演示

1-17　虚拟加工工件的打开与保存

微课：操作演示

1-18　单击移动仿真特性试验

微课：操作演示

1-19　样条轨迹插补仿真特性试验

【知识学习】

知识 1.1　机器人离线编程与虚拟仿真概述

知识 1.1.1　离线编程与虚拟仿真的概念

离线编程与虚拟仿真是指借助计算机图形学的成果，建立机器人及其外围环境的虚拟模型，再通过相应的编程语言，转化成一定的规划与算法，对虚拟模型的图形进行控制和操作，实现虚拟机器人系统的编程控制和运动仿真效果。利用工业机器人的离线编程与虚拟仿真功能，能够在不依赖现场设备的条件下，借助计算机中的虚拟工业机器人及其外围环境模型，模拟工业机器人的现场编程操作和作业。机器人离线编程具有以下优点：

1）效果形象直观，便于学习者细致观察机器人动作和理解抽象概念。

2）操作过程安全便捷，环境优越。现场操作具有一定的危险，且工业机器人往往在比较恶劣的环境中作业。

3）不占用工业机器人作业时间，提高工业机器人的使用率。在计算机上对下一个作业任务进行离线编程和作业仿真时，机器人不需要停机，仍可在生产线上作业。

4）便于实现更加复杂作业任务的程序设计。

5）便于开展机器人作业系统集成的一体化设计。

知识 1.1.2 三菱工业机器人离线编程与仿真系统的构成

MELFA-Works 是一个运行在 SolidWorks 软件环境下的插件，借助该插件可进行虚拟工业机器人系统构建、动作的模拟控制和参数设置等诸多项目的模拟仿真操作。由于 MELFA-Works 是 SolidWorks 中的一个插件，因此，可方便地使用由 SolidWorks 创建的各种虚拟零部件作为虚拟工业机器人的各种外围设备，比如终端执行器、工件等。另外，机器人编程软件 RT ToolBox 也可以像链接真实机器人控制器一样，链接至 MELFA-Works 中的虚拟控制器。通过 RT ToolBox 可实现对 MELFA-Works 中的虚拟控制器进行程序设计、参数设置等虚拟操作。借助 MELFA-Works，RT ToolBox 还可以对 SolidWorks 环境中的虚拟机器人本体进行操作，如虚拟机器人本体当前位置的读取、虚拟示教盒操控等。三菱工业机器人离线编程与虚拟仿真系统总览如图 1-6 所示。

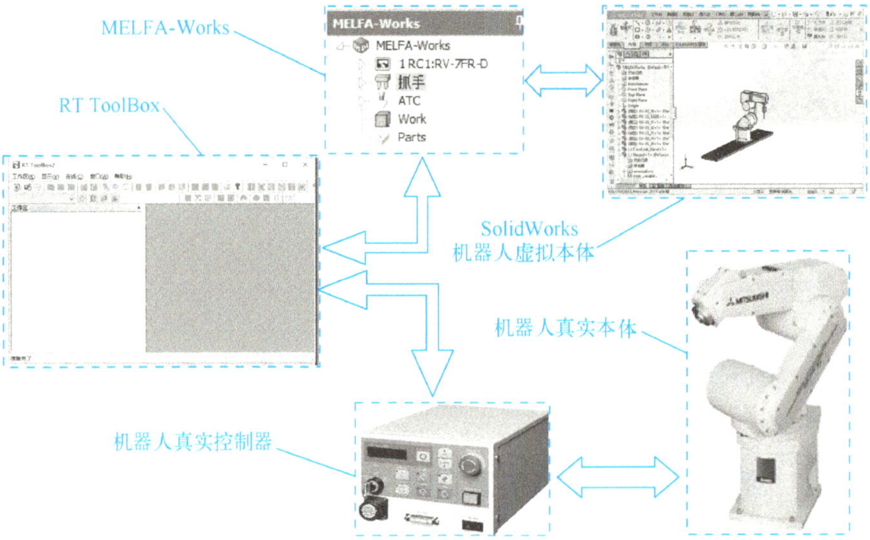

图 1-6 三菱工业机器人离线编程与虚拟仿真系统总览

知识 1.1.3 三菱工业机器人离线编程与仿真系统的软件安装

在计算机上必须先安装 SolidWorks 软件后，再安装 RT ToolBox 软件，才能正常使用 MELFA-Works。

1. SolidWorks 的安装

软件版本要求：SolidWorks 2010～SolidWorks 2017。上述版本经测试，已经被确认可以正常操作；同样，更高版本也是可以使用的。需要注意的是，高版本 SolidWorks 创建的文件无法被低版本 SolidWorks 软件打开。

计算机安装要求：为了获得流畅的视觉体验，建议优化对计算机显卡的配置，例如独立显卡、提高显卡内存、提高显卡处理速度等。安装 SolidWorks 计算机配置至少要满足表 1-1 所示的要求。

表 1-1　SolidWorks 的计算机安装要求

计算机要求		版　本		
		SolidWorks 2015	SolidWorks 2016	SolidWorks 2017
操作系统	Win10，64 位	√	√	√
	Win8.1，64 位	√	√	√
	Win8.2，64 位	√	×	×
	Win7 SP1，64 位	√	√	√
硬件	内存	8GB 以上		
	磁盘空间	3GB 以上		
	显卡	独立显卡和驱动，例如 NVIDA QUEDRO 显卡		
	处理器	英特尔或 AMD，支持 SSE2，64 位操作系统		

SolidWorks 安装：请参考 SolidWorks 安装与管理指南。

2. RT ToolBox3 的安装

本文只介绍 RT ToolBox3 Pro 1.01B 及以后版本安装的有关知识。

计算机安装要求：如果需要安装 SolidWorks 软件，计算机配置不能低于表 1-2 所示的要求。

表 1-2　RT ToolBox3 的计算机安装要求

项　目	推荐环境
CPU	Mini/标准版： 英特尔*Core™2Duo 处理器 2GHz 以上 标准版中多台启动时的模拟： 英特尔*Core™i7 系列以上 VRAM 1GB 以上的显卡 专业版： 需要 SolidWorks 运行，参考 SolidWorks 要求的操作环境
主内存	8GB 以上
硬盘	Mini/标准版： 32 位操作系统要求 1GB 以上；64 位操作系统要求 2GB 以上 专业版： 需要 SolidWorks 运行，参考 SolidWorks 要求的操作环境
虚拟内存	RT ToolBox3 运行时需要 512MB 以上
显示器	XGA（1024×768 像素）以上
通信功能 通信端口	USB2.0 LAN：100Base-TX/10Base-T RS-232 端口：最低波特率 9600bit/s
操作系统	需要 SolidWorks 2016 以上版本时，操作系统必须为 64 位 建议 Windows 7 及以上版本

知识 1.2　机器人虚拟零部件的制作规范

知识 1.2.1　虚拟零部件概述

1. 虚拟零部件种类

在虚拟工业机器人仿真作业中，存在以下 4 种类型的虚拟零部件，分别为：①虚拟终端执行器（抓取型和加工型执行器）；②虚拟自动换刀器（Auto Tool Changer，ATC）母体和工具；③虚拟工件；④虚拟行走台，如图 1-7 所示。扫描二维码 1-20，下载“虚拟零部件仿真特性综合演示工作站”的文件素材。扫描二维码 1-21，观看“虚拟零部件仿真特性综合演示”的动画。

素材：工作站文件

1-20　虚拟零部件仿真特性综合演示工作站

动画：功能演示

1-21　虚拟零部件仿真特性综合演示

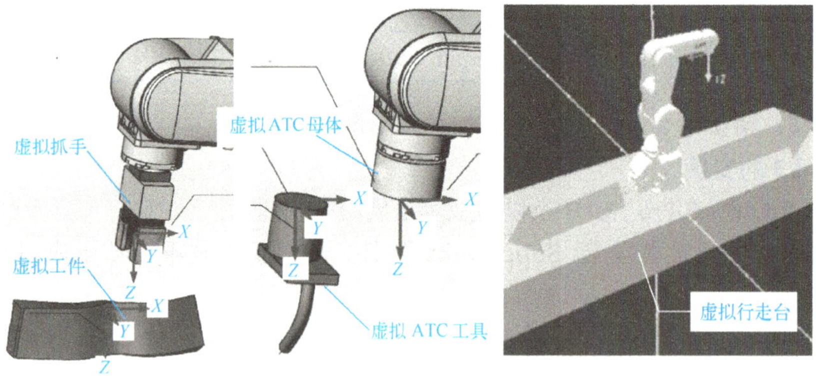

图 1-7　虚拟零部件举例

2. 虚拟零部件的仿真特性

1）抓取型终端执行器：可以装配在虚拟工业机器人本体末端法兰面上，具有随着工业机器人本体运动而运动的仿真效果；用于抓取虚拟工件，具有抓取工件一起运动的仿真效果，如二维码 1-22 动画所示。

2）加工型终端执行器：可以装配在虚拟工业机器人本体末端法兰面上，具有随着工业机器人本体运动而运动的仿真效果；用于焊接、切割等虚拟仿真作业，具有沿着工件上某一特定轨迹运动的仿真效果，如二维码 1-23 动画所示。

动画：功能演示

1-22　抓取型终端执行器仿真特性动画

动画：功能演示

1-23　加工型终端执行器仿真特性动画

3）自动换刀器：自动换刀器包括母体和工具两个部分，自动换刀器母体（ATC Master）可以装配在虚拟工业机器人本体末端法兰面上，并跟随机器人本体运动而运动；自动换刀器工具（ATC Tool）可装配在 ATC 母体上（此时，工具必须在母体 200mm 附近），并跟随机器人本体运动而运动；或从 ATC 母体上移除。通过控制器置位或复位相应的 I/O 信号，可以实现工具的自动装配和移除动作，如二维码 1-24 动画所示。

动画：功能演示

1-24 自动换刀器仿真特性动画

4）虚拟工件：可以被抓取型虚拟终端执行器抓取，并跟随该终端执行器运动而运动。

5）虚拟行走台：可将多个虚拟机器人本体依次安装在行走台上，并控制该机器人本体在行走台上的移动，如二维码 1-25 动画所示。

动画：功能演示

1-25 虚拟行走台仿真特性动画

3. 虚拟零部件的文件语法结构

在 MELFA-Works 中，由 SolidWorks 创建的.sldprt 语法结构文件或由其他 CAD 软件创建且被 SolidWorks 转化为.sldprt 语法结构后的文件，才能被正常识别为虚拟零部件而装配到虚拟工作站中使用。其他语法结构的模型文件，不能用来制作虚拟零部件，如装配体.asm 语法结构文件。

4. 虚拟零部件的文件命名要求

一个虚拟零部件的文件名由“用户定义名”+“_识别符”+“.sldprt”等构成。特别注意的是，文件名区分大小写。

MELFA-Works 通过识别符来区分该虚拟零部件是虚拟终端执行器还是虚拟工件；不同的识别符代表不同的虚拟零部件类型，具体如下。

虚拟终端执行器：xxx_Hand.sldprt；

虚拟工件：xxx_Work.sldprt；

ATC 母体：xxx_MasterATC.sldprt；

ATC 工具：xxx_ToolATC.sldprt；

虚拟行走台：xxx.sldprt。

其中，“xxx”表示用户定义名，由数字、中文字符、英文字母及可用符号（如“+”“&”）等构成。虚拟行走台没有识别符。

5. 标识

在 SolidWorks 零部件中添加坐标系，并按照命名规则命名该坐标系后，成为 MELFA-Works 的一个标识（Mark）。当虚拟零部件之间连接时，标识作为相对位置参考之用，如终端执行器安装或工件抓取，如图 1-8 所示。标识的使用详见各个虚拟零部件的制作规范中的标识说明部分。

知识 1.2.2 虚拟终端执行器制作规范

MELFA-Works 可以识别并使用表 1-3 中所述的 4 种虚拟终端执行器。每个终端执行器必须添加一个连接用的标识 Orig1，才能被顺利地装配在机器人本体末端法兰面或

ATC 母体上。第 2 个标识略有不同。

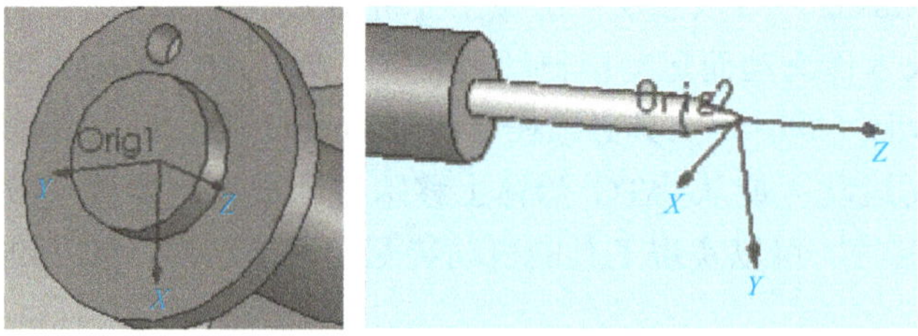

图 1-8　终端执行器安装用标识和处理用标识

表 1-3　终端执行器类型

<table>
<tr><th colspan="2">终端执行器类型</th><th>第 1 标识</th><th>第 2 标识</th><th>说　明</th></tr>
<tr><td rowspan="2">固定终端执行器</td><td>抓取型终端执行器</td><td rowspan="3">坐标系 Orig1（机器人侧）</td><td>坐标系 Pick1～Pick8（工件侧，抓取点）</td><td rowspan="3">直接装配到机器人本体末端法兰面上。安装位置由终端执行器上的标识 Orig1 和机器人本体末端上的标识 Orig2 决定</td></tr>
<tr><td>加工型终端执行器</td><td>坐标系 Orig2（工件侧，处理点）</td></tr>
<tr><td rowspan="2">自动换刀器（ATC）</td><td>ATC 母体</td><td>坐标系 Orig2（工具侧）</td></tr>
<tr><td>ATC 工具</td><td>坐标系 Orig1（ATC 母体侧）</td><td>坐标系 Orig2（工件侧）</td><td>装配在 ATC 母体上。安装位置由 ATC 母体上的标识 Orig2 和 ATC 上的标识 Orig1 决定</td></tr>
</table>

1. 抓取型终端执行器的制作规范

（1）文件语法结构和文件名的命名

SolidWorks 零部件语法结构为 xxx_Hand.sldprt。注意用户定义名与识别符之间需加下画线，其他语法结构不能制作虚拟终端执行器。例如，新建一个文件名为“Pick1_Hand.sldprt”的 SolidWorks 零部件。

微课：知识讲解

1-26　抓取型终端执行器的制作规范

（2）标识的添加

第 1 标识：Orig1。利用 SolidWorks 在抓取型终端执行器的安装面上添加一个坐标系，并将该坐标系命名为 Orig1（注意区分大小写），从而形成第 1 个标识 Orig1，如图 1-9 所示；通过将该标识与机器人本体末端法兰面的第 2 标识 Orig2 重合，从而实现将抓取型终端执行器固定在机器人本体末端法兰面上的目的。

第 2 标识：Pick1～Pick8。利用 SolidWorks 在抓取型终端执行器 1 的抓取位上添加一个坐标系，并将该坐标系命名为 Pick1（注意区分大小写），从而形成该终端执行器的第 2 个标识 Pick1，如图 1-10 所示；通过将该标识与工件上的第 1 标识 Orig1 重合，从而实现抓取型终端执行器抓取工件的目的。一个机器人本体上最多能安装 8 只抓取型终端执行器，可以依次为每次终端执行器添加 Pick2～Pick8 的第 2 标识，如图 1-11 所示。

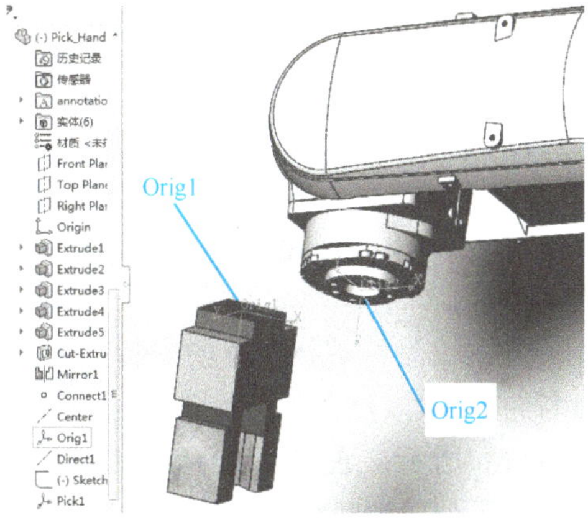

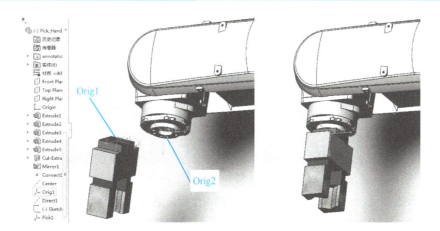

图 1-9　抓取型终端执行器的第 1 标识

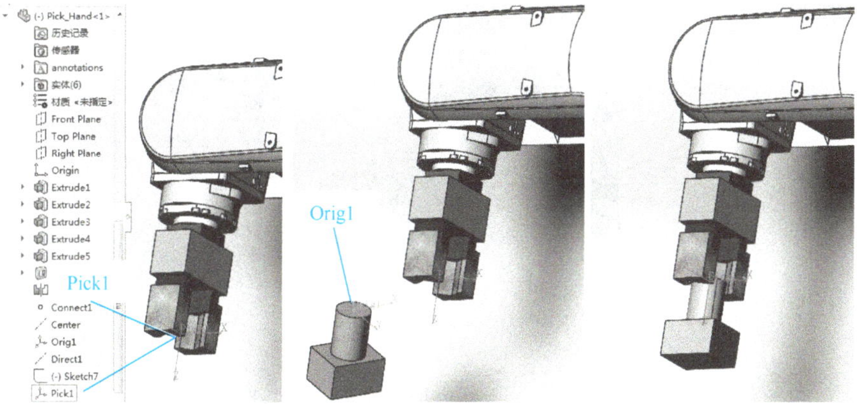

图 1-10　单个抓取型终端执行器的第 2 标识

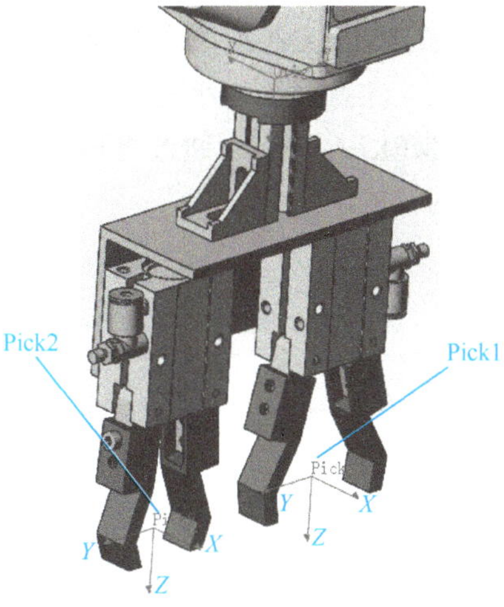

图 1-11　多终端执行器时第 2 标识的定义

2. 加工型终端执行器的制作规范

微课：知识讲解

1-27 加工型终端执行器的制作规范

（1）文件语法结构和文件名的命名

SolidWorks 零部件语法结构为 xxx_Hand.sldprt。注意用户名与识别符之间需加下画线，其他语法结构不能制作虚拟终端执行器。例如，新建一个文件名为“Welding_Hand.sldprt”的 SolidWorks 零部件。

（2）标识的添加

第 1 标识：Orig1。利用 SolidWorks 在加工型终端执行器的安装面上添加一个坐标系，并将该坐标系命名为 Orig1（注意区分大小写），从而形成第 1 个标识 Orig1，如图 1-12 所示；通过将该标识与机器人本体末端法兰面的第 2 标识 Orig2 重合，从而实现将加工型终端执行器固定在机器人本体末端法兰面上的目的。

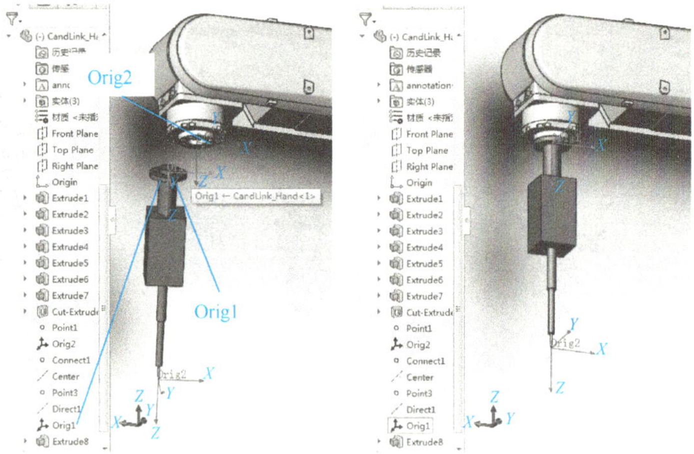

图 1-12 加工型终端执行器的第 1 标识

第 2 标识：Orig2。利用 SolidWorks 在加工型终端执行器 1 的加工点添加一个坐标系，并将该坐标系命名为 Orig2（注意区分大小写），从而形成该终端执行器的第 2 个标识 Orig2，如图 1-13 所示；MELFA-Works 通过将该标识与工件上的轨迹重合，从而实现控制机器人沿着轨迹运动的目的。

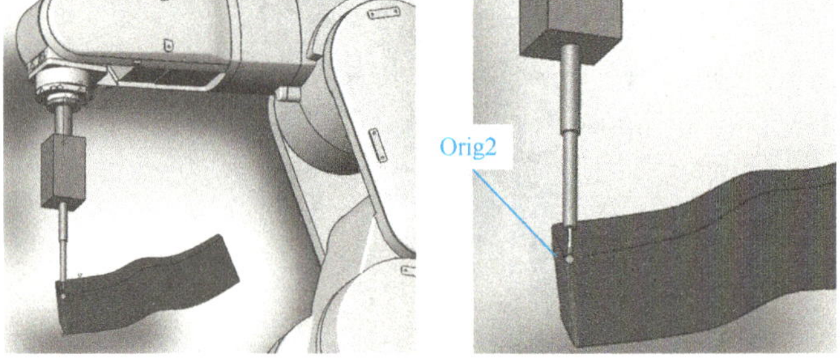

图 1-13 加工型终端执行器的第 2 标识

3. ATC 母体的制作规范

微课：知识讲解

1-28　ATC 母体的制作规范

素材：三维模型

1-29　ATC 母体

（1）文件语法结构和文件名的命名

SolidWorks 零部件语法结构为 xxx_MasterATC.sldprt。注意用户名与识别符之间需加下画线，其他语法结构不能制作虚拟终端执行器。例如，新建一个文件名为“转盘_MasterATC.sldprt”的 SolidWorks 零部件，扫描二维码 1-29，可下载 ATC 母体三维模型文件（SolidWorks 2017 版本零部件格式）。

（2）标识的添加

第 1 标识：Orig1。利用 SolidWorks 在 ATC 母体的安装面上添加一个坐标系，并将该坐标系命名为 Orig1（注意区分大小写），从而形成第 1 个标识 Orig1，如图 1-14 所示；通过将该标识与机器人本体末端法兰面的第 2 标识 Orig2 重合，从而实现将 ATC 母体固定在机器人本体末端法兰面上的目的。

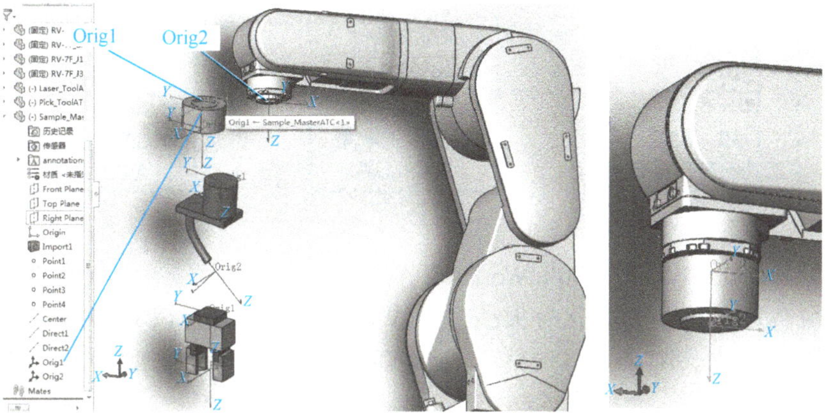

图 1-14　ATC 母体的第 1 标识

第 2 标识：Orig2。利用 SolidWorks 在 ATC 母体的工具侧安装面添加一个坐标系，并将该坐标系命名为 Orig2（注意区分大小写），从而形成该 ATC 母体的第 2 个标识 Orig2，如图 1-15 所示；MELFA-Works 通过将该标识与 ATC 工具上的第 1 个标识 Orig1 重合，从而实现控制 ATC 母体抓取 ATC 工具的目的。

4. ATC 工具的制作规范

（1）文件语法结构和文件名的命名

SolidWorks 零部件语法结构为 xxx_ToolATC.sldprt。注意用户名与识别符之间需加下画线，其他语法结构不能制作虚拟终端执行器。例如，新建一个文件名为“Pick_ToolATC.sldprt”的 SolidWorks 零部件，扫描二维码 1-31、二维码 1-32，可下载抓取型、加工型 ATC 工具三维模型文件（SolidWorks2017 版本零部件格式）。

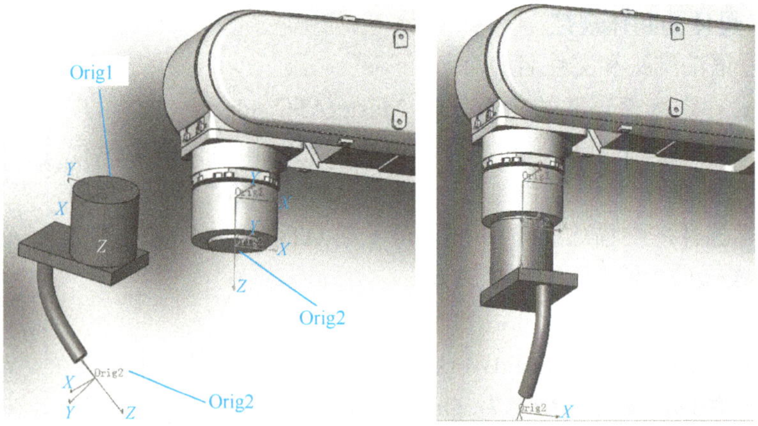

图 1-15　ATC 母体的第 2 标识

微课：知识讲解

1-30　ATC 工具的制作规范

素材：三维模型

1-31　抓取型 ATC 工具

素材：三维模型

1-32　加工型 ATC 工具

（2）标识的添加

第 1 标识：Orig1。利用 SolidWorks 在 ATC 工具的安装面上添加一个坐标系，并将该坐标系命名为 Orig1（注意区分大小写），从而形成第 1 个标识 Orig1，如图 1-16 所示；通过将该标识与 ATC 母体的第 2 标识 Orig2 重合，从而实现将 ATC 工具连接在 ATC 母体上的目的。

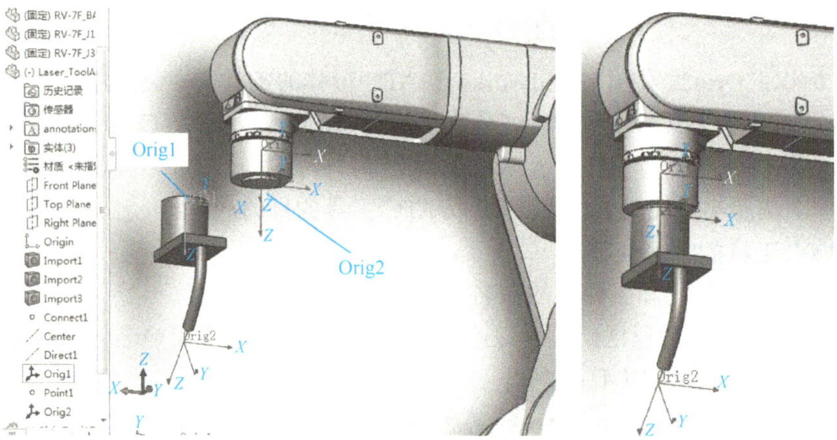

图 1-16　ATC 工具的第 1 标识

第 2 标识：Pick1～Pick8 或 Orig2。当 ATC 工具为抓取型终端执行器时，其标识添加与功能可参照抓取型终端执行器标识 Pick1～Pick8 的制作规范，抓取型终端执行器最多可以添加 8 个标识，即最多可以模拟抓取 8 个工件；如果 ATC 工具为加工型终端执行器时，其标识的添加与功能可参照加工型终端执行器标识 Orig2 的制作规范，加工型终端执行器最多可以添加 1 个标识，如图 1-17 所示。

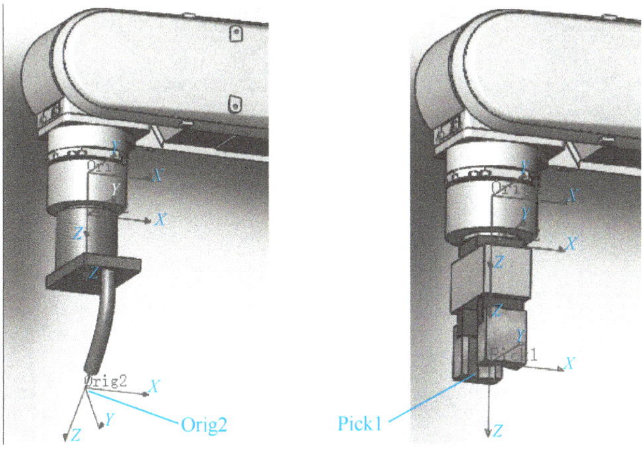

图 1-17　ATC 工具的第 2 标识

知识 1.2.3　虚拟工件制作规范

（1）文件语法结构和文件名的命名

SolidWorks 零部件语法结构为 xxx_Work.sldprt。注意用户名与识别符之间需加下画线，其他语法结构不能制作虚拟工件。例如，新建一个文件名为“工件 1_Work.sldprt”的 SolidWorks 零部件，扫描二维码 1-34，可下载虚拟工件三维模型文件（SolidWorks 2017 版本零部件格式）。

（2）标识的添加

第 1 标识：Orig1。利用 SolidWorks 在工件上添加一个坐标系，并将该坐标系命名为 Orig1（注意区分大小写），从而形成第 1 个标识 Orig1，如图 1-18 所示；通过将该标识与抓取型终端执行器的第 2 标识 Pick$n$（n=1～8）重合，从而实现抓取型终端执行器抓取工件的目的。注意，工件上的第 1 标识 Orig1 设置的位置不同，将影响工件被抓手抓取时的位置。

微课：知识讲解

1-33　虚拟工件的制作规范

素材：三维模型

1-34　虚拟工件

知识 1.2.4　虚拟行走台制作规范

行走台文件名没有识别符，但必须是 SolidWorks 中的零部件文件，且内部必须至少建立一个标识 Robot$n$，也可以建立多个标识 Robot1～Robot$n$，如图 1-19 所示。扫描二维码 1-35，可下载虚拟行走台三维模型文件（SolidWorks 2017 版本零部件格式）。

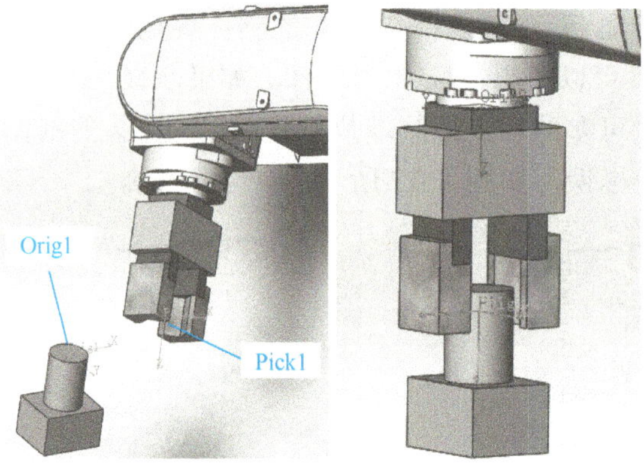

图 1-18　工件的第 1 标识

素材：三维模型

1-35　虚拟行走台

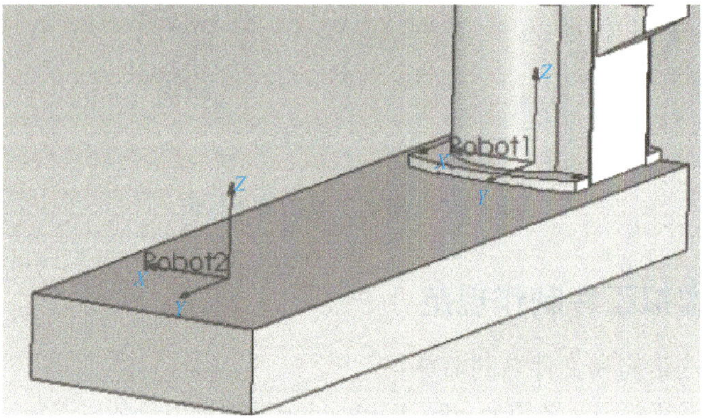

图 1-19　行走台的标识

知识 1.3　机器人管理软件 RT ToolBox3 的使用说明

知识 1.3.1　机器人管理软件 RT ToolBox3 界面认识与功能介绍

微课：知识讲解

1-36　机器人管理软件 RT ToolBox3 界面认识与功能介绍

RT ToolBox3 是三菱工业机器人的管理软件，通过该软件可以管理工业机器人工作站，以及工作站中的各个机器人工程及其程序、样条曲线数据和参数等，也可以监视机器人系统状态，维护保养机器人，校正 CAD 坐标系统与物理世界坐标系统等。下面简要介绍 RT ToolBox3 软件的界面构成及其部分功能。

1. RT ToolBox3 的启动

RT ToolBox3 软件安装好以后，会在桌面上出现如图 1-20a 所示的图标。双击该图标打开该软件；也可以从“开始”→“所有程序”→“MELSOFT”中，选择“RT ToolBox3”图标，启动该软件。

RT ToolBox 软件打开以后，会出现两个软件界面，分别是 RT ToolBox3 和

Communication Server2，在任务栏中会产生对应的图标，如图 1-21 所示。

其中，通信服务器是跟随 RT ToolBox3 软件自动启动的，其功能是用于在模拟状态下连接虚拟控制器以及在真实环境下在线连接真实控制器。因此，在使用过程中不能结束通信服务器。

a)

b)

图 1-20 RT ToolBox3 软件图标

a) 桌面图标 b) “开始” 菜单

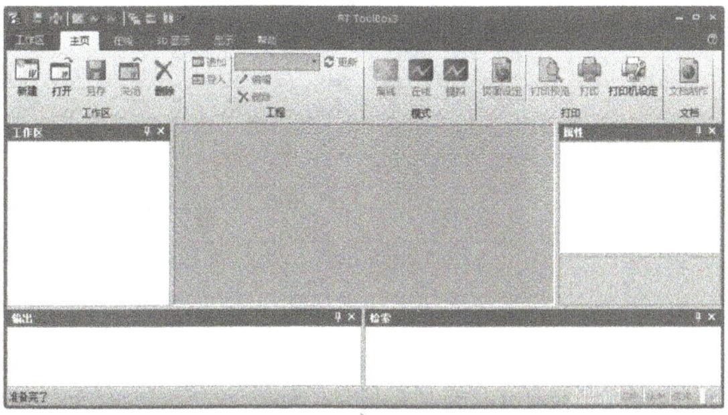
a)

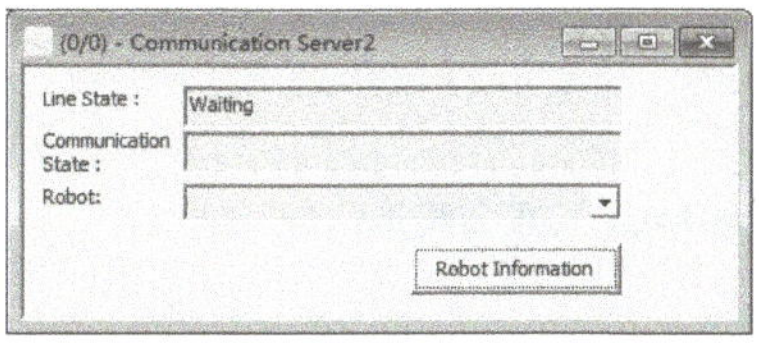

b)

c)

图 1-21 RT ToolBox3 软件启动界面

a) RT ToolBox3 软件初始界面 b) 通信服务器界面 c) 任务栏图标

2. RT ToolBox3 界面说明

RT ToolBox3 的主界面构成如图 1-22 所示。下面对界面中与本次任务相关的构成部分及其功能做详细说明。

（1）标题栏

在标题栏位置可以执行一些操作，如改变界面大小、保存、打印、离线、在线、模拟和子界面窗口布局等，当然，这些操作也可以在各个菜单模块下的项目中找到；此外，标题栏还可以显示工作区当前信息，如工作区名、连接状态等。标题栏的构成与功能如图 1-23 所示。

（2）菜单栏

在菜单栏区域集合了 RT ToolBox 软件中所有可以使用的操作功能，这些操作功能被分散在菜单栏的工作区、主页、在线、3D 显示、显示和帮助这 6 个菜单中，每个菜单中又有若干功能群组，如图 1-24 所示；而且，菜单之间也会有一些相同的功能群组，例如，主页菜单中的模式功能群组在在线菜单中也能找到，如图 1-25 所示。

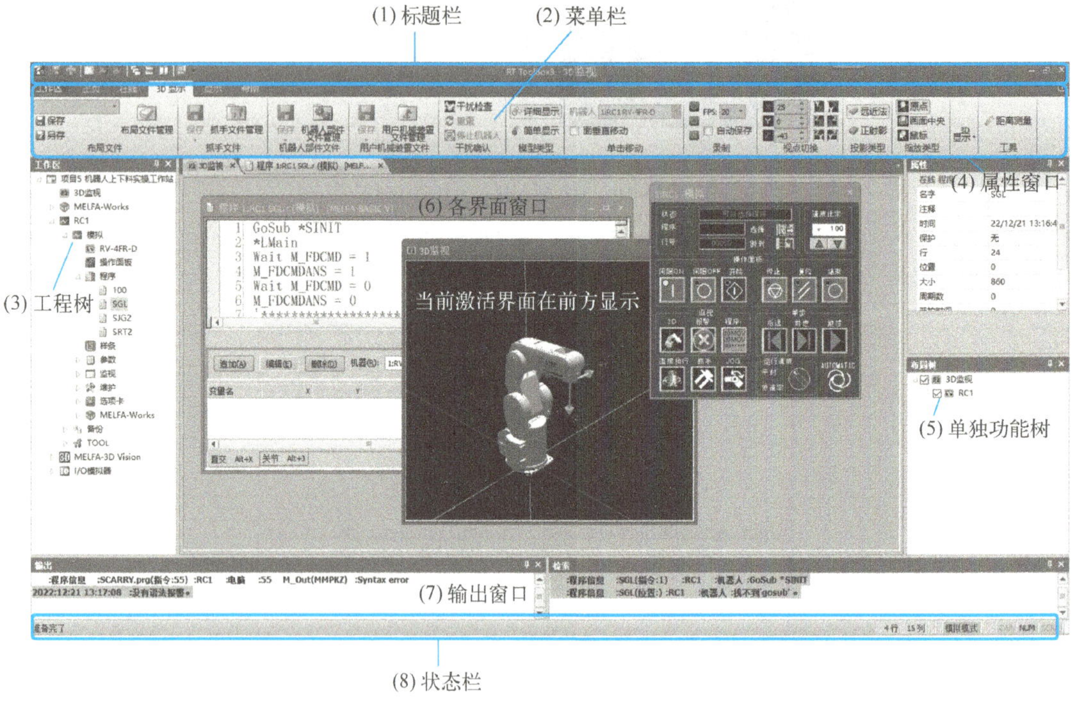

图 1-22 RT ToolBox3 主界面构成

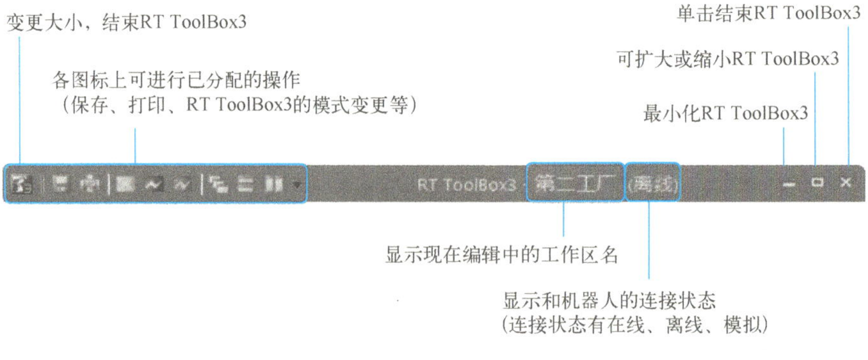

图 1-23 标题栏的构成与功能

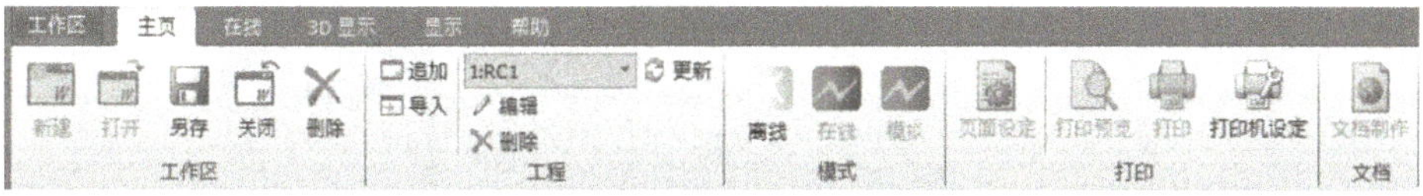

图 1-24 菜单栏的构成与功能

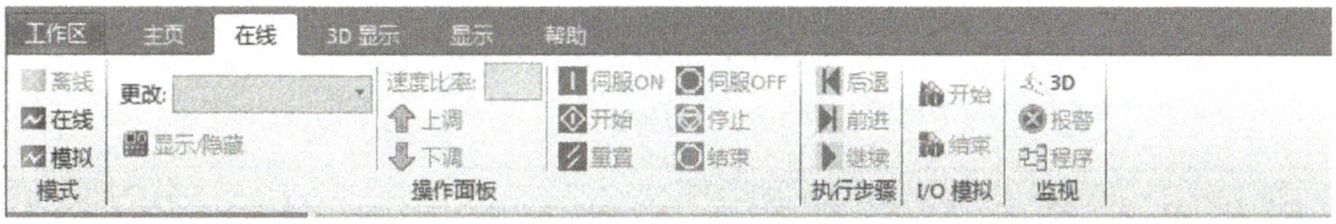

图 1-25 在线菜单的群组构成

下面以功能群组为单元，对菜单栏中与本次任务相关的各个功能做详细介绍。

1）工作区功能群组。工作区功能群组由工作区新建、打开、另存、关闭和删除等功能构成。通过单击菜单栏的主页菜单或单击菜单栏的工作区菜单，可以找到工作区功能群组，如图 1-26 所示。

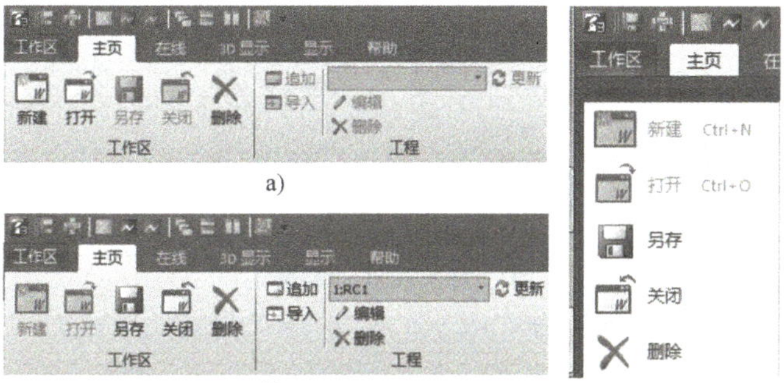

a)　b)　c)

图 1-26 工作区功能群组

a) 初始界面 b) 工作区打开后的界面 c) 工作区菜单下

在初始界面中，可以新建、打开或删除工作区文件，在未打开工作区文件之前，无法使用另存和关闭功能。在工作区打开后的界面中，可以另存、关闭当前工作区，或删除当前打开的工作区以外的任意一个工作区文件。

2）工程功能群组。工程功能群组由工程追加、导入、编辑、更新和删除等几个功能按钮构成。通过单击菜单栏的主页菜单可以找到该工程功能群组，如图 1-27a 所示；也可以通过工作区菜单中找到“追加”和“导入”功能按钮，如图 1-27b 所示。

3）模式功能群组。模式功能群组由离线、在线和模拟等几个功能按钮构成。通过单击菜单栏的主页菜单可以找到该模式功能群组，如图 1-28a 所示；也可以通过在线菜单中找到该模式功能群组，如图 1-28b 所示。

当前 RT ToolBox 处于离线模式时，可以切换至模拟或在线模式；当前 RT ToolBox 处于在线或模拟模式时，只能切换至离线模式。

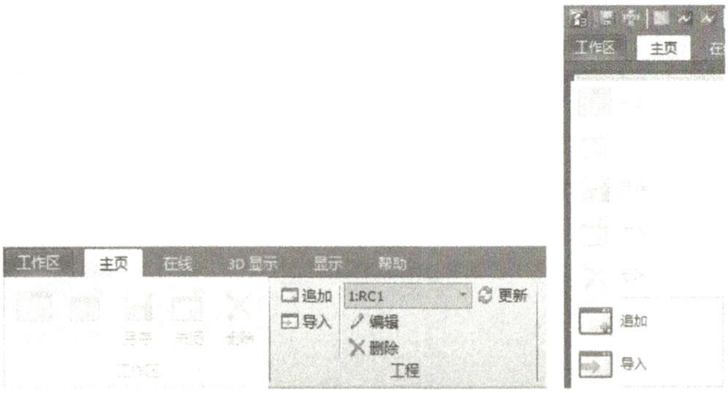

a)　　b)

图 1-27　工程功能群组

a) 工作区菜单下的部分工程功能群组　b) 主页菜单下的工程功能群组

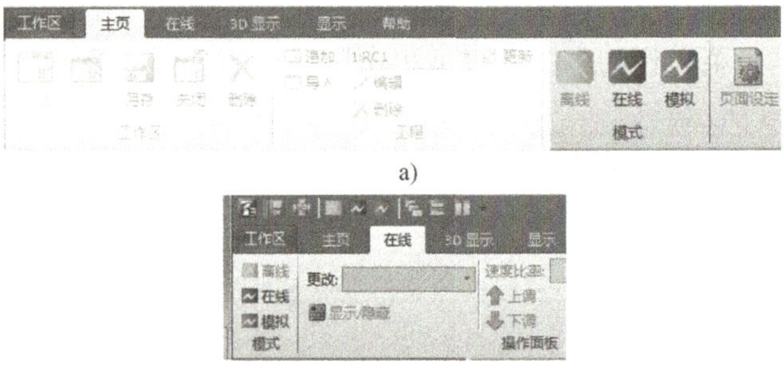

a)

b)

图 1-28　模式功能群组

a) 主页菜单下的模式功能群组　b) 在线菜单下的模式功能群组

（3）工程树

工程树中显示了当前工作区中添加的所有机器人工程，展开工程后可以显示该机器人工程树目录，包括机器人本体模型、虚拟控制器操作面板、程序、样条曲线数据、参数、监视、维护和选项卡等。机器人工程树目录内容会依据机器人处于离线、模拟、在线等模式的不同而略有变换，如图 1-29 所示。

a)　b)　c)

图 1-29　工程树目录窗口

a) 离线模式下　b) 模拟模式下　c) 在线模式下

工程树窗口是一种可吸附浮动窗口，按住并拖动工程树的标题栏，可以移动工程树的位置；移至左右两边松开鼠标，可将工程树窗口吸附至软件的左右两侧。

在关闭工程树的情况下，单击菜单栏的“显示”→“工程树”，即可重新显示。

（4）属性窗口

属性窗口显示当前编辑中的工作区的各种属性。单击工程树中的某一项目，属性窗口则会相应地显示其属性。例如，单击模拟工程，则属性窗口显示如图 1-30 所示的属性。该窗口是一种可拖动的吸附式浮动窗口。

（5）单独功能树

3D 监视等特定界面显示的情况下，显示专用的树如图 1-31 所示。显示多个树的情况下，通过切换标签可切换树的显示。该窗口是一种可拖动的吸附式浮动窗口。

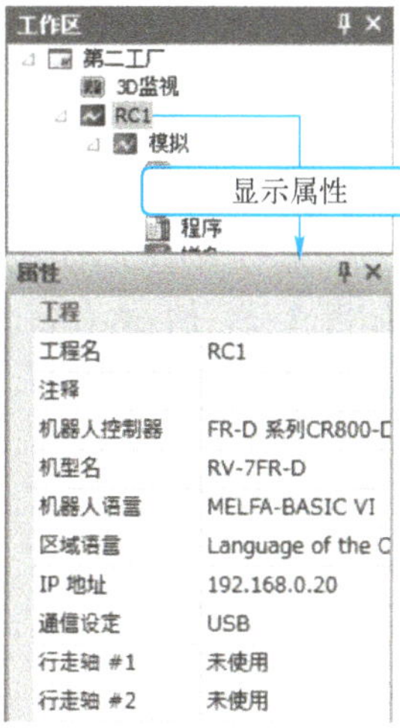

图 1-30　属性窗口

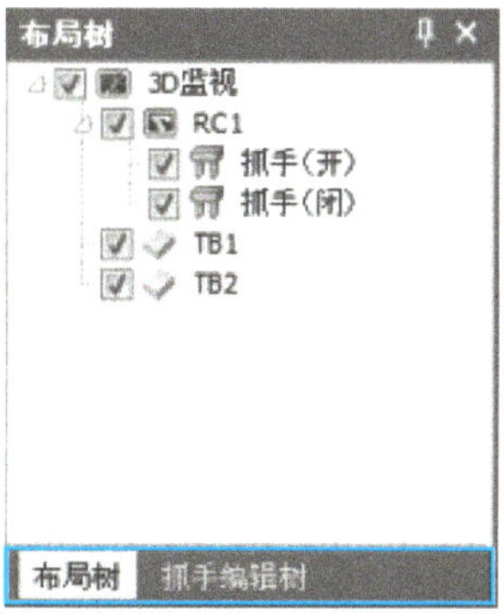

图 1-31　单独功能树窗口

（6）各界面窗口

各界面窗口包含程序编辑界面和监视界面等，以及从工程树中启动的界面。当前激活的界面显示在最前面，如图 1-32 所示。

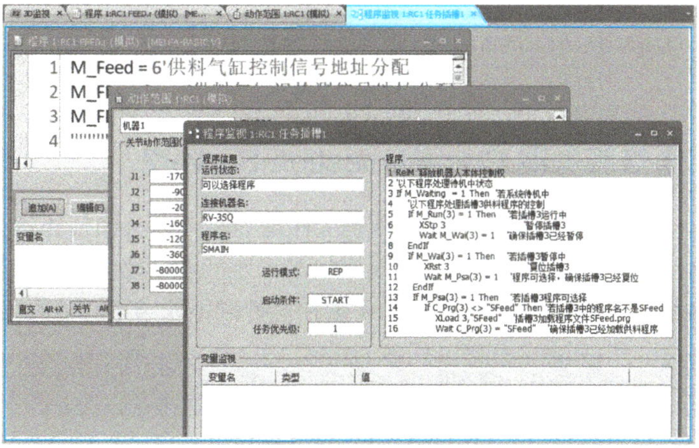

图 1-32　各界面窗口

单击界面右上方的按钮时，可结束该界面。单击界面右上方的按钮，可改变界面大小，如图 1-33 所示。

（7）输出窗口

输出窗口显示 RT ToolBox3 的事件日志与检索结果等。输出窗口有“输出”和“检索”两种类型窗口。

在“输出”窗口中，输出程序编辑的语法检查错误内容等的事件日志，如图 1-34 所示。

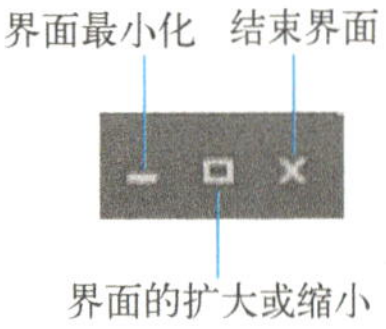

图 1-33　各界面窗口操作

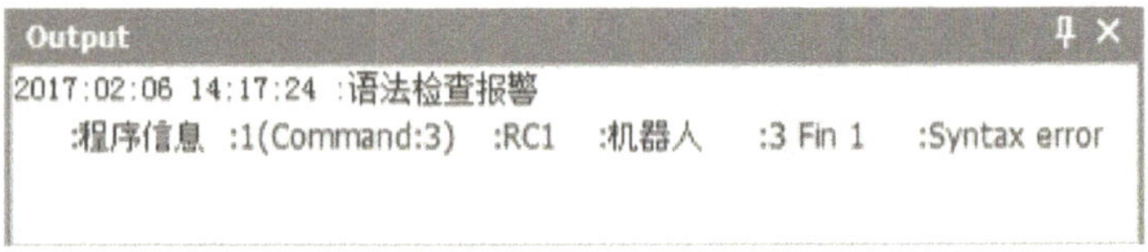

图 1-34　“输出”窗口

在“检索”窗口中，输出程序编辑等的检索结果，如图 1-35 所示。

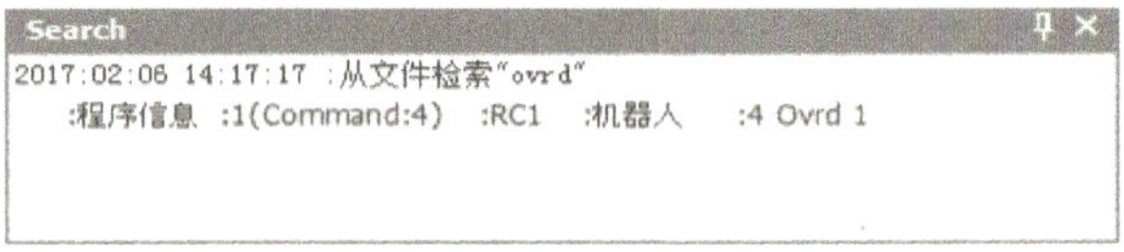

图 1-35　“检索”窗口

（8）状态栏

状态栏显示 RT ToolBox3 的状态信息，如当前 RT ToolBox 的模式、虚拟仿真的状态等，如图 1-36 所示。

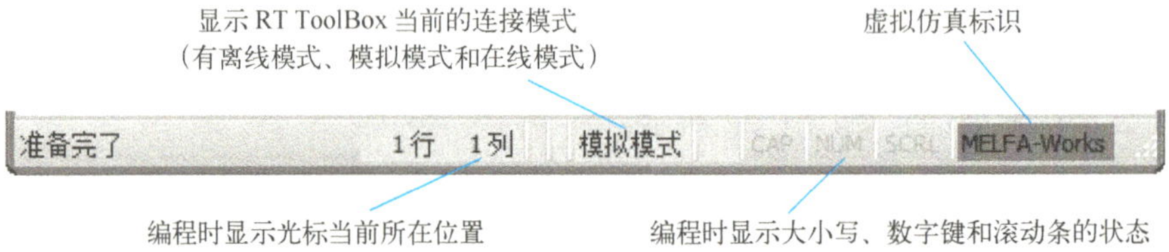

图 1-36　状态栏

知识 1.3.2　通信服务器 Communication Server2

RT ToolBox 软件启动后，通信服务器也会跟随启动，在桌面任务栏上出现其图标，如图 1-37 所示。该通信服务器是用于在模拟状态下连接虚拟控制器以及作为客户端用于在线连接机器人系统。因此，在 RT ToolBox 软件运行时不能结束通信服务器。

图 1-37　通信服务器图标

单击桌面任务栏上的通信服务器图标，弹出通信服务器对话框，如图 1-38 所示。

在该对话框中可以看到软件和机器人的连接状态。

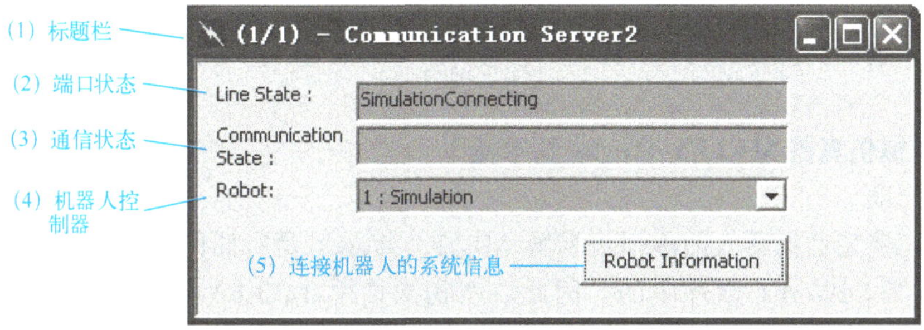

图 1-38　通信服务器对话框

（1）标题栏

标题栏（AA/BB）：AA 表示连接已建立的机器人控制器的台数，BB 表示切换成在线状态的工程的数量。

（2）端口状态

端口状态显示和机器人控制器之间的通信端口连接状况。状态颜色表示当前选中的机器人控制器的状态，具体见表 1-4。

表 1-4　端口状态

显 示	含 义	状态颜色
连接中	表示和机器人控制器之间的连接已建立	蓝色
等待连接	RS-232 连接时，正在进行连接确认的通信状态； TCP/IP、USB 连接时，等待通信端口连接的状态	绿色
连接异常	RS-232 连接时，由于连接线的断裂，机器人控制器未启动，而不能检测出可以接收数据的信号时，会显示； TCP/IP、USB 连接时，通信端口不能打开时显示； USB 连接时，USB 驱动若没有安装也会显示	红色
设定异常	RS-232 连接时，COM 端口不能打开时显示	红色
待机中	没有和机器人控制器连接的状态	黄色

（3）通信状态

通信状态显示和机器人控制器之间的通信内容。

（4）机器人控制器

机器人控制器文本框中变更显示“端口状态”“通信状态”的机器人控制器。该下拉菜单只显示处于在线状态或者模拟状态的机器人控制器。

（5）连接机器人的系统信息

单击“Robot Information”图标，弹出连接机器人系统信息对话框，在该对话框中可以观察当前连接中的机器人系统的信息，如图 1-39 所示。

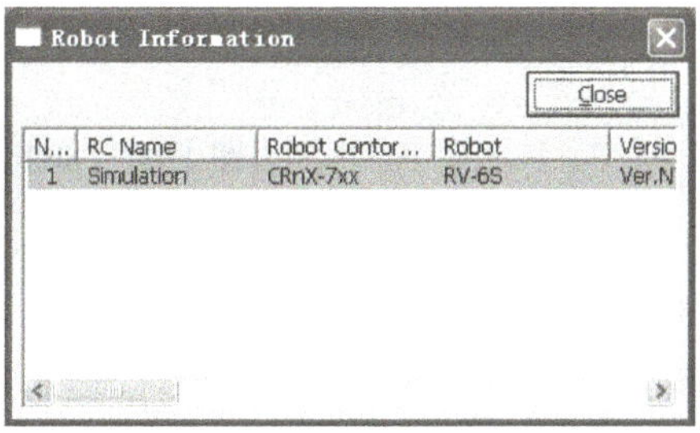

图 1-39　连接机器人系统信息对话框

知识 1.3.3 机器人虚拟仿真器 MELFA-Works 的界面认识与功能介绍

下面以 RT ToolBox3 Pro1.61P 版本为例，介绍 MELFA-Works 虚拟仿真器。

微课：操作演示

1-37 虚拟仿真器的基本操作

1. 虚拟仿真器 MELFA-Works 基本操作

（1）启动

由于三菱工业机器人的虚拟仿真器 MELFA-Works 是以插件的形式运行在 SolidWorks 软件中的，因此，在初次使用 MELFA-Works 时，或 RT ToolBox Pro 选项没有出现在 SolidWorks“工具”菜单下拉列表中时，需要单击“工具”菜单下拉列表中的“插件（D）...”选项，在弹出的插件设置对话框中勾选 RT ToolBox3 Pro 插件，如图 1-40 所示。之后，再次单击“工具”菜单的下拉列表，便可看见“RT ToolBox3 Pro”工具选项，如图 1-41 所示。

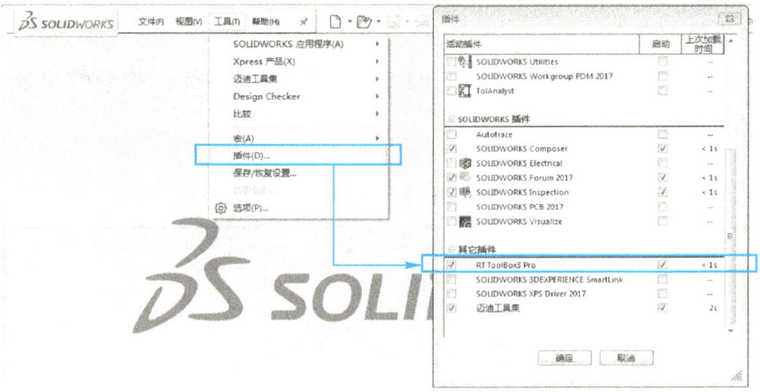

图 1-40 SolidWorks 插件设置

图 1-41 SolidWorks“工具”菜单下拉列表

为了使机器人管理软件 RT ToolBox 能够启动机器人虚拟仿真器，必须先启动 SolidWorks 中的机器人虚拟仿真器 MELFA-Works，具体操作如下：单击“工具”→“RT ToolBox3 Pro”→“Start”选项，启动 MELFA-Works 仿真器，如图 1-42 所示。需要注意的是，在 SolidWorks 中启动机器人虚拟仿真器以前，必须先关闭 SolidWorks 中的所有窗口，否则，无法顺利启动该仿真器。

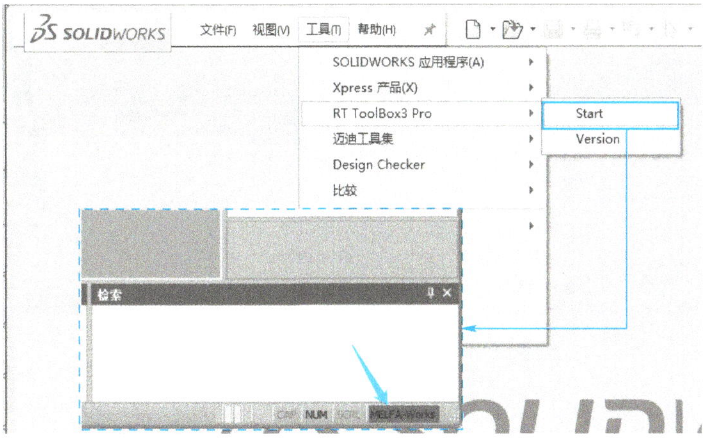

图 1-42　三菱工业机器人虚拟仿真器 MELFA-Works 的启动按钮

（2）链接

虚拟仿真器链接的前提条件有两个：①启动 SolidWorks 中的机器人虚拟仿真器 MELFA-Works；②RT ToolBox 进入模拟模式。

满足上述两个条件后，单击展开工程树目录下的“MELFA-Works”选项，双击“开始”选项，链接机器人虚拟仿真器，如图 1-43 所示。

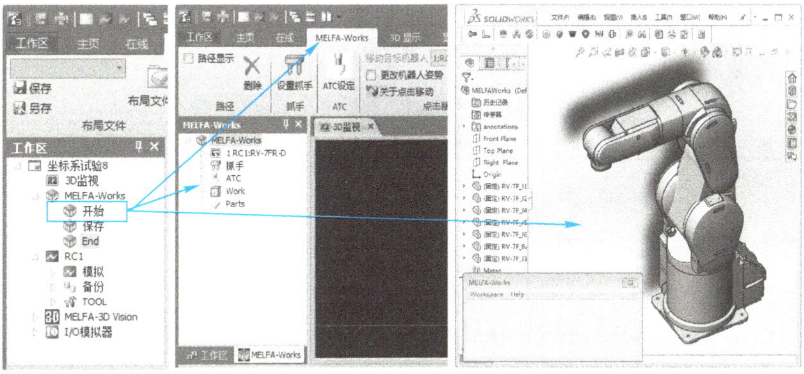

图 1-43　机器人虚拟仿真器启动界面

RT ToolBox 链接上虚拟仿真器后，会出现 3 个变化：工程树目录窗口会出现“MELFA-Works”工程树窗口；菜单栏会出现“MELFA-Works”菜单；SolidWorks 中会显示当前虚拟工业机器人三维模型。其中，第 3 个变化是 MELFA-Works 链接成功的标志。

（3）虚拟仿真器 MELFA-Works 的保存与关闭

双击“MELFA-Works”工程树目录下的“保存”选项，在 SolidWorks 中的虚拟机器人工作站数据将会被保存，如图 1-44 所示；也可以直接在 SolidWorks 环境下保存机器人工作站。

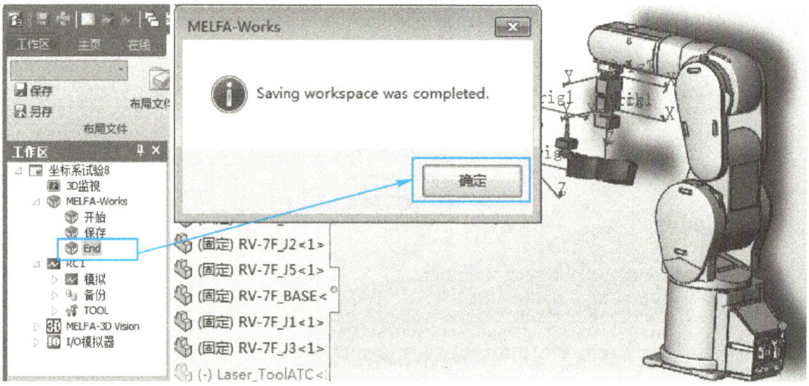

图 1-44　虚拟机器人工作站的保存

双击“MELFA-Works”工程树目录下的“End”选项，在 SolidWorks 中的虚拟机器人工作站数据将会被移除，结束当前虚拟仿真，如图 1-45 所示。

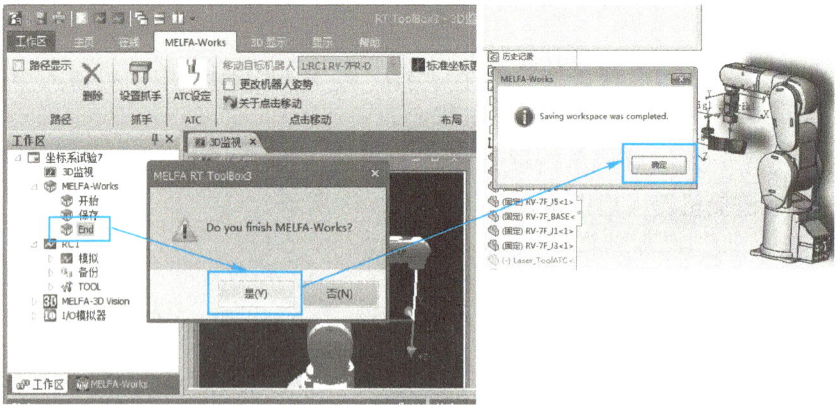

图 1-45　虚拟机器人工作站的关闭

2. 虚拟仿真器的面板构成

（1）“MELFA-Works”工程树

启动虚拟仿真器 MELFA-Works 后，会在工程树窗口中出现“MELFA-Works”工程树，如图 1-46 所示。

“MELFA-Works”工程树中显示了虚拟机器人工作站中已经设定的坐标系和作业流程，以及已经装配在虚拟工业机器人上的虚拟执行器和已经加载到虚拟工作站的所有虚拟抓取型终端执行器、虚拟 ATC 母体、虚拟 ATC 工具、虚拟工件等。

微课：软件介绍

1-38　虚拟仿真器的面板构成

通过单击“MELFA-Works”工程树中的“Frame”选项来设置用户坐标系，单击“抓手设定”来连接虚拟执行器并设定控制 I/O，单击“ATC 设定”来连接自动换刀器并设定控制 I/O 等。

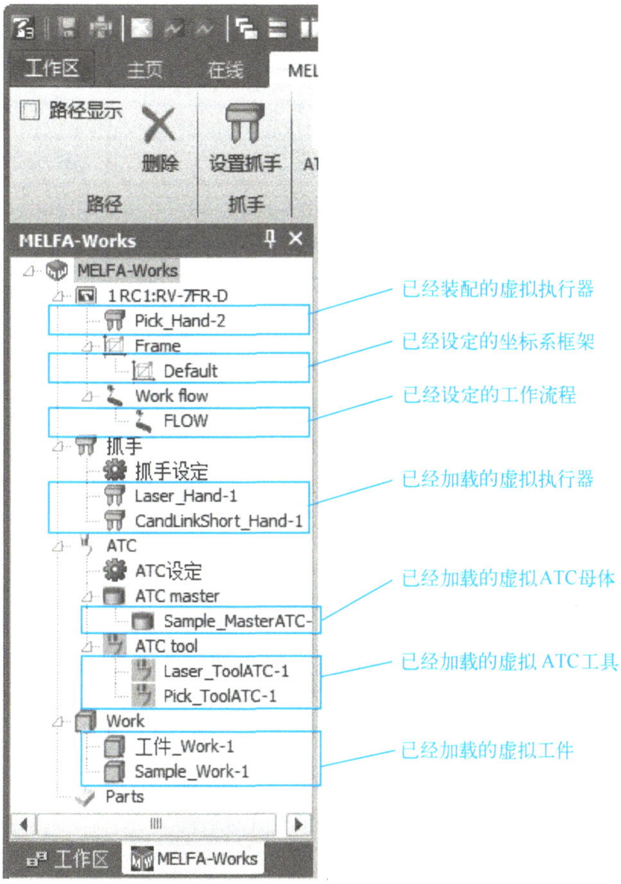

图 1-46 “MELFA-Works”工程树窗口

（2）“MELFA-Works”菜单

启动虚拟仿真器后，会在 RT ToolBox 的菜单栏中出现“MELFA-Works”菜单，如图 1-47 所示。“MELFA-Works”菜单由“路径”“抓手”“ATC”“点击移动”“布局”“框架”（也叫坐标系）、“工作流程”“干扰检查”8 个功能群组构成。

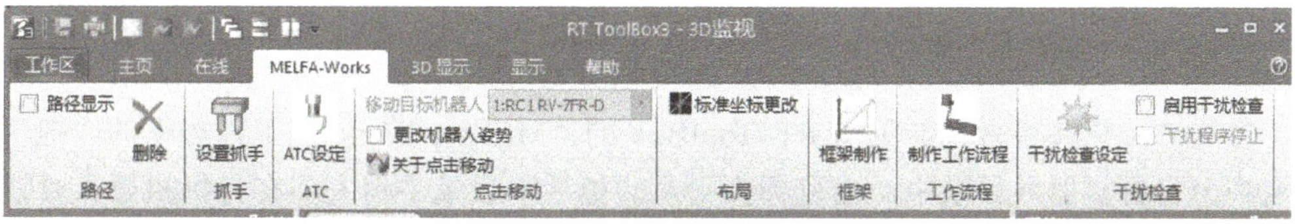

图 1-47 “MELFA-Works”菜单界面

（3）抓手设置窗口

通过双击图 1-46 所示的“MELFA-Works”工程树目录中的“抓手设定”选项或单击图 1-47 所示的“设置抓手”功能按钮，弹出如图 1-48 所示的抓手设置对话框。下面详细介绍对话框中各个部分的功能和使用方法。

微课：软件介绍

1-39 抓手设置窗口

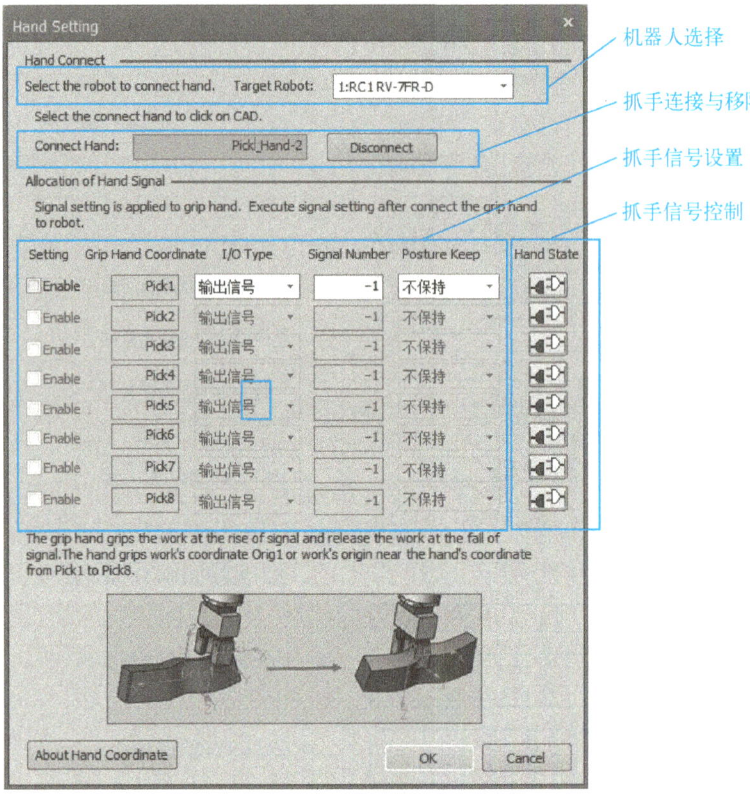

图 1-48　抓手设置对话框

1）机器人选择：通过抓手设置窗口中的“目标机器人列表”下拉列表，可以显示当前工作区中所有被加载的机器人模型，选择其中一个机器人，作为抓手连接的对象。

2）抓手连接与移除：有两个途径可以将虚拟抓手连接至虚拟机器人本体上。

方法一：单击抓手设置窗口中“抓手连接”选项框，激活抓手选择功能，然后直接从 SolidWorks 中或从 RT ToolBox 的“MELFA-Works”工程树目录中双击目标抓手，当目标抓手名称出现在“连接抓手”选项框中时，抓手连接完成，如图 1-49 所示。

方法二：直接将目标抓手从 RT ToolBox 的“MELFA-Works”工程树下的“抓手”目录拖至目标机器人目录中，当目标抓手从“抓手”目录中消失、在目标机器人目录中出现时，抓手连接完成，如图 1-50 所示。

若要移除当前连接在机器人本体上的抓手，只需要单击图 1-49 所示窗口中的“Disconnect”按钮。

3）抓手信号设置：末端执行器为抓取型抓手（即抓手中第 2 个标识为 Pick*n* 时），抓手信号设置区域才处于激活状态，可设置的信号为 0～255，900～907。

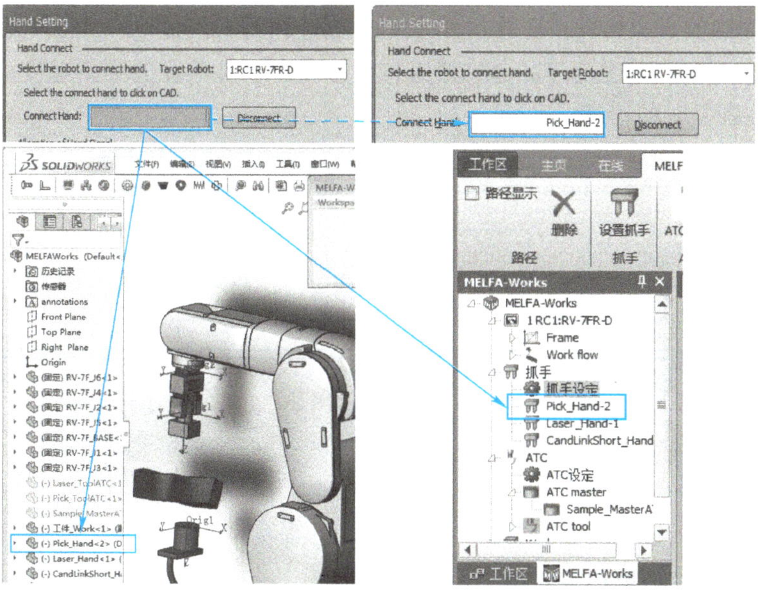

图 1-49　抓手连接 1

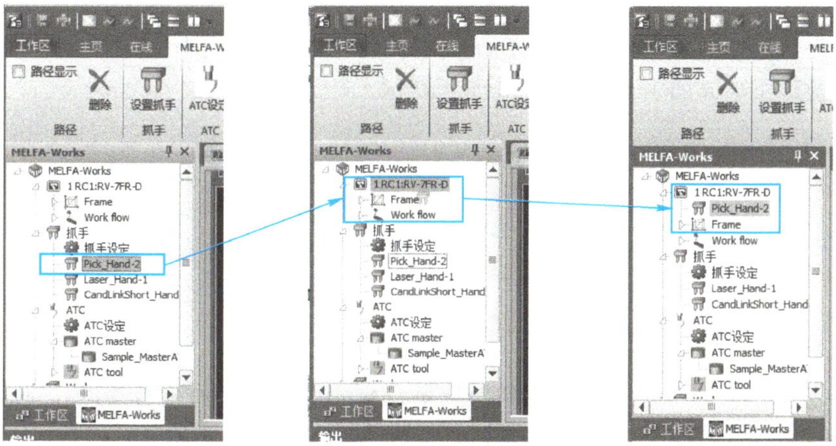

图 1-50　抓手连接 2

知识 1.3.4　工业机器人工作站的文件构成

1. 工作区与工程的关系

由 1 台以上的工业机器人及若干外围设备构成的集成系统称为机器人工作站。机器人工作站文件是以工作区的形式存储在计算机磁盘中，包含每一台机器人控制器的信息和虚拟工作站的信息。一台机器人控制器的文件是以工程的形式存储在计算机磁盘中。通过 RT ToolBox 软件每次只能打开一个工作区，工程包含在工作区中，一个工作区最多能管理 32 个工程，如图 1-51 所示；通过 RT ToolBox 软件处理这些工作区，来实现对工作站中所有机器人控制器

微课：知识讲解

1-40　工作站的文件构成

的管理和工作站的虚拟仿真。工作区和工程以工程树的形式显示在 RT ToolBox 的工程树窗口中。当一次同时连接 32 台机器人控制器时，软件监视的更新速度会慢于只连接 1 台机器人控制器时的速度。

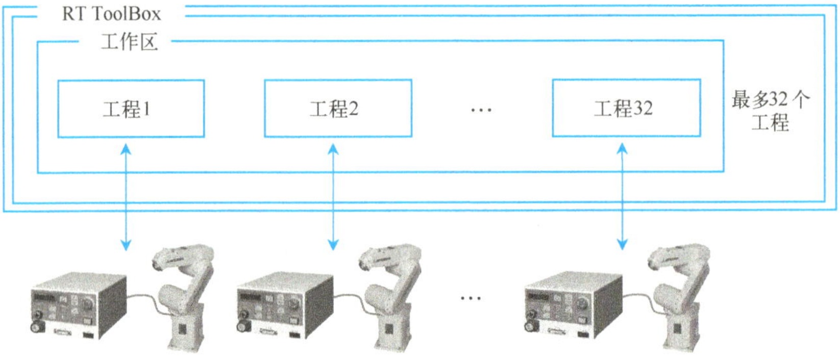

图 1-51　工作区与工程关系

2. 离线编程与虚拟仿真文件

通过 RT ToolBox 新建一个工作区时，在计算机磁盘相应路径下，会生成对应的一个文件夹，文件夹名即为工作区名。例如，在“工作站文件夹”的路径下，创建了 3 个工作站文件（工作区名分别为“工作站 1”“工作站 2”和“工作站 3”）时，“工作站文件夹”内便产生了如图 1-52 所示的 3 个工作区。

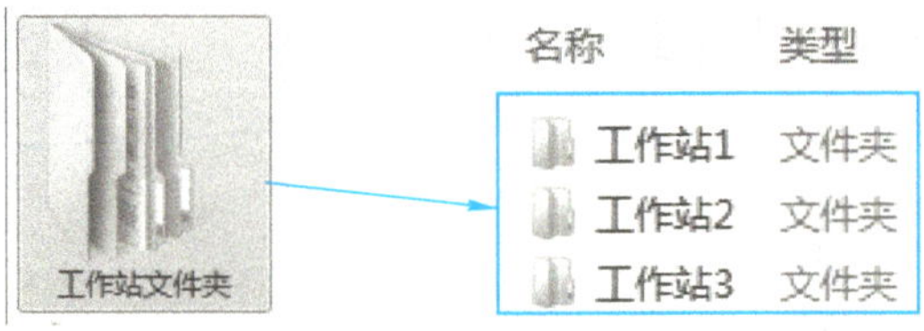

图 1-52　工作区文件夹

工作区文件夹的内容会随工程添加数量、有无虚拟仿真而略有不同，如图 1-53、图 1-54 所示。

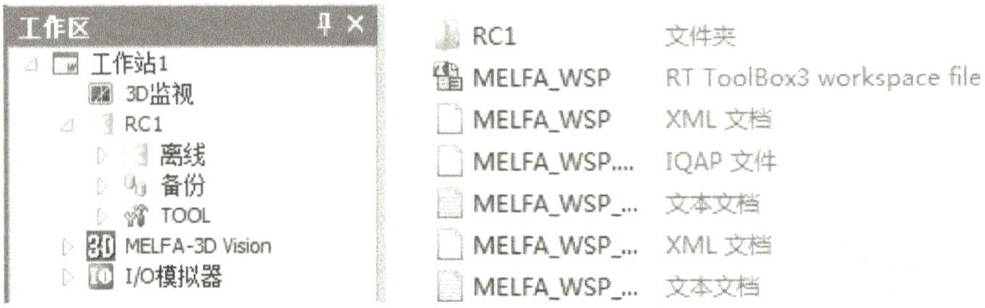

图 1-53　包含 1 个机器人工程的工作区文件夹内容

每台机器人工程对一个工程文件夹，默认会以 RC1～RC32 命名，每个机器人工程文件夹内含有如图 1-55 所示的内容。

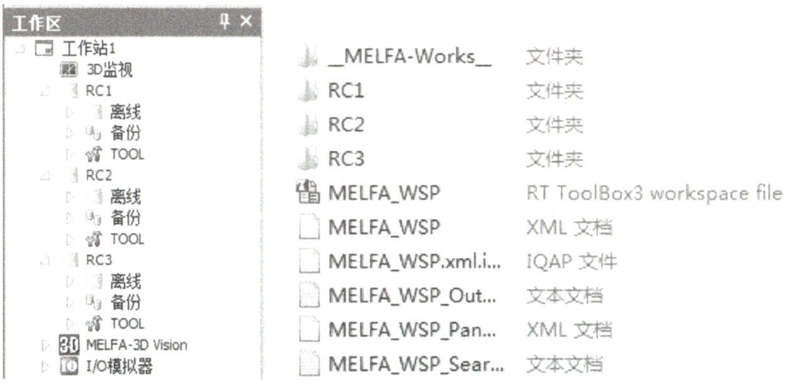

图 1-54　包含 3 个机器人工程和虚拟仿真文件的工作区文件夹内容

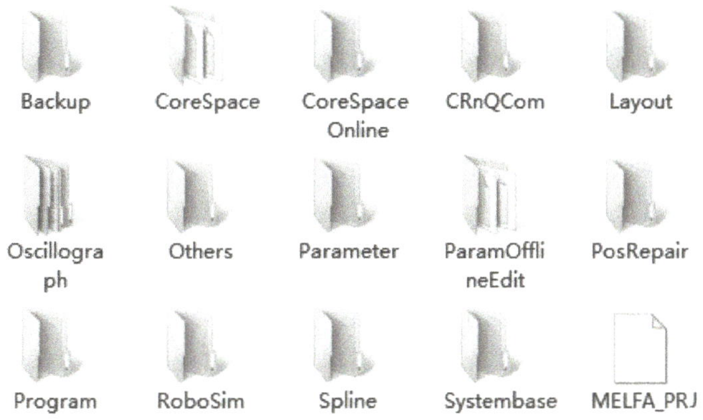

图 1-55　机器人工程文件内容

知识 1.4　三菱工业机器人本体及其技术参数

知识 1.4.1　机器人自由度

机器人自由度是指机器人所具有的独立坐标轴运动的数目，不包括末端执行器的开合动作自由度。机器人自由度代表着机器人本体的灵活程度，一般由移动或转动运动构成。扫描二维码 1-41 可观看“工业机器人自由度”的知识讲解微课。

微课：知识讲解

1-41　工业机器人自由度

按照自由度数的不同，三菱工业机器人本体主要包括水平四关节型工业机器人和垂直六关节型工业机器人两种，如图 1-56 所示。水平四关节型工业机器人具有 4 个自由度，垂直六关节型工业机器人具有 6 个自由度。

a)　　b)

图 1-56　三菱多关节工业机器人本体

a) 水平四关节型工业机器人本体　b) 垂直六关节型工业机器人本体

知识 1.4.2　机器人承载能力和动作范围

机器人承载能力是指机器人在作业范围内、任何位置上、任意姿态下其末端所能承受的最大质量，一般以 kg 为单位。承载能力与末端工具的重量、所抓取物体的重量及其重心位置、机器人动作的速度、加速度等各因素有关，不仅仅只是抓取物体的重量。

机器人动作范围是指机器人运动时、未安装终端工具情况下的手臂末端所能达到的所有点的集合，也称为工作区域，如图 1-57 所示。由于动作范围难以简单描述，一般来说，用机器人活动半径的大小来表征其作业范围的不同。机器人活动半径是指机器人末端法兰中心到第一轴转动中心的最大距离。

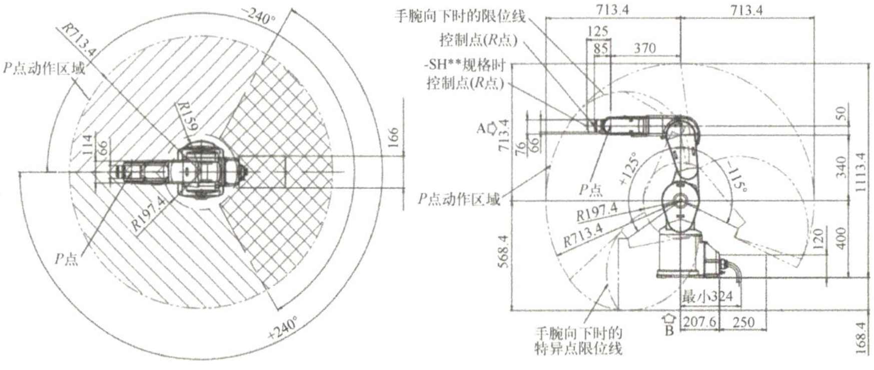

a)　　b)

图 1-57　三菱 RV-7FR 工业机器人本体的动作区域示意图

a) 俯视图　b) 侧视图

素材：技术手册

1-42　三菱工业机器人样本手册

按照承载能力，三菱水平四关节型工业机器人主要包括 3kg、6kg、12kg 和 20kg 这 4 种，三菱垂直六关节型工业机器人主要包括 2kg、3kg、4kg、6kg、7kg、8kg、13kg 和 20kg 这 8 种。

不同系列、不同规格的三菱工业机器人本体具有不同的负载能力和活动半径，鉴于本书篇幅所限，表 1-5 只列举了部分常用型号的三菱工业机器人本体规格。更多规格机器人本体的资料请扫描二维码 1-42，下载“三菱工业机器人样本手册”查阅。

表 1-5 部分常用型号三菱工业机器人本体的负载与活动半径

<table>
<tr><th>系 列</th><th>自由度</th><th>承载能力/ kg</th><th>活动半径/mm</th><th>规 格</th></tr>
<tr><td rowspan="5">S 系列
(2012 年停产)</td><td rowspan="3">水平四关节型
RH</td><td>6</td><td>450</td><td>RH-6SH4520（D/Q）</td></tr>
<tr><td>12</td><td>700</td><td>RH-12SH7035（D/Q）</td></tr>
<tr><td>20</td><td>850</td><td>RH-20SH8535（D/Q）</td></tr>
<tr><td rowspan="2">垂直六关节型
RV</td><td>3</td><td>695</td><td>RV-3S（D/Q）</td></tr>
<tr><td>6</td><td>765</td><td>RV-6S（D/Q）</td></tr>
<tr><td rowspan="8">F 系列
（2016 年停产）</td><td rowspan="4">水平四关节型
RH</td><td>3</td><td>450</td><td>RH-3FH45（D/Q）</td></tr>
<tr><td>6</td><td>450</td><td>RH-6FH45（D/Q）</td></tr>
<tr><td>12</td><td>700</td><td>RH-12FH70（D/Q）</td></tr>
<tr><td>20</td><td>850</td><td>RH-20FH85（D/Q）</td></tr>
<tr><td rowspan="4">垂直六关节型
RV</td><td>4</td><td>515</td><td>RV-4F（D/Q）</td></tr>
<tr><td>7</td><td>713</td><td>RV-7F（D/Q）</td></tr>
<tr><td>13</td><td>1388</td><td>RV-13FL（D/Q）</td></tr>
<tr><td>20</td><td>1094</td><td>RV-20F（D/Q）</td></tr>
<tr><td rowspan="10">FR 系列</td><td rowspan="5">水平四关节型
RH</td><td>3</td><td>400</td><td>RH-3CRH4018-D</td></tr>
<tr><td>3</td><td>450</td><td>RH-3FRH45（D/Q）</td></tr>
<tr><td>6</td><td>450</td><td>RH-6FRH45（D/Q）</td></tr>
<tr><td>12</td><td>700</td><td>RH-12FRH70（D/Q）</td></tr>
<tr><td>20</td><td>100</td><td>RH-20FHR100（D/Q）</td></tr>
<tr><td rowspan="5">垂直六关节型
RV</td><td>4</td><td>515</td><td>RV-4FR（D/Q）</td></tr>
<tr><td>13</td><td>1094</td><td>RV-13FR（D/Q）</td></tr>
<tr><td>13</td><td>1388</td><td>RV-13FRL（D/Q）</td></tr>
<tr><td>20</td><td>1094</td><td>RV-20FR（D/Q）</td></tr>
<tr><td>8</td><td>931</td><td>RV-8CRL-D</td></tr>
</table>

知识 1.4.3 定位精度与重复精度

定位精度是指机器人末端执行器的实际位置与目标位置之间的偏差，由机械误差、控制误差与系统分辨率误差共同决定。重复定位精度是指同一环境、同一条件、同一目标位置情况下，机器人本体连续重复动作若干次，其实际位置偏差的最大值，表示了实际位置的分散情况，属于定位精度的统计数据。机器人本体的重复精度高，而定位精度低。由于定位精度难以测量以及不确定性，所以，一般只给出工业机器人的重复精度。三菱工业机器人的重复精度为±0.02mm。

知识 1.4.4 最大速度

机器人的最大速度包括各个关节自由度运动的速度以及机械臂末端合成的速度。不同系列、不同规格的机器人本体，其各个关节自由度运动速度和末端合成速度都不一样，具体见表 1-6。

表 1-6　三菱 RV-FR 不同活动半径机器人本体（7kg 负载）的最大速度

型　号		单　位	RV-7FR（M）（C）	RV-7FRL（M）（C）	RV-7FRLL（M）（C）
最大速度	J_1	(°)/s	360	288	234
	J_2		401	321	164
	J_3		450	360	219
	J_4		337		375
	J_5		450		
	J_6		720		
最大合成速度×3		mm/s	11064	10977	15300

知识 1.4.5　典型机器人本体的技术参数

三菱 RH-CRH 系列工业机器人本体的技术参数见表 1-7。三菱 RV-2FR 系列工业机器人本体的技术参数见表 1-8。

表 1-7　三菱 RH-CRH 系列工业机器人本体的技术参数

技术参数			RH-3CRH4018-D	RH-6CRH6020-D	RH-6CRH7020-d
可搬运重量/kg			最大 3（额定 1）	最大 6（额定 2）	
臂长	第 1	mm	225	325	425
	第 2	mm	175	275	
最大动作半径	mm		400	600	700
动作范围	J_1	(°)	264（±132）	264（±132）	
	J_2	(°)	282（±141）	300（±150）	
	J_3	mm	180	200	
	J_4	(°)	720（±360）	720（±360）	
重复定位精度	X-Y 合成	mm	±0.01	±0.02	
	$J_3(Z)$	mm	±0.01	±0.01	
	$J_4(\theta)$	(°)	±0.01	±0.01	
最大速度	J_1	(°)/s	720	420	360
	J_2	(°)/s	720	720	
	$J_3(Z)$	mm/s	1100	1100	
	J_4	(°)/s	2600	2500	
	J_1*J_2	mm/s	7200	7800	
节拍时间	s		0.44	0.41	0.43
允许惯量	额定	kg·m^2	0.005	0.01	
	最大	kg·m^2	0.05（0.075）	0.12（0.18）	
本体重量/kg			14	17	18
抓手配线/配置			15 点 D-sub/ϕ4×2、ϕ4×1		
控制器			CR800-CHD		
防护等级			IP20		

表 1-8　三菱 RV-2FR 系列工业机器人本体的技术参数

类　型		规　格　值				
型号		RV-4FR	RV-4FRL	RV-4FRJL	RV-7FR	RV-7FRL
环境规格		未记载：一般环境规格 C：清洁规格 M：油雾规格				
动作自由度		6		5	6	
安装姿势		落地、吊顶、（壁挂）				
结构		垂直多关节型				
驱动方式		AC 伺服电机（带全轴制动闸）				
位置检测方式		绝对编码器				
电机容量/W	腰部（J_1）	400			750	
	肩部（J_2）	400			750	
	肘部（J_3）	100			400	
	腕部偏转（J_4）	100		—	100	
	腕部俯仰（J_5）	100				
	腕部翻转（J_6）	50				
动作范围/(°)	腰部（J_1）	±240				
	肩部（J_2）	±120			−115～125	−110～130
	肘部（J_3）	0～161	0～164		0～156	0～162
	腕部偏转（J_4）	±200		—	±200	
	腕部俯仰（J_5）	±200				
	腕部翻转（J_6）	±360				
最大速度/[(°)/s]	腰部（J_1）	450	420		360	288
	肩部（J_2）	450	336		401	321
	肘部（J_3）	300	250		450	360
	腕部偏转（J_4）	540		—	337	
	腕部俯仰（J_5）	623			450	
	腕部翻转（J_6）	720				
最大动作范围半径（*P* 点）/mm		514.5	648.7		713.4	907.7
最大合成速度/(mm/s)		9.000		8.800	11.000	
可搬运重量/kg		4			7	
位置重复精度/mm		±0.02				
循环时间/s		0.36			0.32	0.35
环境温度/℃		0～40				
本体重量/kg		39	41	39	65	67
允许惯量/(N·m)	腕部偏转（J_4）	6.66		—	16.2	
	腕部俯仰（J_5）	6.66			16.2	
	腕部翻转（J_6）	3.90			6.86	
允许惯性/(kg·m²)	腕部偏转（J_4）	0.20		—	0.4	
	腕部俯仰（J_5）	0.20			0.45	
	腕部翻转（J_6）	0.10				

（续）

类　型		规 格 值
工具接线	抓手输入/输出	8 点/8 点
	LAN 电缆	有（8 芯）<100BASE-TX>
	用户用接线	有（24 芯）<电动抓手、力觉传感器等>
工具压缩空气配管	1 次配管	$\phi 6\times 2$ 根
	2 次配管	$\phi 4\times 8$ 根
供应压缩空气压力/MPa		0.54
防护规格		一般环境规格：IP40 清洁规格：ISO 等级 3 油雾规格：IP67
油漆颜色		浅灰色（参考蒙塞尔色：0.6B7.6/0.2、参考 PANTONE：428C）

知识 1.4.6　机器人本体型号定义

三菱工业机器人本体型号主要由以下内容构成：<关节类型>-<负载能力><系列><动作范围><环境要求>-<控制器类型>-<特殊规格>。

例如：

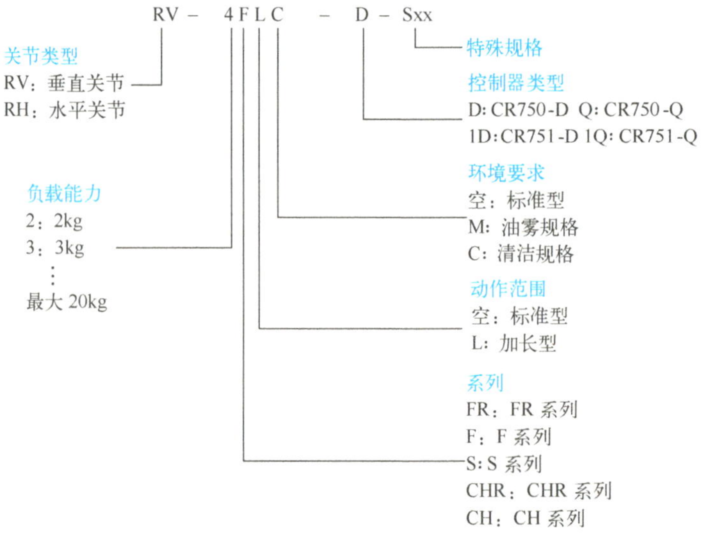

项目二　虚拟工业机器人画线工作站的离线编程与仿真

【项目介绍】

本项目的主要内容是在三菱工业机器人虚拟仿真系统上编写工业机器人轨迹插补的单任务控制程序。该项目要求能够设置与选用工具坐标系、工件坐标系，应用机器人基本运动指令编写机器人轨迹程序、单击移动并进行位置示教，实现控制工具笔末端绘制若干几何图形的作业；单步运行调试程序与示教位置数据、自动运行机器人程序。

动画：项目演示

2-1　工业机器人涂胶画线作业

为了逐步引导完成该项目的实施，分别设计了打开并设置虚拟工作站、创建机器人任务程序文件并保存、单击移动与位置示教、单任务自动运行机器人程序 4 个典型工作任务。

通过该项目的练习，读者应初步认识工业机器人自动化编程全过程，为后续开展虚拟工业机器人离线编程与仿真项目的设计与调试奠定软件操作和坐标系原理的基础。

【任务引导】

实训任务 2.1　打开并设置虚拟工作站

一、任务介绍分析

本次实训任务的主要内容是打开虚拟工业机器人画线工作站，并对机器人及画线工具进行设置，回顾上个项目虚拟工作站管理操作，并为本项目后续编程任务的开展做准备。

为了理解并完成该任务，除了理解工业机器人工作站的文件构成，还需要灵活应用三菱工业机器人虚拟仿真器 MELFA-Works 的抓手设定、机器人及部件移动、位置保存、工具坐标系设置、用户坐标系示教等功能，配置虚拟工业机器人画线工作站。

二、相关知识链接

知识 1.3.3、知识 1.3.4、知识 2.3.1。

三、任务实施步骤

1. 打开工业机器人画线虚拟仿真工作站文件

1）扫描二维码 2-2，下载工业机器人画线虚拟仿真工作站文件。下载以后，将其解压缩到计算机磁盘中，例如，在“D:\”根目录下。

2）先后打开 SolidWorks 2017 和 RT ToolBox3 两个软件，务必在完全打开第一个软件后再打开第二个软件，否则有可能会影响后续的仿真连接。

3）在 SolidWorks 中启动 RT ToolBox 的仿真连接器。具体操作方法请扫描二维码 2-3 观看。

4）在 RT ToolBox 中打开工业机器人画线虚拟仿真工作站文件，进入模拟模式，并链接到虚拟仿真器，工作站场景界面如图 2-1 所示。具体操作方法请扫描二维码 2-4 观看。

素材：工作站文件

2-2　工业机器人画线虚拟仿真工作站

微课：操作演示

2-3　虚拟工作站的打开与仿真

微课：操作演示

2-4　机器人基准位置设定、抓手连接

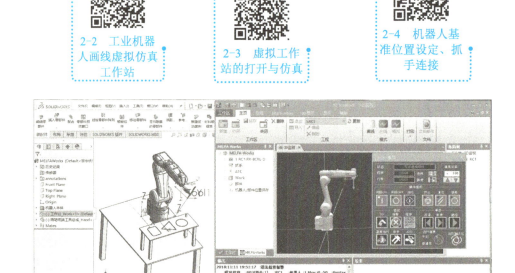

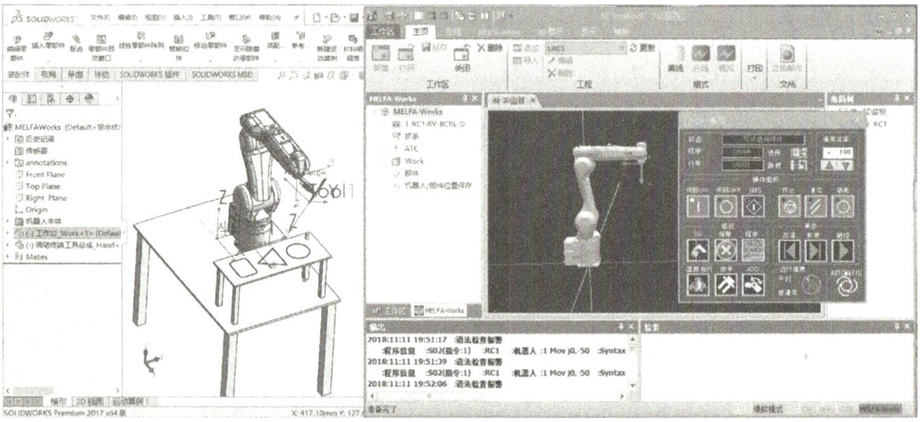

图 2-1　虚拟工业机器人画线工作站场景

2. 工业机器人基准位置设定

在 RT ToolBox3 软件界面切换至“MELFA-Works”菜单界面，单击“机器人/部件的移动”选项，弹出基准位置设定对话框，如图 2-2 所示。

在基准位置设定对话框，选中机器人基准位置选项卡，将参考位置切换为“任意坐标系”并激活选择功能，然后直接从 SolidWorks 的工作窗口或工程树目录中选取坐标系 1，目标坐标系名称将出现在“任意坐标系”选项框中，最后单击“移动到原点位置”，机器人的底座坐标就会与目标坐标系对齐，机器人基准位置设定完成，如图 2-3 所示。

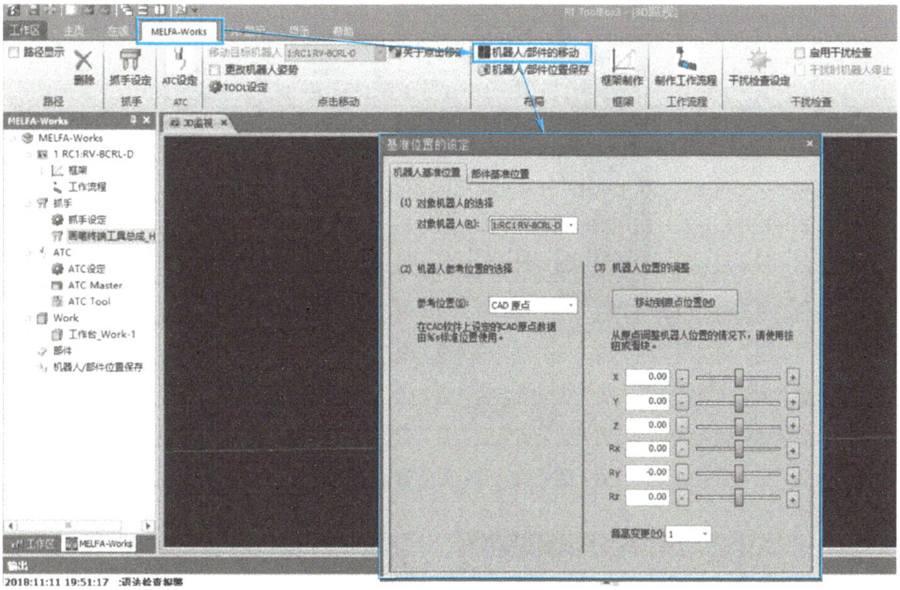

图 2-2　基准位置设定对话框

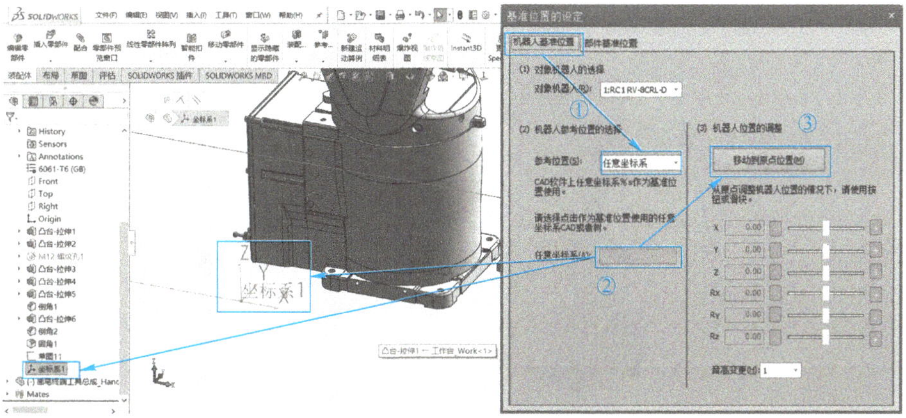

图 2-3　设定机器人基准位置

3. 工业机器人抓手连接设定

双击“MELFA-Works”工程树目录中的“抓手设定”或在“MELFA-Works”菜单栏单击“设置抓手”选项，弹出抓手设置对话框，如图 2-4 所示。

单击抓手设置窗口中“连接抓手”选项框，激活抓手选择功能，然后直接从 SolidWorks 中或从 RT ToolBox 的“MELFA-Works”工程树目录中选中目标抓手并拖动，当目标抓手名称出现在“连接抓手”选项框中时，抓手连接完成，如图 2-5 所示。

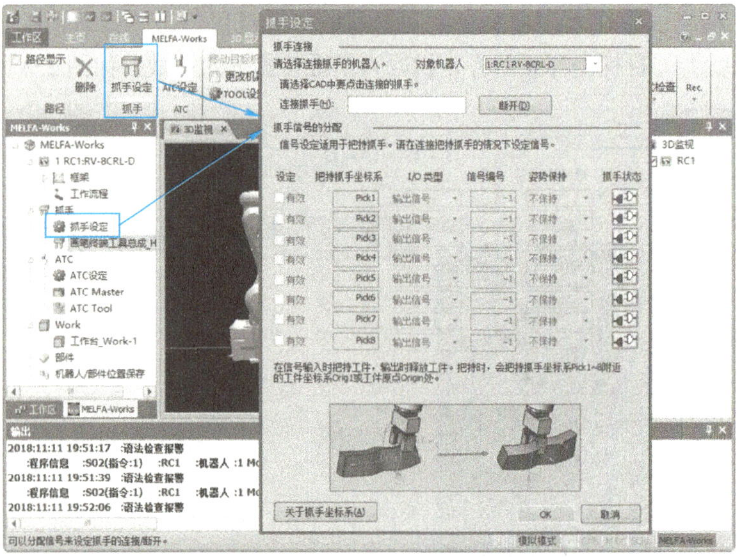

图 2-4　抓手设置对话框

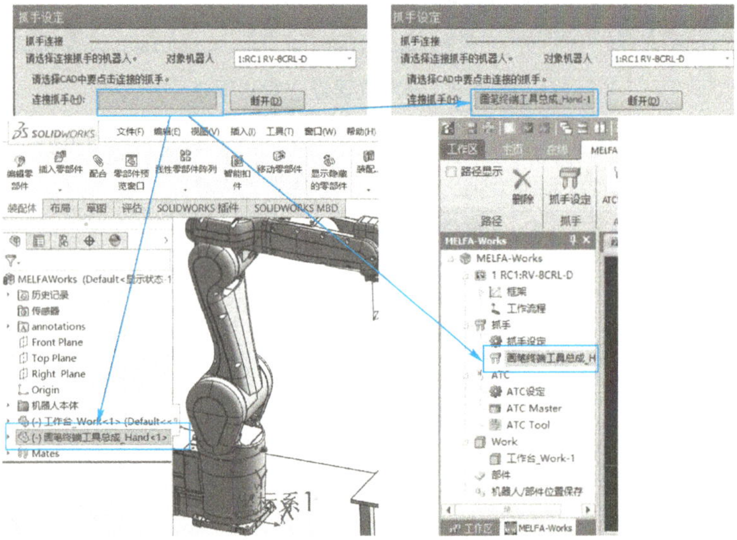

图 2-5　抓手连接设置

4．机器人/部件位置保存

机器人和部件位置调整好之后，可以通过保存把当前位置记录下来，下次可以快速恢复到当前状态，具体操作：在 RT ToolBox 的“MELFA-Works”工程树目录中选中机器人/部件位置保存，右键选择“保存”，弹出输入新名字对话框，输入保存的名字并单击“OK”按钮，如图 2-6 所示。

5．机器人/部件位置恢复

在编程过程中，无论环境如何变化，可以利用位置恢复，快速恢复到保存的工作环境状态，具体操作：在 RT ToolBox 的“MELFA-Works”工程树目录中选中第 4 步保存位置，右键选择“复原”，如图 2-7 所示。

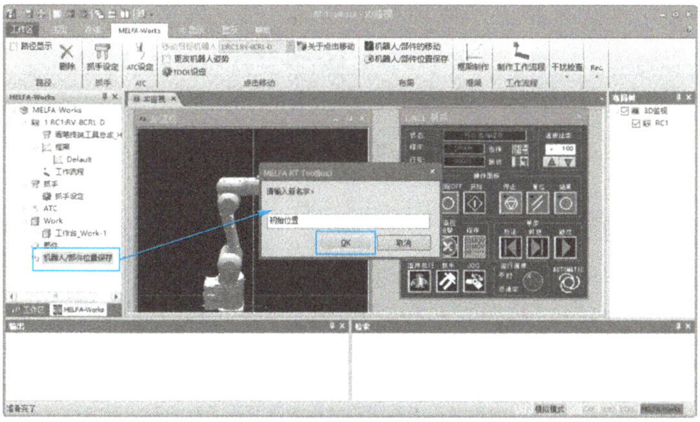

图 2-6　机器人/部件位置保存

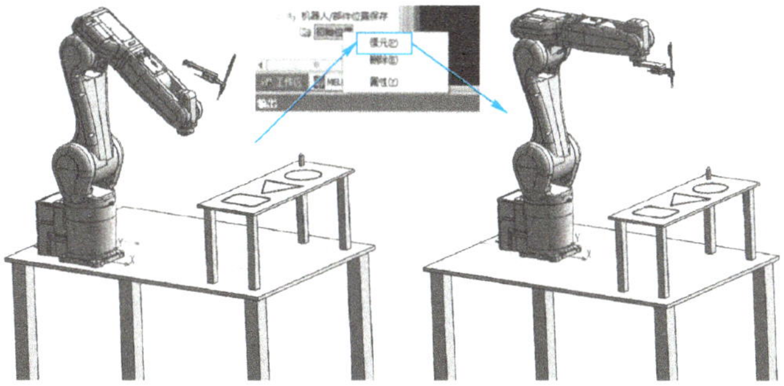

图 2-7　机器人/部件位置恢复

6. 机器人工具坐标系设定

双击 RT ToolBox 的“工作区”工程树目录“参数”下“动作参数”中的 TOOL，进入 TOOL 设置界面，将画笔工具笔尖相对于法兰盘中心的偏移值 X −165.82、Z 82.80 填入 MEXTL1 数据栏中，单击“写入”按钮，如图 2-8 所示。

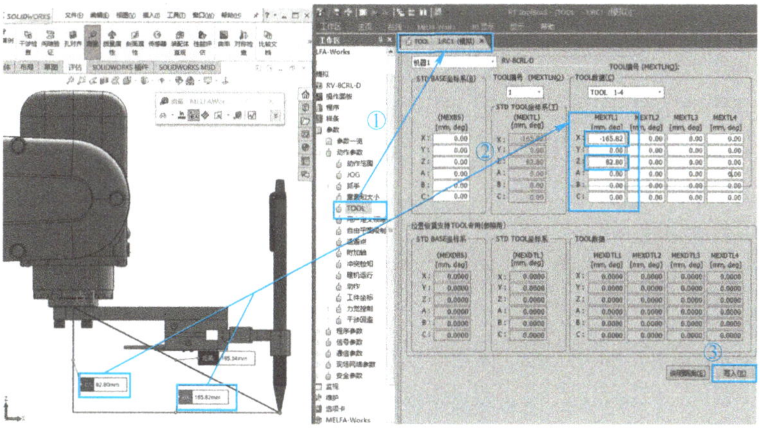

图 2-8　运行程序文件界面

微课：操作演示

2-5　工具坐标系介绍及设定

在“MELFA-Works”菜单界面，单击“TOOL 设定”选项，会弹出 TOOL 设定对话框，进一步确认手动示教的工具数据后单击“写入”按钮，如图 2-9 所示。

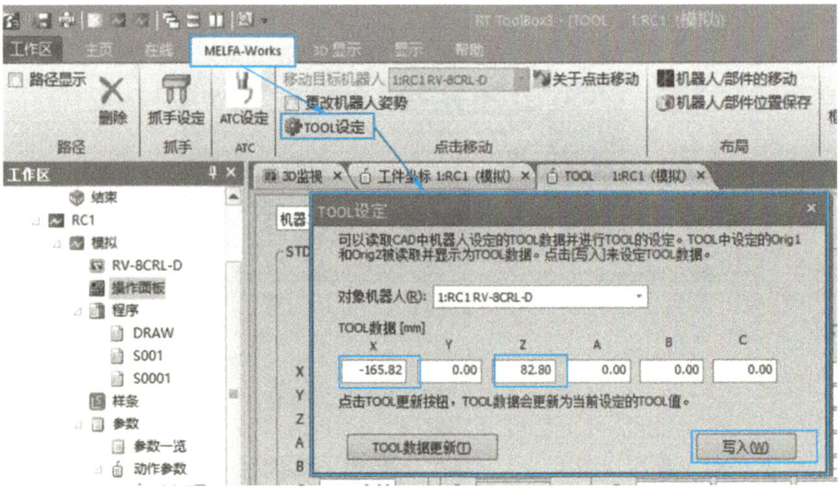

图 2-9 手动示教 TOOL 设定

7. 机器人工件坐标系设定

双击 RT ToolBox 的“工作区”工程树目录“参数”下“动作参数”中的工件坐标，进入工件坐标系设置界面，如图 2-10 所示。

在 SolidWorks 的工作窗口，按住<Alt>键同时单击鼠标左键，选取工作台一个角点作为工件坐标系原点，并在工件坐标系设置界面的“原点 WO”窗口单击“示教”按钮，同理在 X 轴方向上（工作台短边定为 X 轴）取点并记录、Y 轴方向上（工作台长边定为 X 轴）取点并记录，最后单击“写入”按钮，当工件坐标系出现数据变化时，工件坐标系设定完成，如图 2-11 所示。

微课：操作演示

2-6 工件坐标系介绍及设定

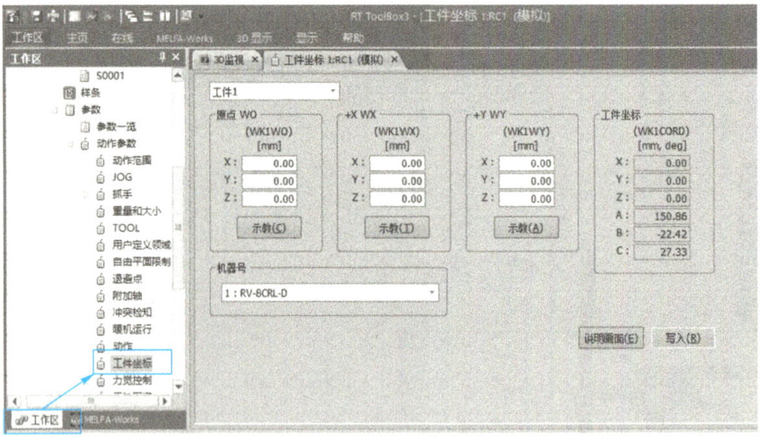

图 2-10 工件坐标系设置界面

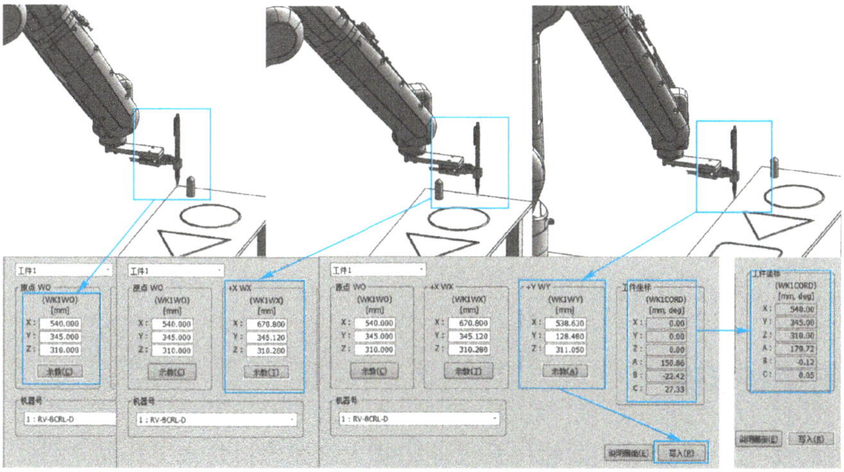

图 2-11　工件坐标系设定

动画：结果展示

2-7　添加程序指令，生成变量结果

实训任务 2.2　创建机器人任务程序文件并保存

一、任务介绍分析

通过任务 2.1，完成了虚拟工作站的编程准备工作。本次任务的主要内容是编写画线轨迹任务程序文件并保存，如图 2-12 所示。

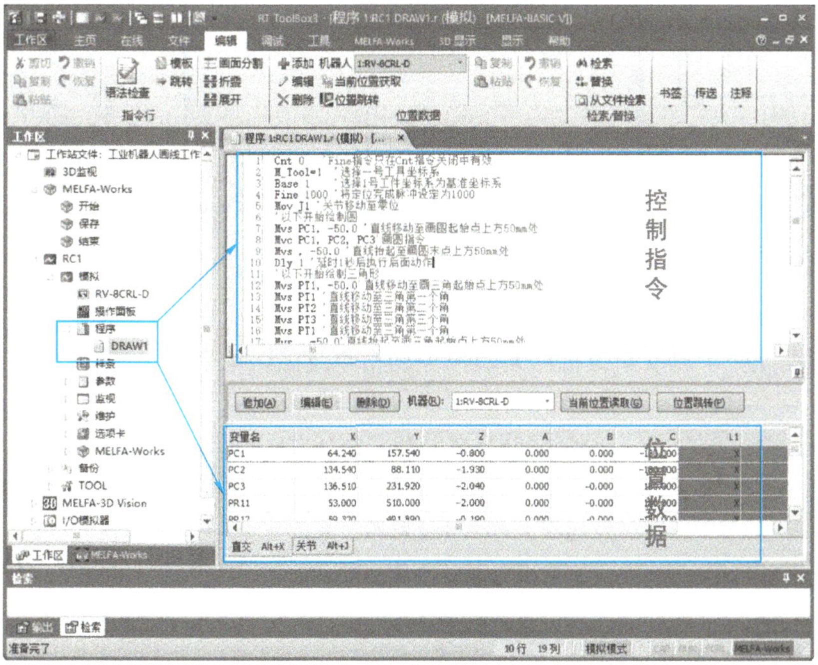

图 2-12　程序创建与编辑

为了理解并完成该任务，需要了解什么是机器人编程、机器人程序文件的概念、如何创建机器人程序文件、机器人基本运行指令的语法结构等有关知识。请在进行相关理论知识的学习后，再按照任务实施步骤开展具体操作实践；也可以一边按照任务实施步骤，一边开展理论知识学习。

二、相关知识链接

知识 2.1、知识 2.2、知识 2.3.2。

三、任务实施步骤

1）在任务 2.1 基础上，继续打开工业机器人画线虚拟仿真工作站文件，具体操作方法请参考实训任务 2.1 中的第 1 步。

2）新建任务程序文件，命名为“DRAW1”。右击 RT ToolBox 的“工作区”工程树目录“程序”选择“新建”或双击“程序”，弹出机器人程序文件创建界面并创建程序，如图 2-13 所示。

微课：操作演示

2-8　新建任务程序文件

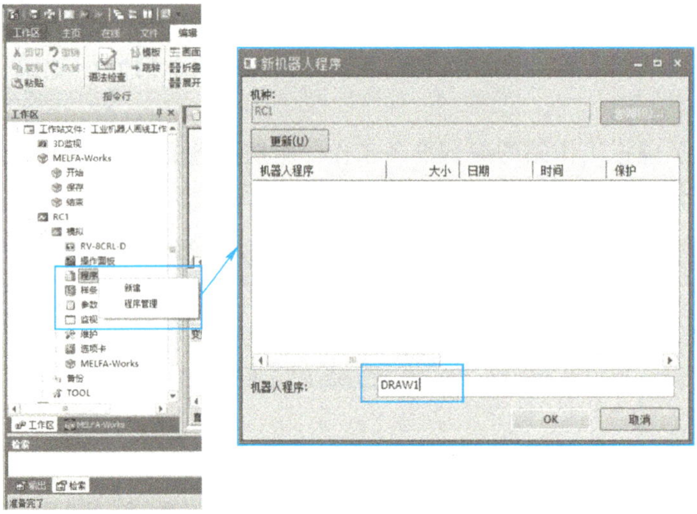

图 2-13　程序文件的创建

3）请在充分学习了知识机器人动作控制指令及确认指令后，在指令窗口编写以下程序语句：

微课：示教编程

2-9　工业机器人示教编程与画线程序

```
Cnt 0            'Fine 指令只在 Cnt 指令关闭中有效
M_Tool=1         '选择 1 号工具坐标系
Base 1           '选择 1 号工件坐标系为基准坐标系
Fine 1000        '将定位完成脉冲设定为 1000
Mov J1           '关节移动至零位
'以下开始绘制圆
```

```
7 Mvs PC1, -50.0          '直线移动至画圆起始点上方 50mm 处
8 Mvc PC1, PC2, PC3       '画圆指令
9 Mvs , -50.0             '直线抬起至画圆末点上方 50mm 处
10 Dly 1                  '延时 1s 后执行后面动作
11 '以下开始绘制三角形
12 Mvs PT1, -50.0         '直线移动至画三角起始点上方 50mm 处
13 Mvs PT1                '直线移动至三角第一个角
14 Mvs PT2                '直线移动至三角第二个角
15 Mvs PT3                '直线移动至三角第三个角
16 Mvs PT1                '直线移动至三角第一个角
17 Mvs , -50.0            '直线抬起至画三角起始点上方 50mm 处
18 Dly 1                  '延时 1s 后执行后面动作
19 '以下绘制正方形
20 Mvs PR11, -50.0        '直线移动至绘图起始点上方 50mm 处
21 Mvr PR11,PR12,PR13     '绘制第一个圆弧
22 Mvr PR21,PR22,PR23     '绘制第二个圆弧
23 Mvr PR31,PR32,PR33     '绘制第三个圆弧
24 Mvr PR41,PR42,PR43     '绘制第四个圆弧
25 Mvs PR11               '直线移动至绘制第一个圆弧起始点
26 Mov J1                 '关节移动至零位
27 Hlt                    '程序暂停
```

4）保存程序文件 DRAW1。可以通过两种方式实现程序文件的保存：一是单击文件菜单下的“保存”按钮，如图 2-14 所示；二是通过<Ctrl+S>快捷键实现保存。成功保存后，在工程树目录“程序”下会生成对应名称的程序文件。

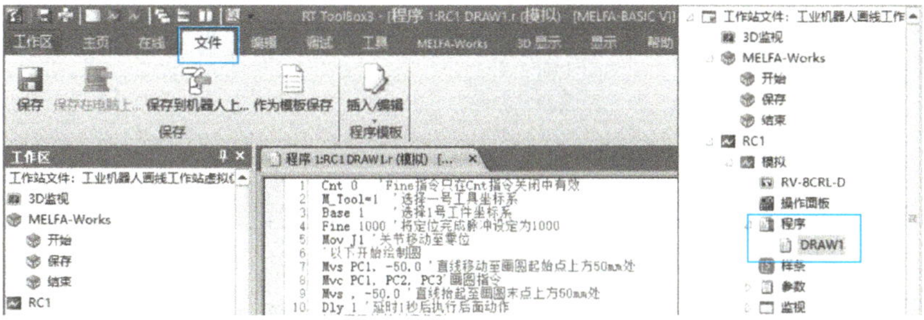

图 2-14　程序文件的保存

微课：操作演示

2-10　保存程序、位置变量生成

在确认成功保存程序文件后，关闭程序窗口，双击工程树目录“程序”下程序文件 DRAW1，重新打开程序，在位置窗口会自动生成位置变量，如图 2-15 所示。

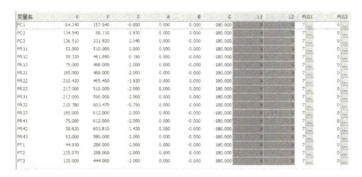

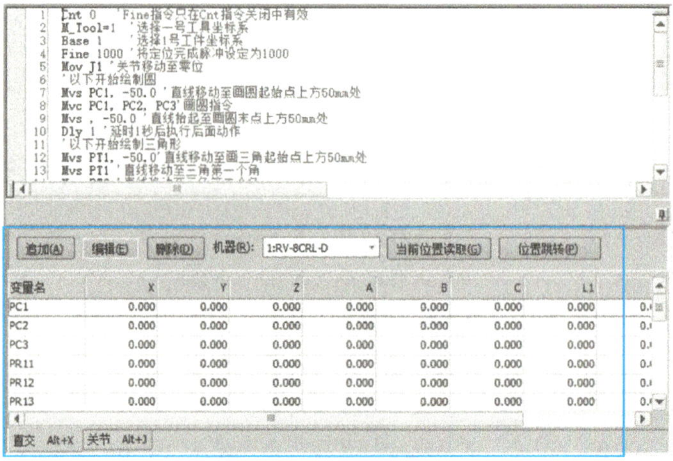

图 2-15　位置变量生成

实训任务 2.3　单击移动与位置示教

一、任务介绍分析

本次任务的主要内容是在综合应用前两个任务成果的基础上，通过单击移动的方式，为任务 2.2 中生成的位置变量获取位置数据并保存，如图 2-16 所示。

变量名	X	Y	Z	A	B	C	L1	L2	FLG1	FLG2
PC1	64.240	157.540	-0.800	0.000	0.000	-180.000	X	X	7	0
PC2	134.540	88.110	-1.930	0.000	0.000	-180.000	X	X	7	0
PC3	136.510	231.920	-2.040	0.000	-0.000	180.000	X	X	7	0
PR11	53.000	510.000	-2.000	0.000	-0.000	180.000	X	X	7	0
PR12	59.320	491.890	-0.190	0.000	-0.000	-180.000	X	X	7	0
PR13	75.000	488.000	-2.000	0.000	-0.000	-180.000	X	X	7	0
PR21	195.000	488.000	-2.000	0.000	-0.000	180.000	X	X	7	0
PR22	210.420	495.450	-1.920	0.000	0.000	180.000	X	X	7	0
PR23	217.000	510.000	-2.000	0.000	0.000	180.000	X	X	7	0
PR31	217.000	590.000	-2.000	0.000	0.000	180.000	X	X	7	0
PR32	210.780	603.470	-0.750	0.000	0.000	180.000	X	X	7	0
PR33	195.000	612.000	-2.000	0.000	-0.000	-180.000	X	X	7	0
PR41	75.000	612.000	-2.000	0.000	-0.000	-180.000	X	X	7	0
PR42	58.620	603.810	-1.430	0.000	-0.000	-180.000	X	X	7	0
PR43	53.000	590.000	-2.000	0.000	-0.000	-180.000	X	X	7	0
PT1	44.930	288.000	-2.000	0.000	-0.000	180.000	X	X	7	0
PT2	225.070	288.000	-2.000	0.000	0.000	180.000	X	X	7	0
PT3	135.000	444.000	-2.000	0.000	-0.000	180.000	X	X	7	0

图 2-16　位置数据记录

动画：示教位置

2-11　各位置变量示教点的展示

为了理解并完成该任务，需要了解什么是机器人位置数据、位置数据与坐标系之间的关系、机器人示教编程的概念、机器人基本运行指令的语法结构等有关知识。请在进行相关理论知识的学习后，再按照任务实施步骤开展具体操作实践；也可以一边按照任务实施步骤，一边开展理论知识学习。

二、相关知识链接

知识 2.1.3、知识 2.2、知识 2.3.2。

三、任务实施步骤

1）在任务 2.2 基础上，继续打开工业机器人画线虚拟仿真工作站文件，具体操作方法请参考实训任务 2.1 中的第 1 步。

微课：操作演示

2-12　控制面板设置、单击移动与示教

2）双击工程树目录“操作面板”，弹出控制器操作面板，单击“JOG”按钮，在选择框中分别选中“直交”“TOOL1”“BASE0”，如图 2-17 所示。

3）绘制圆的三个位置数据示教。双击工程树目录“程序”下程序文件 DRAW1，打开程序，本步骤将示教绘制圆命令所需的 PC1、PC2、PC3 三个位置数据，如图 2-18 所示。

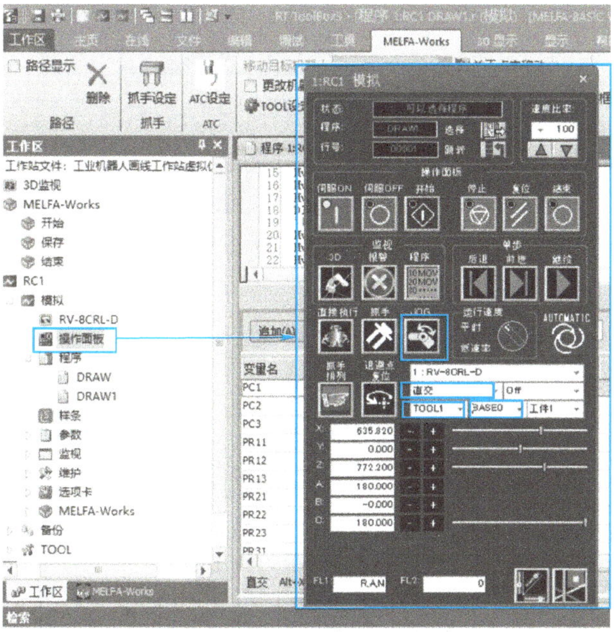

图 2-17　控制器操作面板配置

微课：操作演示

2-13　画圆命令的三个位置数据示教

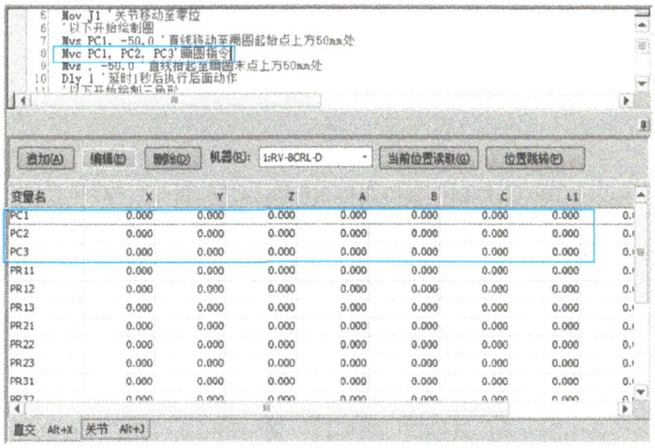

图 2-18　画圆对应三个位置数据变量

在 SolidWorks 的工作窗口，按住<Alt>键同时单击鼠标左键，选取圆上任意点，笔尖会自动对准至该点，如图 2-19 所示；然后将如图 2-17 所示控制器面板中的选择框“BASE0”切换至“BASE1”；最后在图 2-18 所示位置数据界面，选中 PC1 后单击“当前位置读取”按钮。同理，示教 PC2、PC3 两点。

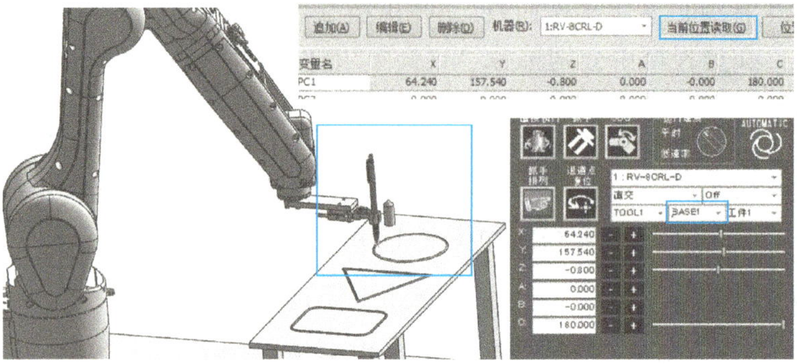

图 2-19　PC1 位置数据示教

4）剩余 15 个位置的示教与保存操作。按照第 3）步展示的操作方法，示教画三角形的三个点 PT1、PT2、PT3，倒角矩形 12 个点 PR11、PR12、PR13、PR21、PR22、PR23、PR31、PR32、PR33、PR41、PR42、PR43，如图 2-20 所示。在示教过程中要特别注意“TOOL1”“BASE1”的选择。

变量名	X	Y	Z	A	B	C	L1	L2	FLG1	FLG2
PC1	64.240	157.540	-0.800	0.000	0.000	-180.000	X	X	7	0
PC2	134.540	88.110	-1.930	0.000	0.000	-180.000	X	X	7	0
PC3	136.510	231.920	-2.040	0.000	-0.000	180.000	X	X	7	0
PR11	53.000	510.000	-2.000	0.000	-0.000	180.000	X	X	7	0
PR12	59.320	491.890	-0.190	0.000	-0.000	-180.000	X	X	7	0
PR13	75.000	488.000	-2.000	0.000	-0.000	-180.000	X	X	7	0
PR21	195.000	488.000	-2.000	0.000	-0.000	180.000	X	X	7	0
PR22	210.420	495.450	-1.920	0.000	0.000	180.000	X	X	7	0
PR23	217.000	510.000	-2.000	0.000	0.000	180.000	X	X	7	0
PR31	217.000	590.000	-2.000	0.000	0.000	180.000	X	X	7	0
PR32	210.780	603.470	-0.750	0.000	0.000	180.000	X	X	7	0
PR33	195.000	612.000	-2.000	0.000	-0.000	-180.000	X	X	7	0
PR41	75.000	612.000	-2.000	0.000	-0.000	-180.000	X	X	7	0
PR42	58.620	603.810	-1.430	0.000	-0.000	-180.000	X	X	7	0
PR43	53.000	590.000	-2.000	0.000	-0.000	-180.000	X	X	7	0
PT1	44.930	288.000	-2.000	0.000	-0.000	180.000	X	X	7	0
PT2	225.070	288.000	-2.000	0.000	0.000	180.000	X	X	7	0
PT3	135.000	444.000	-2.000	0.000	-0.000	180.000	X	X	7	0

图 2-20　绘图位置示教结果

微课：操作演示

2-14　剩余点位示教讲解及零位设置

【知识点】“TOOL1”“BASE1”下记录的位置数据，与哪些坐标系有关？

5）零点记录与保存操作。在位置数据窗口切换至关节选项，选中 J1 变量并单击“编辑”按钮，直接输入（0，0，90，0，90，0）后单击“OK”按钮，如图 2-21 所示；或者在执行任务 2.1 步骤 5 恢复初始位置后，单击“当前位置读取”按钮。最后通过保存程序文件的操作，保存位置数据。

微课：操作演示

2-15　零点记录及程序保存与管理

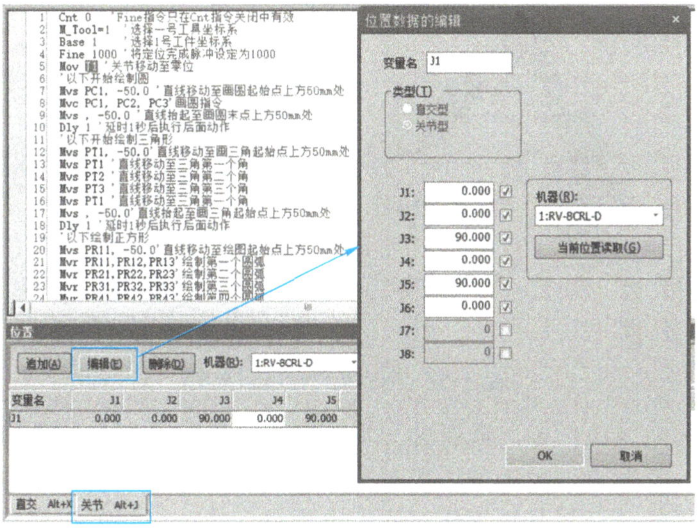

图 2-21　零点记录

6）将程序备份至计算机。关闭程序后右击 RT ToolBox 的“工作区”工程树目录“程序”，选择“程序管理”，弹出程序管理对话框，勾选需要备份的程序，传送目标选为“工程”，单击“复制”按钮，如图 2-22 所示。

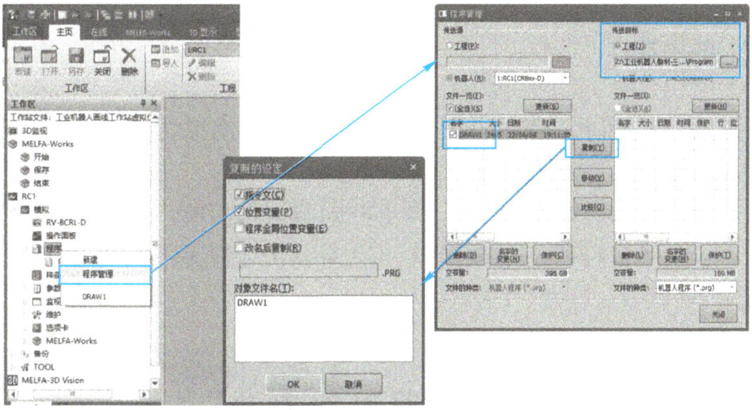

图 2-22　程序备份至计算机

实训任务 2.4　单任务自动运行机器人程序

动画：结果展示

2-16　程序执行后的运行结果

一、任务介绍分析

本次任务的主要内容是在综合应用前 3 个任务成果的基础上，通过控制器面板选择存储在控制器内的程序文件并运行，如图 2-23 所示。

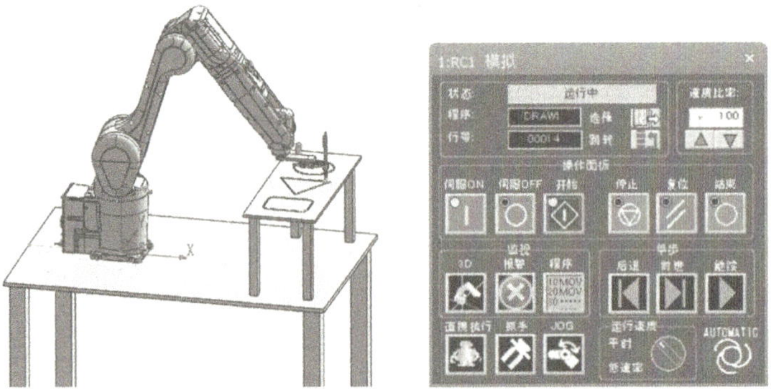

图 2-23　程序执行过程示意图

为了理解并完成该任务，需要进一步综合应用工业机器人任务程序的概念、程序文件的下载、控制器面板的使用等有关知识。请在进行相关理论知识的学习后，再按照任务实施步骤开展具体操作实践；也可以一边按照任务实施步骤，一边开展理论知识学习。

二、相关知识链接

知识 2.1.3、知识 2.3.1。

三、任务实施步骤

1）在任务 2.3 基础上，继续打开工业机器人画线虚拟仿真工作站文件，具体操作方法请参考实训任务 2.1 中的第 1 步。

2）双击工程树目录“操作面板”，弹出控制器操作面板，单击“选择”按钮，在弹出的选择框中，选择目标程序 DRAW1，控制面板上的程序显示栏将显示程序名，如图 2-24 所示。

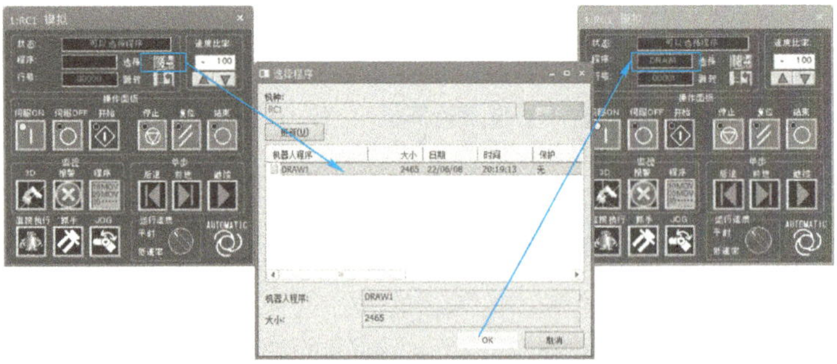

图 2-24　控制器操作面板选择程序

微课：操作演示

2-17　程序加载、运行、暂停及复位演示

3）运行机器人程序文件。在伺服 ON 且状态栏处于程序可选择或暂停中，单击“开始”按钮，系统即进入运行中状态，控制器操作面板上的“开始”按钮左上角运行指示灯亮起，如图 2-25 所示。观察 SolidWorks 界面中机器人轨迹的运行情况。

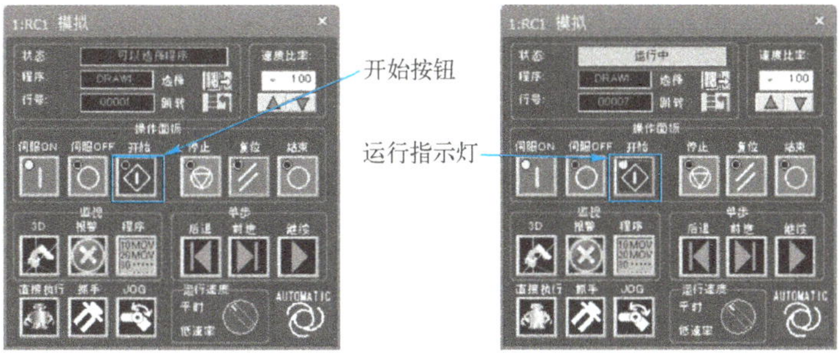

图 2-25　程序启动及运行状态

4）机器人自动运行程序的其他操作。可以对运行中的程序，单击“停止”按钮暂停程序，再单击“开始”按钮，恢复运行，如果程序处于暂停状态，单击“复位”按钮，会初始化程序文件，使得程序指针回到第一行。

5）假设工作站因不可抗力因素导致机器人与工作台相对位置发生变化，如图 2-26 所示，请结合工件坐标系思考：如何在不重新示教程序位置数据情况下，保证机器人执行轨迹的依旧准确。

图 2-26　机器人与工作台相对位置变化

微课：坐标讲解

2-18　工件坐标系对位置数据的影响

【知识学习】

知识 2.1　工业机器人编程

知识 2.1.1　工业机器人编程概述

1. 面向用户编程和面向任务编程

按照编程对象的不同，工业机器人编程类型分为两种：面向用户编程和面向任务编程。面向用户编程，即机器人开发人员为方便用户使用而采用底层语言对机器人系统进行的编程。这种编程涉及机器人底层开发技术，包括运动轨迹规划、关节伺服控制和人机交互等许多机器人控制的关键问题，并将各种控制程序封装成简单易懂的机器人编程语言供用户编程使用。面向任务编程，即用户为使用机器人完成某一任务而采用机器人编程语言编写相应动作程序的编程。这种编程由于采用已经开发过的机器人系统，因此，相对于前者比较简单。

2．在线编程、离线编程和自主编程

按照编程手段的不同，面向任务编程又分为在线编程、离线编程和自主编程 3 种方式。在线编程是指在连接机器人系统的情况下，通过外力直接作用于机器人本体或示教器控制机器人本体移动，对机器人位置及轨迹进行示教记忆和动作再现的编程；离线编程是指借助计算机图形学的研究成果，通过软件工具建立机器人及其工作环境的模型，利用机器人编程语言及相关轨迹控制算法，对图形进行控制和操作，从而在不占用实际机器人系统的离线状态下生成控制机器人轨迹和作业的离线程序。自主编程是指针对不同工况，利用传感器技术，由计算机自动地规划工业机器人的运动轨迹路径，如视觉引导工业机器人移动。

现场编程需要占用实际的机器人，编程时机器人需要停止当前工作任务；由于机器人位置数据由人工示教而来，因此位置精度有限；操作者编程时处于现场环境，具有一定的危险性；难以获得复杂的轨迹曲线数据。离线编程不需要占用实际的机器人，因此，不影响机器人工作，减少机器人非工作时间，提高机器人工作效率；操作者编程时不在机器人作业现场，比较安全；通过计算机辅助设计的方法，可以获得较高位置精度的轨迹路径，并实现复杂的轨迹规划控制编程。

知识 2.1.2　工业机器人编程语言概述

三菱工业机器人的编程语言 MELFA-BASIC-V 是基于 BASIC 语言发展而来的第五代专用编程语言，属于面向任务级的机器人编程语言，其语法风格与 BASIC 语言相似。通过 MELFA-BASIC-V 编程语言，可实现对机器人的动作控制、程序流程控制、定义、任务控制、运算、外部信号控制、通信、动作附随控制等功能，简单功能说明见表 2-1。

表 2-1　MELFA-BASIC-V 功能说明

序　号	项　　目	内　　容	相关命令语
1	动作控制命令	关节插补动作	Mov
2		直线插补动作	Mvs
3		圆弧插补动作	Mvr、Mvr2、Mvc
4		最佳加减速动作	Oadl
5		抓手控制	HOpen、HClose
6		动作完成确认	Fine、Dly
7		速度调节	Ovrd、JOvrd、Spd
8	程序流程控制命令	分支	GoTo、If　Then　Else
9		循环	For　Next、While—Wend
10		中断	Def Act、Act
11		子程序	GoSub、CallP
12		定时器	Dly
13		停止	Hlt、End
14	定义指令	变量、码垛、中断、弧形轨迹、工具、基准	Dim、Def、Tool、Base
15	任务控制指令	插槽中程序的控制	Priority、XLoad、XRun、XStp、XRst、XClr、GetM、RelM
16	运算	运算符	+、−、*、/、<>、<、>等

（续）

序号	项目	内容	相关命令语
17	运算	码垛运算	Def Plt、Plt
18		位置运算	P1+P2、P1*P2 等
19	外部信号控制命令	信号输入	M_In、M_Inb、M_Inw
20		信号输出	M_Out、M_Outb、M_Outw
21	通信	—	Open、Close、Print、Input 等
22	动作附随控制命令	—	Wth、WthIf

工具坐标系原点 P_{to} 的坐标为（P_Curr.x,P_Curr.y,P_Curr.z）^{T}，其中，P_Curr 包含了工具坐标系在世界坐标系下的位置与姿态矩阵数据。

知识 2.1.3 机器人程序文件的概念

一个机器人程序文件主要包含程序名称、程序语句列表、位置数据与外部变量 3 个基本构成要素。各个要素的基本知识如下。

1. 程序名称

机器人程序的名称必须使用大写英文字母或数字等字符来命名，名称最长为 12 个字符。可使用的字符见表 2-2。

表 2-2 程序名可使用的字符

类型	可使用的字符
英文	A B C D E F G H I J K L M N O P Q R S T U V W X Y Z （最好使用大写，使用小写时，可能存在控制器无法正常执行的风险）
数字	1 2 3 4 5 6 7 8 9 0

当使用外部信号选择程序时，程序名只能用数字字符命名；当使用 CallP 指令选择程序时，可以使用 4 个字符以上、12 个字符以下可使用的字符命名。

在控制箱显示屏上最多只能显示程序名的前 4 个字符，并且会在程序名左边显示“p.”字符（表示程序）。不足 4 个字符时，显示屏会自动在程序名前补 0。因此，最好把机器人程序的名称控制在 4 个字符以内。例如，将机器人的程序名称命名为“STA”，则控制箱显示屏上显示“p.0STA”，如图 2-27 所示。

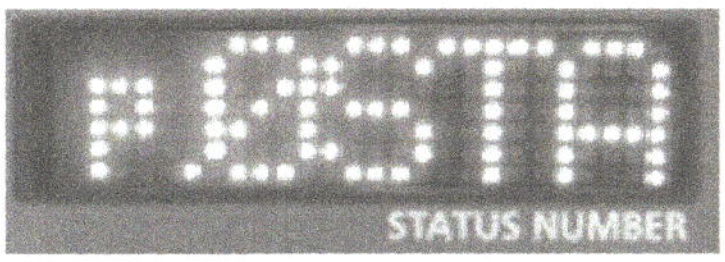

图 2-27 控制箱上的程序名称显示

2. 程序语句列表

在机器人程序内，由 1 条以上的程序语句构成程序语句列表，如图 2-28 所示。1 条程序语句代表 1 步动作，这些程序语句都由步号+命令构成；有些命令由指令、数据、附随语句等元素组成，有些指令由标识等元素构成；还有些指令由函数和赋值语句构成；指令不同，其构成要素也略有不同。

图 2-28　机器人程序语句

步号：决定程序执行的顺序，由整数 1～32767 表示。每一行指令语句都有一个步号，增加一行指令，步号就递增一个整数。在 MELFA-BASIC-V 中，步号由编程环境自动添加。

指令：指定机器人的动作及作业的指令。

数据：每个指令所需的变量及数值等数据，并不是每个指令都需要数据。机器人程序中的数据可以用常量或变量表示。

附随语句：根据需要附加到机器人动作或作业后。

标识语句：指令语句的位置标签。

3. 位置数据与外部变量

位置数据是指在直交坐标系或关节坐标系下为某一位置变量示教保存的位置数据。如果程序中有用到位置变量，必须同时将该位置变量的数据作为程序文件的一部分下载到机器人控制器中，否则程序运行时将报错。

外部变量（也叫全局变量）是指在控制器内不同程序之间都有效的变量。如果程序中有用到外部变量，必须同时将该外部变量数据作为程序文件的一部分下载到机器人控制器中。

知识 2.1.4　标识符

标识符是由数字、字母、符号等文字构成的一串字符。机器人程序中，很多要素会用到标识符，如程序名、变量名、标签名等。

标识符的命名具有以下约定：

1）标识符中的字母不区分大小写。

2）用于变量名或程序名时，开头必须使用英文字母。

3）变量名的第 2 个文字使用“_”下画线时，该变量就会成为全局变量。

4）标识符中不能加“ ' ”撇号，否则，撇号以后的部分就会变成注释。

5）标识符前面带“*”星号，就会变成标签。

知识 2.1.5　注释

在英文状态下输入撇号（'），或者输入 Rem，则该行之后的所有内容将视为指令的注释部分，不会被机器人控制系统编译。

例如：

```
10 Goto *Check     '跳转至标签 Check 行
…
50 *Check          '标签 Check 行
```

知识 2.2　相关动作指令介绍

动画：功能演示

2-19　Mov 指令功能

知识 2.2.1　Mov 关节插补指令

【指令功能】

当目标位置数据是关节位置数据时，驱动机器人本体的各个关节，将各个关节转动至固定角度；当目标位置数据是直交位置数据时，驱动机器人本体的各个关节，以特定的本体构造标志将工具坐标系平移或旋转至目标坐标系；在关节插补过程中，工具坐标系原点的轨迹是一条接近于起止点线段的随机曲线段。

【语法结构】

```
Mov  <目标位置>[,<接近距离>][Type  <常数 1>,<常数 2>]  [附随语句]
```

【指令参数】

1）目标位置：直交位置数据类型的常量和变量或关节位置数据类型的变量。该参数不可省略。

```
例如，1  Mov P1   'P1 = (700.2, -297.6, 740, 0, 0, 0)(6,0)
      2  Mov (700.2, -297.6, 740, 0, 0, 0)(6,0)
      3  Mov J1  'J1 = (0,90,0,0,90,0)
```

2）接近距离：指定此值的情况下，实际目标位置为以给定目标位置对应的坐标系为参考坐标系，沿着参考坐标系 Z 轴的指定方向平移指定距离后的新坐标系，且给定目标位置必须以直交位置数据表示，否则语法报错。该参数可省略。

动画：功能演示

2-20　Mov P1, -200 指令语句的控制效果

例如，在未进行工具变换的情况下，即工具变换矩阵为（0，0，0，0，0，0），假设目标位置 P1=（700.190，-297.590，740.020，0.000，90.000，0.000）（6，0），则执行 Mov P1, -200 指令语句后，机器人工具坐标系的位置如图 2-29a 所示；假设目标位置 P2=（700.190，-297.590，740.020，0.000，0.000，0.000）（6，0），则执行 Mov P2,300 指令语句后，机器人工具坐标系的位置如图 2-29b 所示。

3）<常数 1>：赋值 1/0，指定“绕道/走近路”的动作方式。初始值为 1。该参数可省略。

4）<常数 2>：无效。可省略。

5）附随语句：使用 Wth 或 WthIf 语句。可省略。

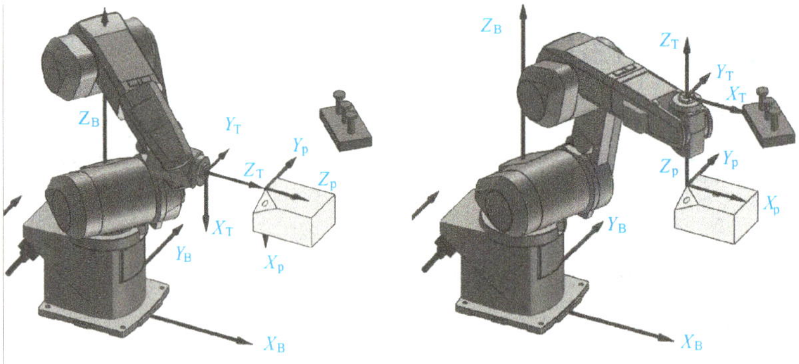

a)　　b)

图 2-29　插补位置的接近距离

a) Mov P1，-200　b) Mov P2，300

动画：功能演示

2-21　Mov P2，300 指令语句的控制效果

【使用说明】

1）关节插补时，只保证工具坐标系终点位置与姿态，其原点轨迹无法保证。

2）与附随语句 Wth、WthIf 并用，可以得到信号输出时序和动作的同步。

3）Type 的数值常数 1 为指定姿势的插补方式。

4）在关节插补里称的绕道，是指以示教姿势做动作。会有因示教时的姿势而变成绕道动作的情况。

5）所谓走近路是指在起点—终点间的姿势，在动作量少的方向进行姿势的插补。

6）绕道/走近路的指定，是指开始位置和目的位置的动作范围，有±180°上的移动量。

7）即使在有指定走近路的情况下，目的位置在动作范围外的时候，也会往返方向绕道动作。

8）关节插补时，Type 的数值<常数 2>没有意义。

动画：功能演示

2-22　Mov 指令的 Type 常数 1 功能

【指令样例】

```
Mov P1
Mov P1+P2
Mov P1*P2
Mov P1, -50
Mov P1 Wth M_Out(17)=1
Mov P1 WthIf M_In(20)=1' Skip
Mov P1 Type 1
```

【应用举例】

机器人的动作如图 2-30 所示。

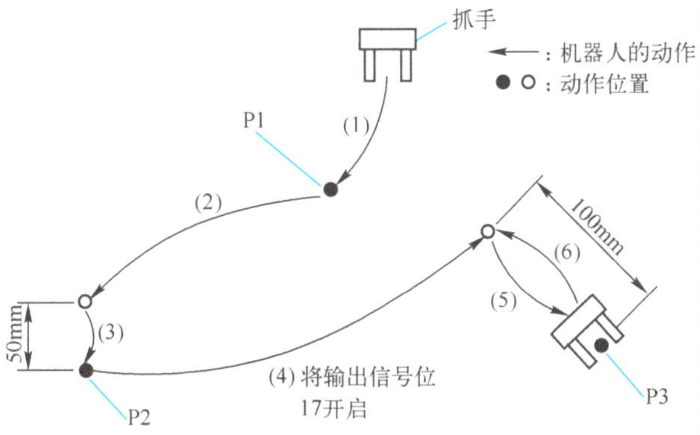

注意：程序中前进/后退的方向会依据机器人体类型而不同。对于垂直关节机器人，沿着机械法兰面法线远离目标位置的方向移动为后退，符号为-，反之为前进，符号为+；对于水平关节机器人，沿着机械法兰面法线靠近目标位置的方向移动为后退，符号为-，反之为前进，符号为+

图 2-30　机器人的动作 1

程序说明见表 2-3。

表 2-3　程序说明 1

程　序	说　明
1 MOV P1	9'(1)　往 P1 移动
2 MOV P2，-50	10'(2) 往从 P2 开始，方向后退 50mm 的位置移动
3 MOV P2	11'(3) 往 P2 移动
4 MOV P3，-100 WTH M_OUT(17) = 1	12'(4) 往从 P3 开始，抓手后退 100mm 的位置移动，同时开启 17 号信号输出
5 MOV P3	13'(5) 往 P3 移动
6 MOV P3，-100	14'(6) 往从 P3 开始，方向后退 100mm 的位置移动
7	
8 END	15'(7) 程序结束

知识 2.2.2　Mvs 直线插补指令

【指令功能】

当目标位置数据是关节位置数据时，驱动机器人本体的各个关节，将各个关节转动至固定角度；当目标位置数据是直交位置数据时，驱动机器人本体的各个关节，以特定的本体构造标志将工具坐标系平移或旋转至目标坐标系；在直线插补过程中，工具坐标系原点的轨迹为起止点之间的直线段。

动画：功能演示

2-23　Mvs 指令功能

【语法结构】

```
Mvs  <目标位置>[,<接近距离>][Type  <常数 1>,<常数 2>]  [附随语句]
```

【指令参数】

1）目标位置：直交位置数据类型的常量和变量或关节位置数据类型的变量。该参数不可省略。

2）接近距离：指定此值的情况下，实际目标位置为以给定目标位置对应的坐标系为参考坐标系，沿着参考坐标系 Z 轴的指定方向平移指定距离后的新坐标系，且给定目标位置必须以直交位置数据表示，否则语法报错。该参数可省略。接近距离的举例说明同“Mov”指令。

动画：功能演示

2-24　Mvs 动作中接近距离的几何意义

3）<常数 1>：赋值 1/0，指定“绕道/走近路”的动作方式。初始值为 0。

4）<常数 2>：赋值 0/1/2，指定“等量旋转/3 轴直交/特异点通过”的姿势插补种类，初始值为 0。

5）附随语句：使用 Wth 或 WthIf 语句。

【使用说明】

1）直线插补既能保证目标位置，又能保证控制点的移动轨迹。

2）与附随语句 Wth、WthIf 并用，可以得到信号输出时序和动作的同步。

3）在等量旋转（常数 2=0）的情况下，起点和终点的构造标志不同时，执行时会发生异常。

4）在特异点通过（常数 2=2）的情况下，机器人可以在一般直线插补指令无法完成的各个位姿之间做特异点直线插补动作。

5）在 3 轴直交（常数 2=1）的情况下，常数 1 无效并且以示教的姿势移动。3 轴直交是以（X，Y，Z，J_4，J_5，J_6）坐标定义执行插补，有通过特异点附近的效果。

【指令样例】

```
Mvs P1
Mvs P1+P2
Mvs P1*P2
Mvs, -50
Mvs P1 Wth M_Out(17)=1
Mvs P1 WthIf M_In(20)=1' Skip
Mvs P1 Type 0' 0
Mvs P1 Type 0' 1
```

【应用举例】

机器人的动作如图 2-31 所示。

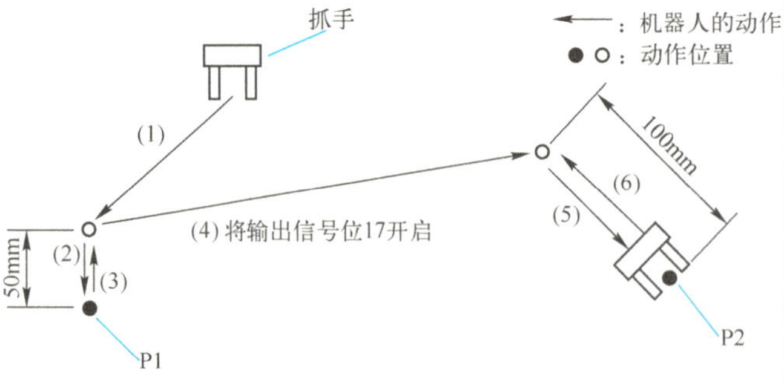

注意：程序中前进/后退的方向会依据机器人本体类型而不同。对于垂直关节机器人，沿着机械法兰面法线远离目标位置的方向移动为后退，符号为-，反之为前进，符号为+；对于水平关节机器人，沿着机械法兰面法线靠近目标位置的方向移动为后退，符号为-，反之为前进，符号为+

图 2-31　机器人的动作 2

程序说明见表 2-4。

表 2-4　程序说明 2

程　序	说　明
16 MVS P1,-50	23'(1)以直线插补从 P1 移动到后退方向 50mm 处
17 MVS P1	24'(2)以直线插补移动到 P1 处
18 MVS ,-50	25'(3)以直线插补移动到当前位置后退方向 50mm 处
19 MVS P2,-100 WTH M_OUT(17) = 1	26'(4)移动至 P2 位置后退方向 100mm 处，同时开启 17 号信号输出
20 MVS P2	27'(5)移动至 P2 位置处
21 MVS ,-100	28'(6)移动至当前位置后退方向 100mm 处
22 END	29'(7)程序结束

知识 2.2.3　Mvr、Mvr2、Mvr3、Mvc 圆弧插补指令

【指令功能】

Mvr——沿着 3 点确定的圆弧从起点位置开始，经过通过点，到达终点；

Mvr2——沿着 3 点确定的圆弧从起点位置开始，到达终点，超过点在圆弧的终端；

Mvr3——沿着 3 点确定的圆弧从起点位置开始，到达终点，起点到终点的中心角<180°；

Mvc——沿着 3 点确定的圆从起点位置开始，经过通过点 1，再经过通过点 2，然后回到起点位置。

【语法结构】

```
Mvr <起点>,<通过点>,<终点>[Type <常数 1>,<常数 2>] [附随语句]
Mvr2 <起点>,<终点>,<通过点>[Type <常数 1>,<常数 2>] [附随语句]
Mvr3 <起点>,<终点>,<圆心点>[Type <常数 1>,<常数 2>] [附随语句]
Mvc <起点与终点>,<通过点 1>,<通过点 2>[Type <常数 1>,<常数 2>][附随语句]
```

【指令参数】

1）起点：圆弧的起点位置。用位置型的变量和常数或关节变量来表示。

2）终点：圆弧的终点位置。用位置型的变量和常数或关节变量来表示。

3）通过点：圆弧起点与终点之间的点。用位置型的变量和常数或关节变量来表示。

4）圆心点：圆弧的圆心位置。用位置型的变量和常数或关节变量来表示。

5）<常数 1>：赋值 1/0，指定“绕道/走近路”的动作方式。初始值为 0。

6）<常数 2>：赋值 0/1/2，指定“等量旋转/3 轴直交/特异点通过”的姿势插补种类，初始值为 0。

7）附随语句：使用 Wth 或 WthIf 语句。

【使用说明】

1）圆弧插补动作是从被授予的 3 点开始求圆，在那个圆弧上移动。

2）姿势会变成从起点开始往终点的插补，通过点的姿势没有影响。

3）在现在位置和起点不一致的情况下，会自动地以直线插补（3 轴直交插补）移动到起点为止。

4）在等量旋转（常数 2=0）的情况下，起点和终点的构造标志不同时，执行时会发生异常。

5）在指定的 3 点内有相同位置和 3 点在一条直线的情况下，会执行起点往终点的直线插补动作，不会发生报警。

6）在 3 轴直交（常数 2=1）的情况下，常数 1 无效并且以示教的姿势移动。3 轴直交是以（X，Y，Z，J_4，J_5，J_6）坐标定义执行插补，有通过特异点附近的效果。

【指令样例】

```
1 Mvr P1 ,P2,P3
2 Mvr P1 , P2, P3 Wth M_Out(17)=1
3 Mvr P1, P2, P3 WthIf M_In(20)=1, Skip
4 Mvr P1 , P2, P3 Type 0, 1
5 Mvr2 P1 , P3, P11
6 Mvr3 P1 , P3, P10
7 Mvc P1 , P2, P3
```

【应用举例】

机器人的动作如图 2-32 所示。

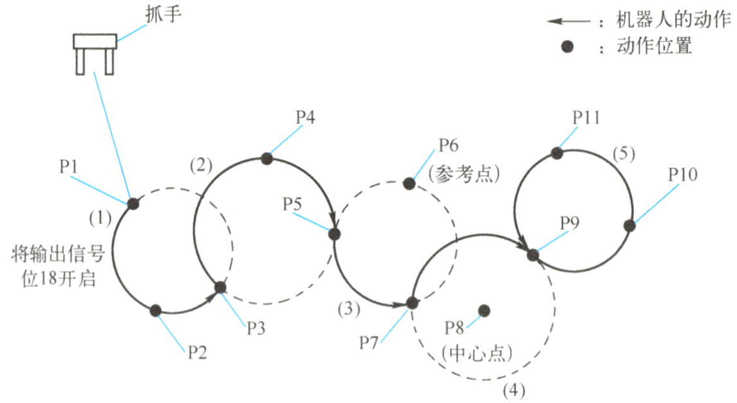

图 2-32　机器人的动作 3

程序说明见表 2-5。

表 2-5　程序说明 3

程　序	说　明
30 MVR P1, P2, P3 Wth M_Out(18) = 1 31 32 33 Mvr P3，　P4，　P5 34 35 Mvr2 P5，　P7，　P6 36 37 Mvr3 P7，　P9，　P8 38 39 Mvc P9，　P10，　P11 40 41 END	42'（1）以通过 P1—P2—P3 的圆弧为轨迹，从 P1 点开始到 P3 点结束，同时开启 18 号输出信号；如果动作前机器人的当前位置偏离起点，则先以直线轨迹移动到起点 43'（2）以通过 P3—P4—P5 的圆弧为轨迹，从 P3 点开始到 P5 点结束 44'（3）以通过 P5—P7—P6 的圆弧为轨迹，从 P5 点开始到 P7 点结束 45'（4）以中心点（P8）、起点（P7）、终点（P9）的圆弧为轨迹做移动 46'（5）以通过 P9—P10—P11—P9 的圆为轨迹做圆周运动 47'（6）程序结束

知识 2.2.4　Cnt 连续动作指令

【指令功能】

该指令指定一种连续插补动作的控制，在连续插补动作控制期间，动作与动作之间不停歇，形成连续动作，缩短了动作的时间。

【语法结构】

```
Cnt [<1/0>][,<数值 1>,<数值 2>]
```

【指令参数】

1）<1/0>：连续动作的有效/无效。1—连续动作的开始；0—连续动作的结束。

2）数值 1：切换至新的轨迹路段时，启动下一个插补动作的最大接近距离，单位为 mm。

3）数值 2：切换至新的轨迹路段时，结束前一个插补动作的最大接近距离，单位为 mm。

【使用说明】

1）被 Cnt 1—Cnt 0 围起来的插补会成为连续动作的对象。

2）系统的初始值为 Cnt 0（非连续动作）。

3）在省略数值 1、数值 2 的情况下，前一个轨迹路径刚开始减速，就会开始下一个轨迹路径段的插补，那么，实际的插补轨迹就不会通过目标位置，但会以最短的时间在目标位置附近通过。

4）如果数值 1 和数值 2 设定了不同的值，那么就会在其中数值较小的地方（距离）做连续动作。

5）在省略数值 2 的情况下，数值 2 会被设定和数值 1 同值。

6）指定连续动作时，用 Fine 指令所做的位置完成条件设定会变成无效。

7）若将接近距离调小，则动作的时间会比 Cnt 0 状态下的更长一些。

8）即使指定了连续动作，在设定了特异点通过功能的插补指令中也执行加减速动作。

【指令样例】

```
1  Cnt 1
2  Cnt 1, 100, 200
3  Cnt 0
```

【应用举例】

机器人的动作如图 2-33 所示。

程序说明见表 2-6。

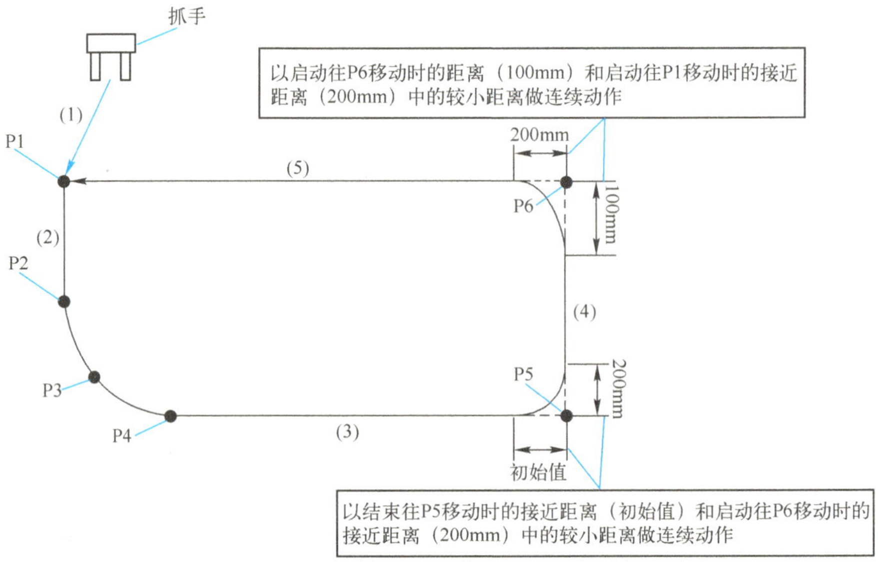

图 2-33　机器人的动作 4

表 2-6　程序说明 4

程　序	说　明
48 Mov P1	'（1）以关节插补往 P1 移动
49 Cnt 1	' 使连续动作有效（此后的移动会变成连续动作）
50 Mvr P2，P3，P4	'（2）直线动作到 P2 为止，且连续做圆弧动作，到 P4 为止
51 Mvs P5	'（3）往 P5 直线动作
52 Cnt 1，200，100	'连续动作的起点接近距离设定为 200mm，终点接近距离设定为 100mm
53 Mvs P6	'（4）连续以直线动作前往 P6
54 Mvs P1	'（5）连续以直线动作前往 P1
55 Cnt 0	' 使连续动作无效
56 End	' 程序结束

知识 2.2.5　Accel、Ovrd、JOvrd、Spd 加/减速和速度控制指令

【指令功能】

Accel——设定移动时的加速度和减速度的比例值（%），基于最高速度的比例。

Ovrd——设定所有动作速度的比例值（%），基于最高速度的比例。

JOvrd——设定所有关节插补动作速度的比例值（%），基于最高速度的比例。

Spd——设定所有直线插补、圆弧插补动作中末端工具坐标系原点的线速度（mm/s）。

【语法结构】

```
1  Accel [<加速度比例>][,<减速度比例>]
2  Ovrd <速度比例>
3  JOvrd <速度比例>
4  Spd <速度>
```

【指令参数】

1）<加/减速度比例>：1～100，用常数或变量表达，整型。缺省时为 100。

2）速度比例：以实数指定，初始值为 100，单位为%（范围为 0.01～100.0）；也可以用数值运算式表示，若设定为 0 或 100 以上则会发生报警。

3）速度：以实数指定，初始值为 10000，单位为 mm/s。

【使用说明】

1）标准加/减速时间，设定对应的比例（%），系统初始值为 100%。

2）执行 Accel 指令后变更加速比例，在程序复位或执行 End 指令后，再设定系统初始值。可以设为 100%以上，但是，依据机型，也有上限为 100%的情况。超过 100%的情况下，会影响机器人本体的寿命。此外，也会容易发生过速度报警及过负载报警，因此在设定为 100%以上时请特别注意。Cnt 有效时的圆滑动作，依据加速度及动作速度，轨迹路径会有不同。另外，在以一定速度执行圆滑动作的情况下，可将加速度和减速度视为同一值。在初始状态时，Cnt 会变成无效。

3）Ovrd 指令与插补的种类无关，均有效。实际的速度比例如下：关节插补动作时＝（操作面板（T/B）的速度比例设定值）×（程序速度比例（Ovrd 指令））×（关节速度比例（JOvrd 指令））；直线插补动作时＝（操作面板（T/B）的速度比例设定值）×（程序速度比例（Ovrd 指令））×（直线指定速度（Spd 指令））。速度比例指令只会使程序速度发生比例变化。速度比例指令被执行以前，指定速度比例会采用系统初始值，系统初始值存储于 M_NOvrd 中，通常会设定为 100%。速度比例指令执行后，指定速度的数值存储于 M_Ovrd 中，最高为 100%。执行一次 Ovrd 指令到下一次 Ovrd 指令之前，或在 End 指令执行或程序复位以前会采用指定的速度比例。在 End 指令执行或程序复位后会返回到初始值。

4）JOvrd 只有在关节插补时才有效。实际的速度比例＝（操作面板（T/B）设定的速度比例值）×（程序设定的速度比例值（Ovrd 指令））×（关节速度比例（JOvrd 指令））。关节速度比例指令只会使程序速度发生比例变化。速度比例指令被执行以前，指定速度比例会采用系统初始值，系统初始值存储于 M_NOvrd 中，通常会设定为 100%。速度比例指令执行后，指定速度的数值存储于 M_Ovrd 中，最高为 100%。执行一次 Ovrd 指令到下一次 Ovrd 指令之前，或在 End 指令执行或程序复位以前会采用指定的速度比例。在 End 指令的执行或程序复位后会返回到初始值。

5）Spd 指令只有在直线插补、圆弧插补时有效。实际的速度比例＝（操作面板（T/B）的速度比例设定值）×（程序速度比例（Ovrd 指令））×（直线指定速度（Spd 指令））。Spd 指令只会使直线、圆弧指定速度变化。指定速度以 M_NSpd（初始值为 10000）指定的情况下，机器人会以最高速度动作，因此线速无法保持一定（最佳速度控制）。即使在最佳速度，也会依据机器人的姿势发生报警。如果发生过速度报警，则需要在报警之前插入 Ovrd 指令，以降低那个超速区间的动作速度。程序中，到执行 Spd 指令为止的指定速度会采用系统的初始值。若执行一次 Spd 指令，则到下一个 Spd 指令执行为止，会采用其指定的速度。执行 End 指令后，指定速度会被设定在系统初始值。

【指令样例】

指令样例见表 2-7。

表 2-7　指令样例 1

程　序	说　明
57 Accel	' 加/减速全部以 100% 设定
58 Accel 60，80	' 加速度以 60%、减速度为 80% 设定
59	（最高加/减速时间为 0.2s 的情况，加速时间 0.2÷0.6s=0.33s、
60	减速时间 0.2÷0.8s=0.25s）
61 Ovrd 50	' 关节插补、直线插补、圆弧插补动作都以最高速度的 50% 设定
62 JOvrd 70	' 将关节插补动作设定为最高速度的 70%
63 Spd 30	' 直线插补、圆弧插补动作时的速度设定为 30mm/s
64 Oadl ON	' 使最佳加/减速功能为有效

【应用举例】

机器人的动作如图 2-34 所示。

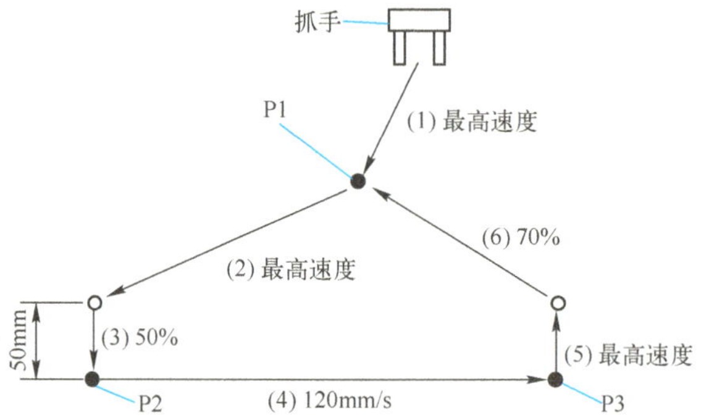

图 2-34　机器人的动作 5

程序说明见表 2-8。

表 2-8　程序说明 5

程　序	说　明
65 Ovrd 100	' 将全体相关的动作速度设定为最大
66 Mvs P1	'（1）以最高速度往 P1 移动
67 Mvs P2，-50	'（2）以最高速度移动到从 P2 开始往抓手方向后退 50mm 的位置
68 Ovrd 50	' 将全体相关的动作速度设定为最高速度的一半
69 Mvs P2	'（3）以初始设定速度的一半，直线动作到 P2
70 Spd 120	' 将尖端速度设定为 120mm/s（因为速度比例为 50%，但实际以 60mm/s 动作）
71 Ovrd 100	' 为了使实际的尖端速度为 120mm/s，Ovrd 比例设为 100%
72 Accel 70，70	' 加/减速度也设定为最高加/减速度的 70%
73 Mvs P3	'（4）以尖端速度 120mm/s 直线动作到 P3
74 Spd M_NSpd	' 将尖端速度后退到初始值

知识 2.2.6　Fine、Dly 目的位置到达确认指令

【指令功能】

Fine——以剩余脉冲数指定定位完成条件。数值越小，定位越接近。在连续动作控制 Cnt 1 中，Fine 指令为无效。

Dly——延时等待。

【语法结构】

```
Fine <脉冲数> [, <轴号码>]
Dly <时间>
```

【指令参数】

1）脉冲数：指定距离目标位置的剩余脉冲数。0 表示指令无效。初始值为 0。

2）轴号码：表示位置决定脉冲所指定的轴号码。若省略，则会变成全轴。可以用常数或数值变量指定。

3）时间：等待时间或脉冲输出/输入时间可以用常数或变量来指定。单位为 s；最小值可以从 0.01s 开始设定，也可以设定为 0；最大值可以指定到单精度实数的最大值。

【使用说明】

1）脉冲数越小，动作完成的等待越准确。

2）Fine 指令是将动作指令完成条件（位置决定精度）以回馈的脉冲数指定的指令。因为是通过脉冲数来判断动作完成，所以可以得到更正确的位置。当然，也可以以时间延时等待的方式简单指定。在程序初期和结束（执行 End 指令、中断后的程序复位）时，Fine 指令会变成无效。若变成连续动作控制有效状态（Cnt 1），则 Fine 指令有效会暂时被忽视（无效，状态保持）。在两个插补动作之间不增加任何动作完成的等待语句时，机器人实际的移动轨迹将偏移第一个插补动作的目标位置，如图 2-35 所示。

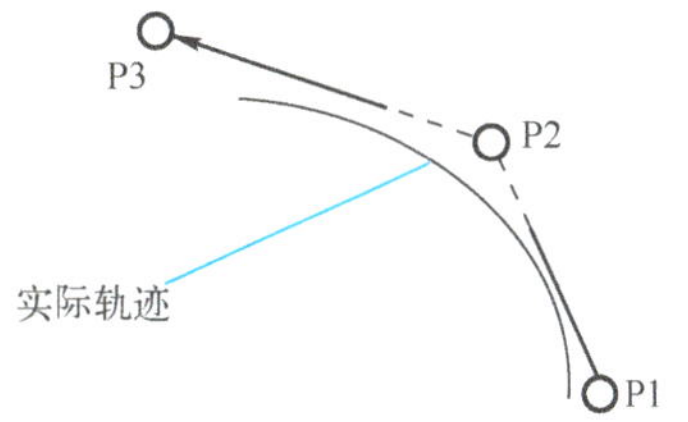

图 2-35　机器人实际的移动轨迹

【指令样例】

指令样例见表 2-9。

表 2-9　指令样例 2

程　　序	说　　明
75 Fine 100 76 Mov P1 77 Dly 0.5	' 将定位完成条件设定为 100 脉冲 ' 以关节插补移动到 P1（以动作将在达到指令数值标准时完成） ' 定时器定时后，完成动作指令的定位

【应用举例】

机器人的动作如图 2-36 所示。

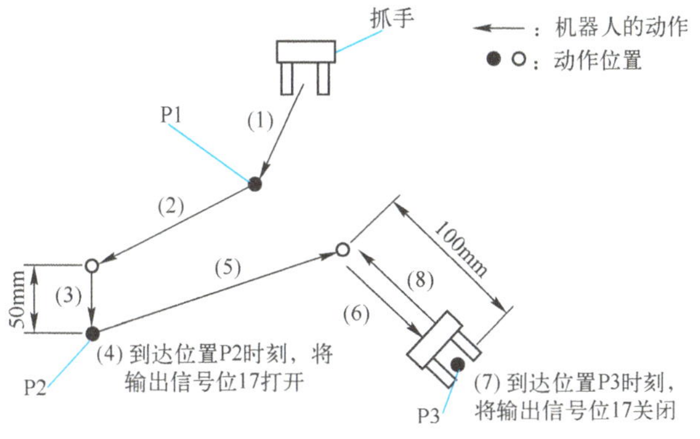

图 2-36　机器人的动作 6

程序说明见表 2-10。

表 2-10　程序说明 6

程　　序	说　　明
79 Cnt 0	' Fine 指令只在 Cnt 指令关闭中有效
80 Mvs P1	'（1）以关节插补往 P1 移动
81 Mvs P2， -50	'（2）以最高速度移动到从 P2 开始往抓手方向后退 50mm 的位置
82 Fine 50	' 将定位完成脉冲设定为 50
83 Mvs P2	'（3）以直线插补往 P2 移动（定位完成脉冲在 50 以下， Mvs 结束）
84 M_Out（17） =1	'（4）定位脉冲为 50 脉冲时，开启输出信号 17
85 Fine 1000	' 将定位完成脉冲设定为 1000
86 Mvs P3， -100	'（5）以直线移动到从 P3 开始往抓手方向后退 100mm 的位置
87 Mvs P3	'（6）以直线移动到 P3
88 Dly 0.1	' 定位以定时器执行
89 M_Out(17) =0	'（7）将输出信号关闭
90 Mvs ， -100	'（8）以直线移动到从现在位置（P3）开始往抓手方向后退 100mm 的位置
91 End	' 程序结束

知识 2.3　工业机器人坐标系与位置数据

知识 2.3.1　工业机器人坐标系概述

在工业机器人本体中存在以下 5 种类型的坐标系（见图 2-37）。

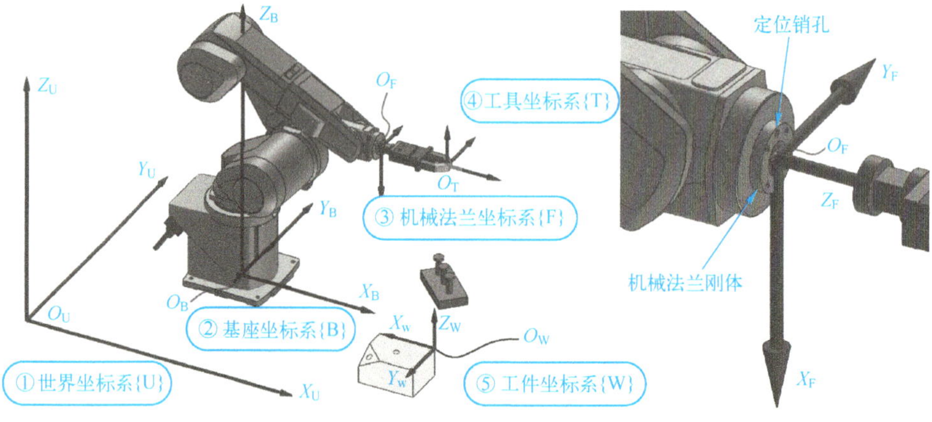

图 2-37　工业机器人坐标系构成

① 世界坐标系{U}：原点为 O_U，代表工业机器人所在房间，是工业机器人基座变换和直交位置数据的参考坐标系。世界坐标系的位置与姿态可以设置修改，出厂时，世界坐标系与基座坐标系重合。

② 基座坐标系{B}：原点为 O_B，代表工业机器人基座刚体。基座坐标系的原点位于基座底面中心，站在机器人后方看，X 轴方向朝正前放，Z 轴垂直于基座底面朝上。

③ 机械法兰坐标系{F}：原点为 O_F，代表工业机器人末端机械法兰刚体。原点位于机械法兰面中心，Z 轴垂直于机械法兰面朝外，X 轴朝向从原点到法兰面定位销孔的

相反方向，是工业机器人工具变换的参考坐标系。

④ 工具坐标系{T}：原点为 O_T，代表工具刚体。工具坐标系的位置与姿态可以设置修改。出厂时，工具坐标系与机械法兰坐标系重合。

⑤ 工件坐标系{W}：原点为用户指定的某一点，例如指定为点 O_W，代表工件刚体。工件坐标系的位置与姿态可以设置修改，出厂时未设置。

知识 2.3.2　工业机器人位置数据概述

1. 机器人关节位置数据与正运动运算

把一组由机器人各个关节角度位移数据构成的数组数据（θ_1，θ_2，θ_3，θ_4，θ_5，θ_6）称为机器人的关节位置数据。若各个关节角度位移值确定，则工具坐标系在世界坐标系下的位置与姿态（X，Y，Z，A，B，C）也是唯一确定的。这种由关节角度（θ_1，θ_2，θ_3，θ_4，θ_5，θ_6）唯一确定机器人工具坐标位置与姿态（X，Y，Z，A，B，C）的过程称为正运动运算。

2. 机器人位置数据与正运动运算

对于给定的工具坐标系位置与姿态（X，Y，Z，A，B，C），求解机器人关节角度（θ_1，θ_2，θ_3，θ_4，θ_5，θ_6）的过程称为逆运动运算，这个运算过程的关节角度（θ_1，θ_2，θ_3，θ_4，θ_5，θ_6）并不唯一，例如，如图 2-38 所示为其中两种情况。为了确保逆运动运算唯一解，需要约定机器人本体的构造标志数据（三菱公司用 FL1 表示），指定多旋转标志数据（三菱公司用 FL2 表示），明确当前关节变量角度值所处的旋转圈数，最终确定唯一的关节角度。

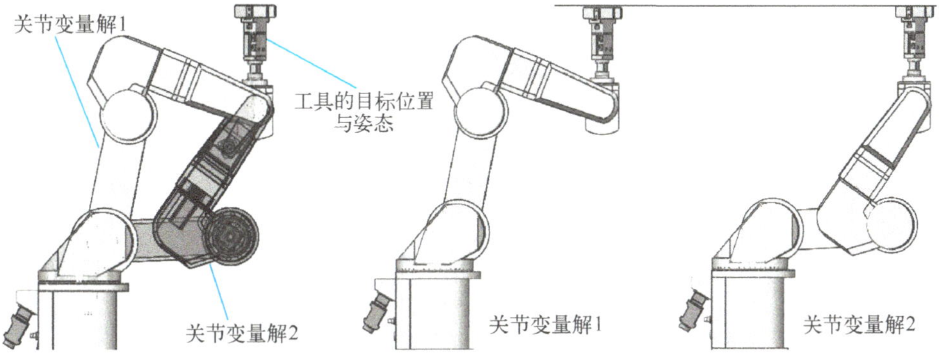

图 2-38　逆运动学多解举例

3. 机器人直交位置数据

直交位置数据矩阵（X，Y，Z，A，B，C）、机器人本体构造标志 FL1、机器人本体多旋转标志数据 FL2 一起构成了机器人直交位置数据，用（X，Y，Z，A，B，C）（FL1，FL2）表示。

以下对附加轴位置数据 L1 与 L2、构造标志数据 FL1 和多旋转标志数据 FL2 做详细介绍。

（1）附加轴位置数据

L1 表示附加轴 1 的坐标值；L2 表示附加轴 2 的坐标值，单位为 mm 或（°）。如果除了本身的关节外没有其他运动轴，则此项数据省略。

（2）构造标志数据 FL1

FL1 表示在直交坐标系下机器人手臂的姿势。其数值含义如下：

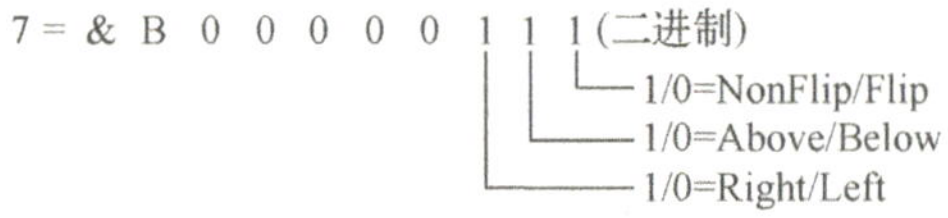

- Right/Left：对于 5 轴机器人来说，表示机械法兰中心 R 相对于 J_1 轴的位置；对于 6 轴机器人来说，表示 J_5 轴旋转中心 P 相对于 J_1 轴的位置，如图 2-39 所示。

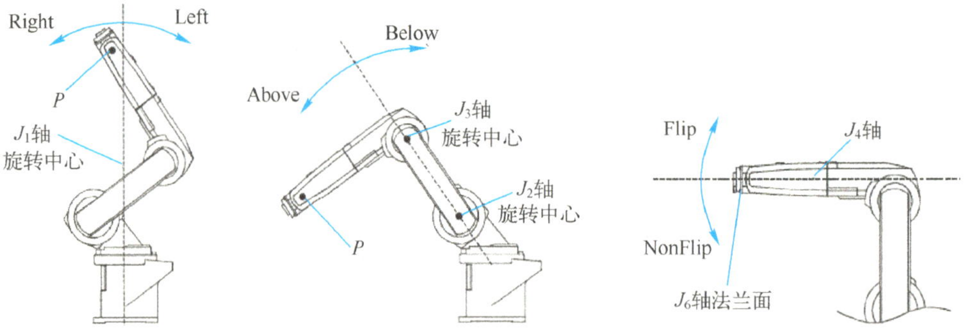

图 2-39　构造标志 1

- Above/Below：表示 J_5 轴旋转中心（P）相对于由 J_2 轴旋转中心和 J_3 轴旋转中心所连直线的位置，如图 2-40 所示。

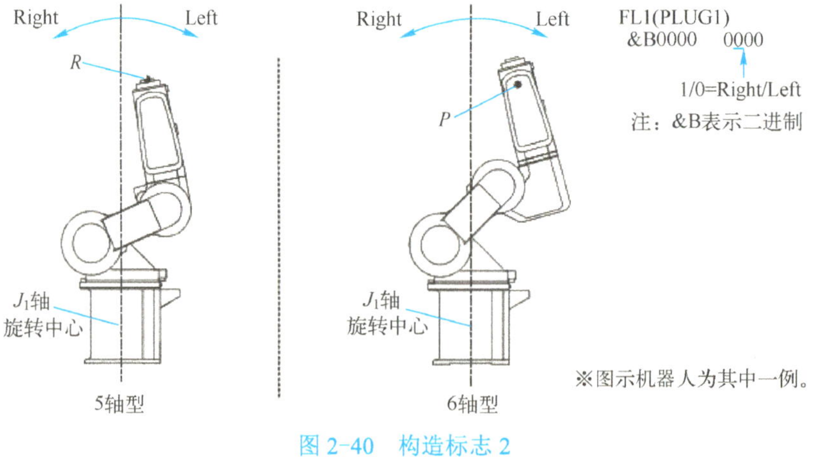

图 2-40　构造标志 2

- NonFlip/Flip：表示机械法兰面相对于由 J_4 轴旋转中心和 J_5 轴旋转中心所连直线的方向，如图 2-41 所示。

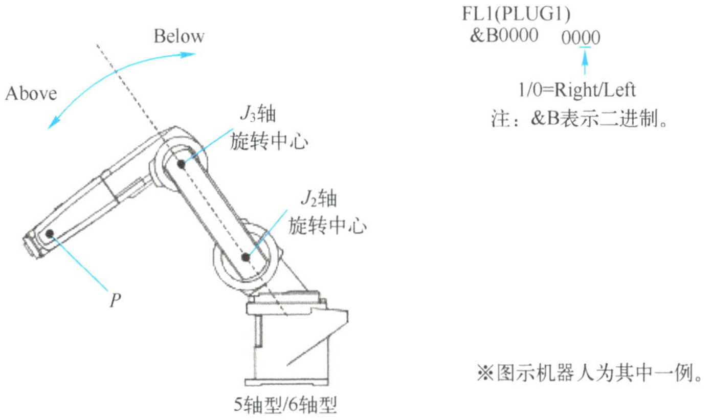

图 2-41　构造标志 3

（3）多旋转标志数据 FL2

FL2 表示在直角坐标系下机器人每个关节的旋转周数。其数值含义如下：

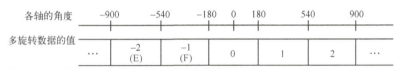

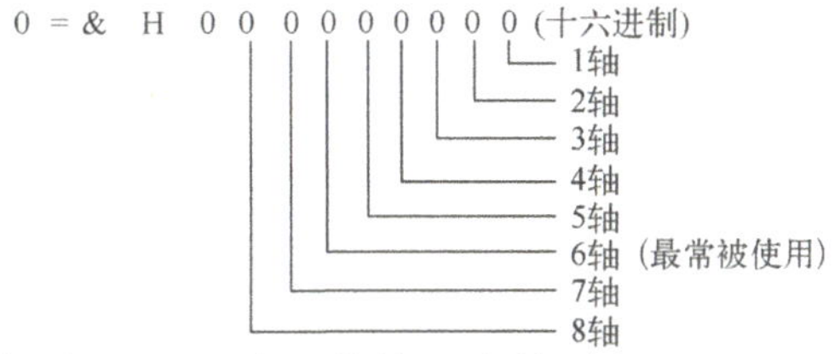

每个关节轴的多旋转数据与旋转周数的对应关系如下：

各轴的角度	−900	−540	−180	0	180	540	900
多旋转数据的值	…	−2 (E)	−1 (F)	0	1	2	…

当省略构造和多旋转标志数据时，初始数据（7，0）会被采用。

项目三　虚拟工业机器人拧螺钉工作站的离线编程与仿真

【项目介绍】

本项目的主要内容是在三菱工业机器人虚拟仿真系统上编写工业机器人拾取螺钉并在指定位置安装的任务程序。该项目要求能够设置并选用工具坐标系，配置抓手信号，编写并调试机器人程序，手动 JOG 控制机器人进行位置示教，实现机器人拾取并安装螺钉任务，请扫描二维码 3-1 观看机器人拧螺钉作业的项目演示动画。

动画：项目演示

3-1　机器人拧螺钉作业

为了逐步引导完成该项目的实施，分别设计了“手动 JOG 操作与动作限制”“打开并设置工作站参数”“手动控制机器人拧螺钉作业”“插槽自动控制机器人拧螺钉作业”4 个工作任务。

通过该项目的练习，读者应掌握机器人动作初始化的程序设计方法，以及外部程序文件调用指令的使用方法，这是对上一个项目中内部子程序调用方法的进阶补充。

【任务引导】

实训任务 3.1　手动 JOG 操作与动作限制

一、任务介绍分析

本次任务的主要内容是体验机器人 JOG 控制操作，验证动作范围的限制和构造标志的限制作用，如图 3-1 所示。

为了理解并完成该任务，除了具备 RT ToolBox、MELFA-Works 和 SolidWorks 等相关软件的使用知识以外，还须理解什么是机器人直交位置数据？什么是机器人关节位置数据？两者之间存在什么关系？什么是机器人手动 JOG 控制？什么是机器人本体控制运动限制。请在进行相关理论知识的学习后，再按照任务实施步骤开展具体操作实践；也可以一边按照任务实施步骤，一边开展理论知识学习。

二、相关知识链接

知识 2.3.1、知识 3.1。

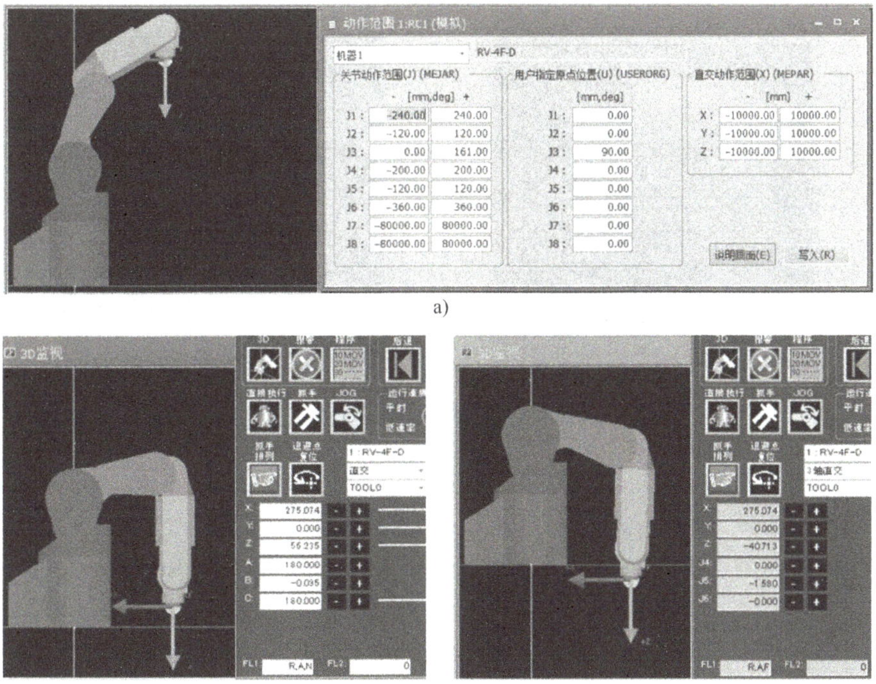

a)　b)　c)

图 3-1　手动 JOG 与限制

a) 机器人本体的动作范围限制　b) 构造标志限制 NonFlip　c) 构造标志限制 Flip

三、任务实施步骤

1）通过 RT ToolBox 软件新建机器人工作站，工作站文件名为“任务 3.1 JOG 操作与动作限制+学号末尾 2 个数”。添加 1 个工程，机器人型号为 RV-4F-D，其他设置默认。

微课：操作演示

3-2　新建机器人工作站并模拟在线

2）单击“在线”菜单栏→“模式”功能组→“模拟”功能，进入模拟模式。

3）单击“3D 显示”菜单栏→“视点切换”功能组→“X-Z 平面上方”功能，或输入 *XYZ* 的视角为 0°，切换 *X-Z* 平面上方视角，如图 3-2 所示。

4）单击“3D 显示”菜单栏→“投影类型”功能组→“正投影”功能，正视于 *X-Z* 平面，如图 3-3 所示。

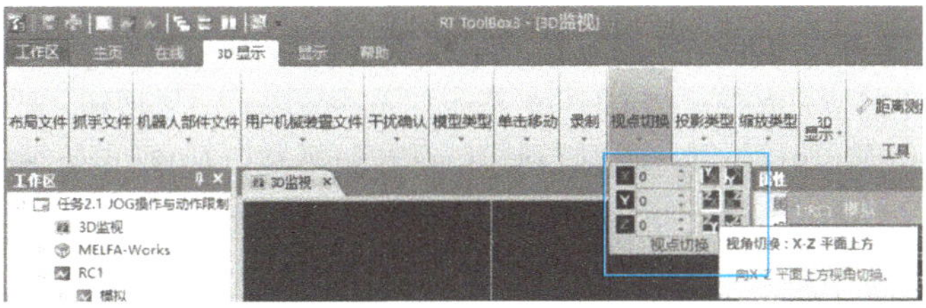

图 3-2　更改视角为 *X-Z* 平面

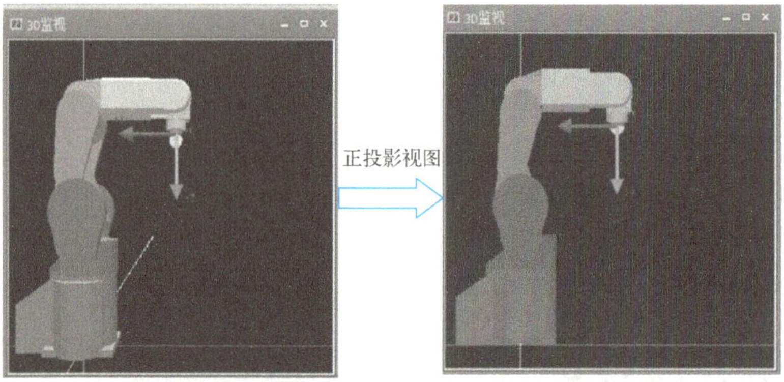

图 3-3　更改为正投影视图

微课：操作讲解

3-3　关节JOG、直交 JOG

5）单击虚拟控制器面板的“JOG”按钮，显示 JOG 控制面板，选择“关节 JOG”操作方式，双击坐标数据输入框，输入各个关节的角度位移数据为（0，0，90，0，90，0），按<Enter>键，如图 3-4 所示。

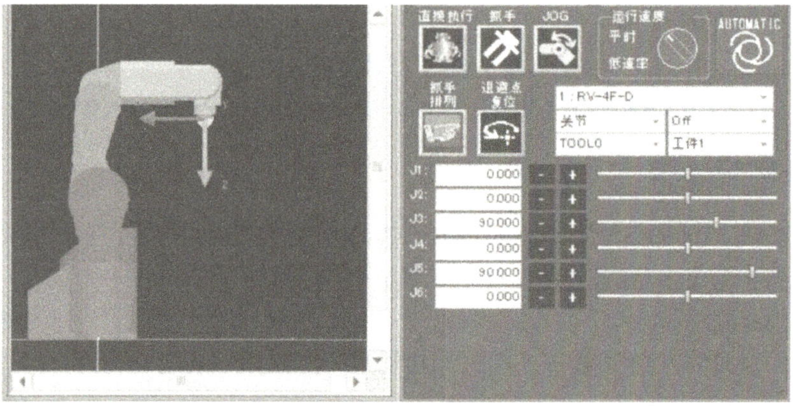

图 3-4　关节 JOG 面板

6）选择“直交 JOG”操作方式，单击 Z 轴“+”按钮，直到机器人本体无法向上移动为止，如图 3-5 所示；单击 Z 轴“−”按钮，直到机器人本体无法向下移动为止，如图 3-6 所示。此时，机器人本体的构造标志为 R，A，N（Right-Above-NonFlip）。

微课：操作讲解

3-4　3 轴直交 JOG 与特异点

7）选择“3 轴直交 JOG”操作方式，继续单击 Z 轴“−”按钮，当 Z 坐标数值为 0 以下时立即松开，如图 3-7 所示；单击 J_5 轴“−”按钮，当构造标志变为 R，A，F（Right-Above-Flip）时立即松开，如图 3-8 所示；单击“抓手排列”按钮，机械法兰重新恢复水平姿态，如图 3-9 所示。

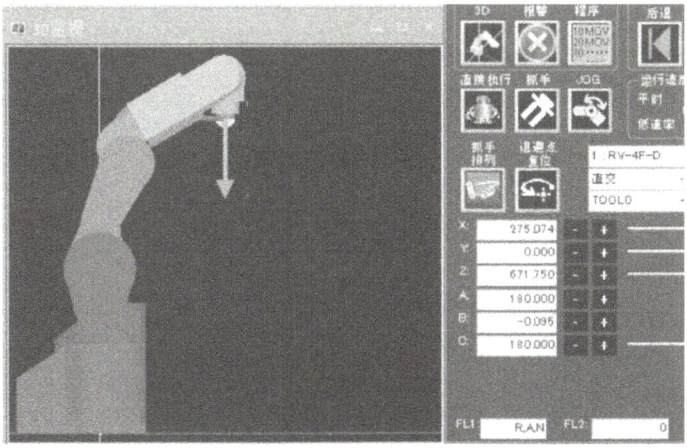

图 3-5　直交 JOG 面板及 *Z*+极限

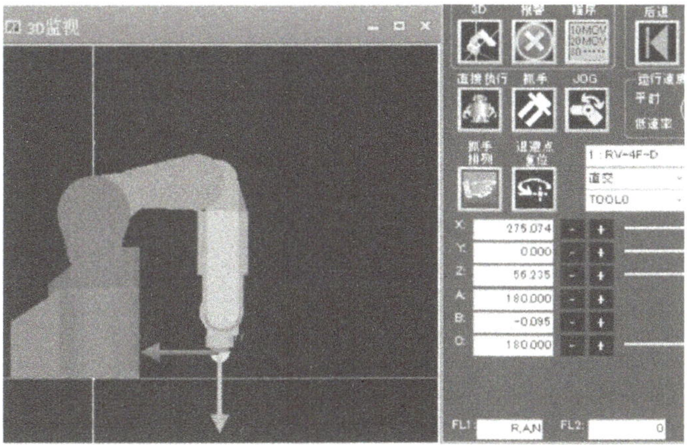

图 3-6　直交 JOG 面板及 *Z*-极限

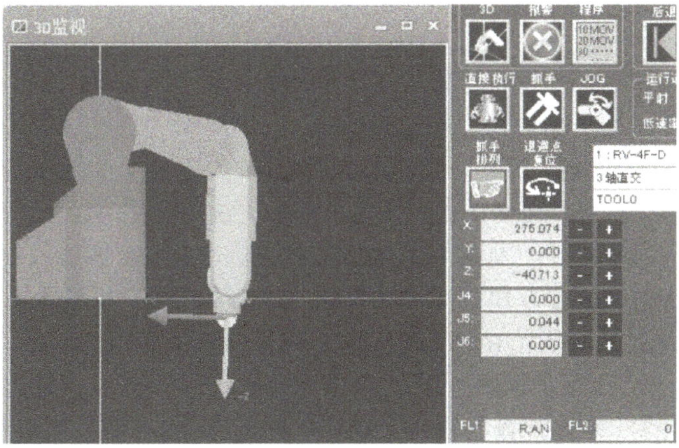

图 3-7　3 轴直交 JOG 面板及 *Z*-

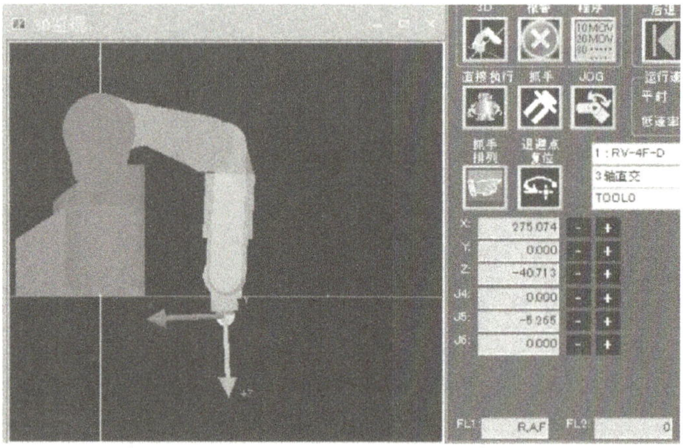

图 3-8　3 轴直交 JOG 面板及 J_5

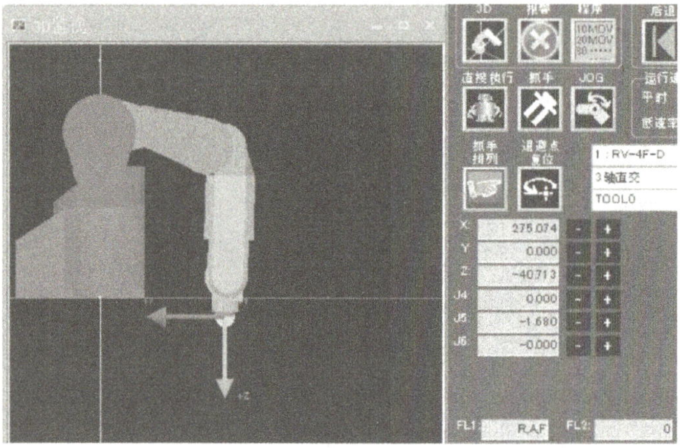

图 3-9　3 轴直交 JOG 面板及抓手排列

8）选择“直交 JOG”操作方式，继续单击 Z 轴“-”按钮，直到机器人本体无法向下移动为止。

9）选择“关节 JOG”操作方式，双击坐标数据输入框，输入各个关节的角度位移数据为（0，0，90，0，-90，0），按<Enter>键。

10）选择“直交 JOG”操作方式，单击 X 轴“-”按钮，直到机器人本体无法向后移动为止。单击 X 轴“+”按钮，直到机器人本体无法向前移动为止。

思考：第 6）步操作中，机器人本体受到哪些动作限制？第 7）步中如果不单击 J_5 轴“-”按钮调整构造标志为 R，A，F（Right-Above-Flip），直接单击“抓手排列”按钮将有何不同？第 8）步和第 10）步操作中，机器人本体受到哪些动作限制？

11）选择“直交 JOG”操作方式，双击坐标数据输入框，位姿数据输入：（430，0，570，0，0，0），多旋转数据输入：0，按照表 3-1 所示的构造标志依次输入并按<Enter>键。通过选择“关节 JOG”操作方式，记录不同构造标志下对应的关节角度位移数据。

表 3-1　不同构造标志下的关节角度位移数据对照表

序　号	构造标志	关节角度位移数据
1	Right-Below-Flip	
2	Right-Below-NonFlip	
3	Right-Above-Flip	
4	Right-Above-NonFlip	
5	Left-Below-Flip	
6	Left-Below-NonFlip	
7	Left-Above-Flip	
8	Left-Above-NonFlip	

思考：为什么需要将直交位置数据与构造标志和多旋转数据结合使用？

实训任务 3.2　打开并设置工作站参数

动画：情景演示

3-5　工作站的构成

一、任务介绍分析

本次任务的主要内容是在熟悉任务 3.1 成果的基础上，打开并熟悉虚拟工业机器人拧螺钉工作站构成，即包括虚拟工业机器人本体、虚拟锁付机构（机器人本体的终端工具）、虚拟螺钉供料单元、虚拟直角件供料单元与锁付平台、虚拟螺钉 5 个与虚拟仿真有关的基本单元，如图 3-10 所示；对机器人本体的终端工具（锁付机构）进行参数设置，为本项目后续编程任务的开展做准备。

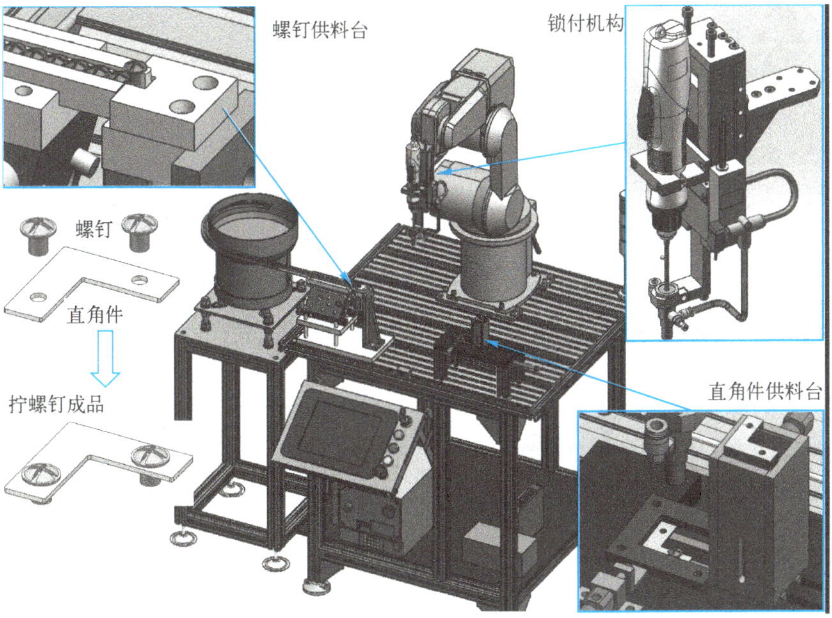

图 3-10　拧螺钉工作站示意图

为了理解并完成该任务，需要对抓手的坐标系进行设置，对抓手控制信号进行设定。请在进行相关理论知识的学习后，再按照任务实施步骤开展具体操作实践；也可以一边按照任务实施步骤，一边开展理论知识学习。

素材：工作站文件

3-6　工业机器人拧螺钉虚拟仿真工作站

二、相关知识链接

知识 1.3.3、知识 2.3.1。

三、任务实施步骤

1. 打开工业机器人拧螺钉虚拟仿真工作站

1）扫描二维码 3-6，下载工业机器人拧螺钉虚拟仿真工作站文件。下载以后，将其解压缩到计算机磁盘中，例如，在“D:\”根目录下。

微课：操作演示

3-7　打开工作站并启动虚拟仿真

2）先后打开 SolidWorks 2017 和 RT ToolBox3 两个软件，务必在完全打开第一个软件后再打开第二个软件，否则有可能会影响后续的仿真连接。

3）在 SolidWorks 中启动 RT ToolBox 的仿真连接器。具体操作方法请扫描二维码 3-7 观看。

微课：操作演示

3-8　抓手控制参数的设置

4）在 RT ToolBox 中打开工业机器人拧螺钉虚拟仿真工作站文件，进入模拟模式，并链接到虚拟仿真器，工作站场景界面如图 3-11 所示。具体操作方法请扫描二维码 3-8 观看。

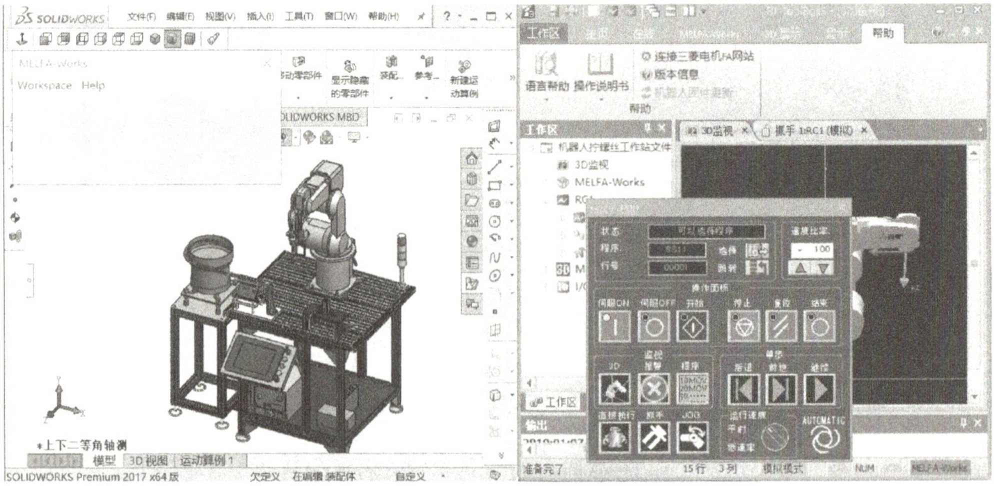

图 3-11　虚拟工业机器人拧螺钉工作站场景

2．设置抓手控制参数

1）分配控制信号地址。在 RT ToolBox 的工作区树目录下，双击“抓手”选项，在窗口编辑区出现抓手参数设置界面，设置抓手 1 为单电控、900 信号地址，如图 3-12 所示。

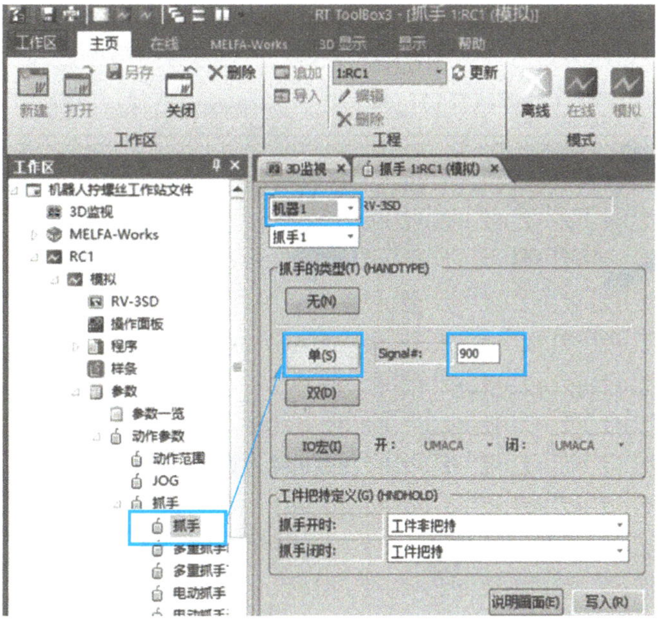

图 3-12　抓手参数设置界面

2）设置信号初始值。在 RT ToolBox 的工作区树目录下，双击“参数一览”选项，在窗口编辑区出现参数一览界面；在参数名输入框中输入 HANDINIT，找到该参数所在行后双击，在弹出的参数编辑对话框中设置抓手 1 和抓手 2 的初始值为 0，如图 3-13 所示。

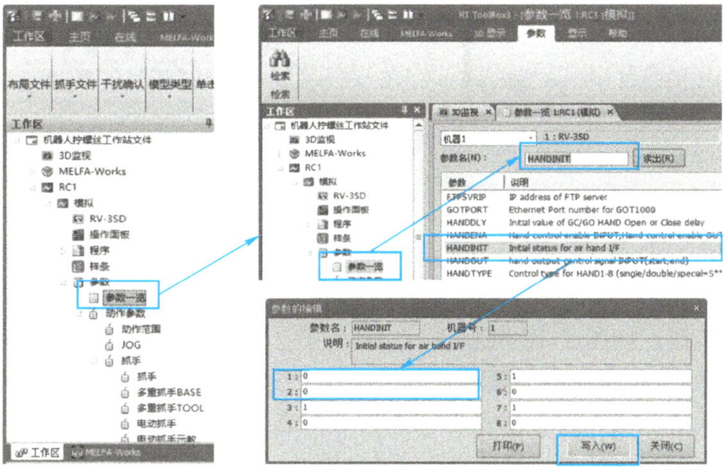

图 3-13　抓手信号初始值设置界面

3. 设置抓手虚拟仿真属性

在“MELFA-Works”工程树中的“抓手”目录下，鼠标左键单击“锁付总成_Hand-2”将其拖到“1 RC1:RV-3SD”下，如图 3-14 所示。

在 RT ToolBox 的“MELFA-Works”工程树目录下，双击“抓手设定”选项，在弹出的抓手属性设置对话框中，使能虚拟抓手 1、绑定控制信号地址为 900、抓取时工件虚拟姿态不保持，如图 3-15 所示。

微课：操作演示

3-9 锁付工具虚拟仿真属性的设置

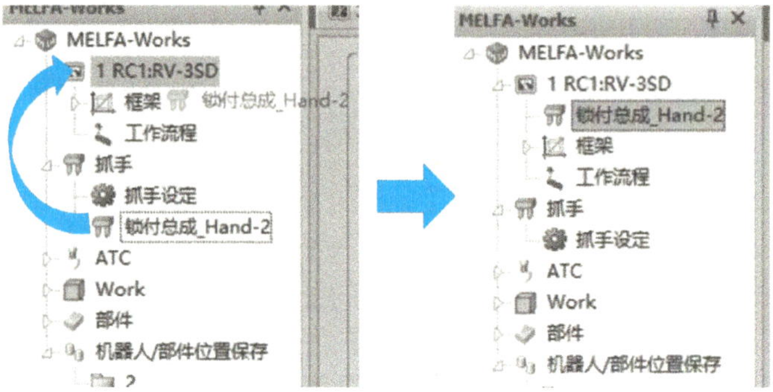

图 3-14 连接机器人抓手

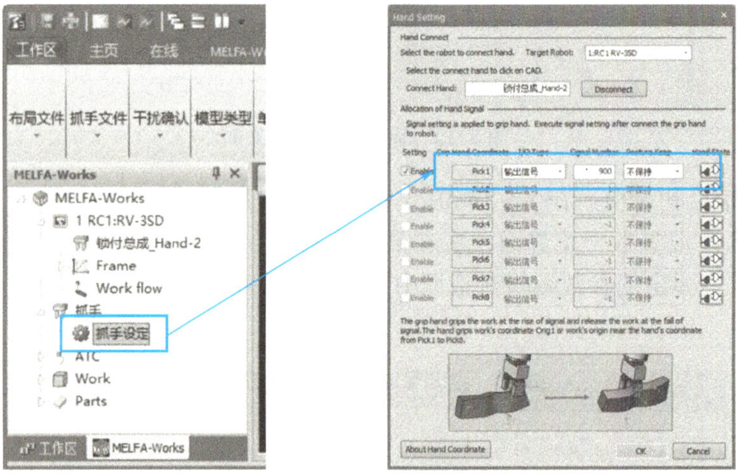

图 3-15 设置机器人抓手信号

双击 RT ToolBox 的“工作区”工程树目录“参数”下“动作参数”中的 TOOL，进入 TOOL 设置界面，将画笔工具笔尖相对于法兰盘中心的偏移值 *X* -142、*Z* 231.10、*B* 180 填入 MEXTL1 数据栏中，单击“写入”按钮，如图 3-16 所示。

微课：操作演示

3-10 仿真初始化位置保存与复原

4. 仿真初始化位置保存与复原

调整机器人和工具，可以通过保存把当前仿真环境记录下来，下次可以快速恢复到当前状态，具体操作：在 RT ToolBox 的“MELFA-Works”工程树目录中选中“机器人/部件位置保存”，右键选择“保存”，弹出输入新名字对话框，输入保存的名字并单击“OK”按钮，如需恢复环境，右键选择“复原”即可，如图 3-17 所示。

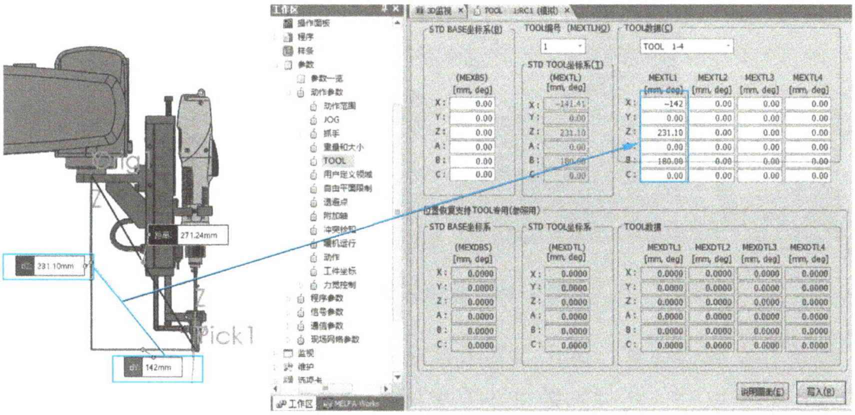

图 3-16　设定 1 号工具坐标系

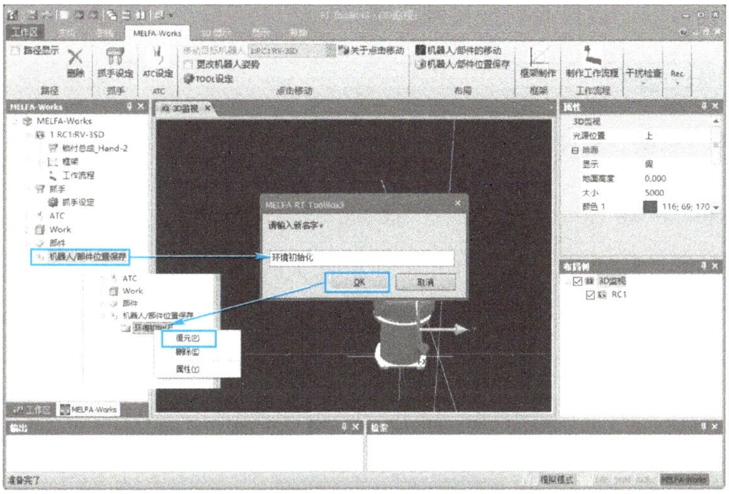

图 3-17　机器人仿真环境保存与复原

动画：情景演示

3-11　手动示教抓取并放置螺钉工件

实训任务 3.3　手动控制机器人拧螺钉作业

一、任务介绍分析

本次任务的主要内容是在综合应用前两个任务成果的基础上，使用虚拟的 JOG 操作面板来控制虚拟机器人本体的运动，实现将螺钉装入直交件，如图 3-18 所示，并记录装入时刻机器人的两种位置数据：关节位置数据和直交位置数据。

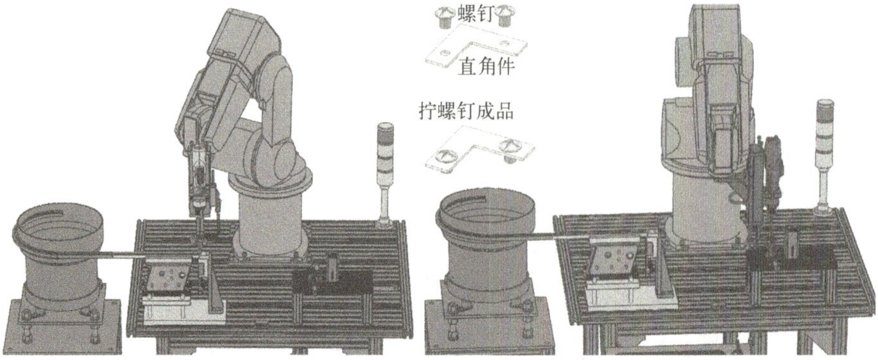

图 3-18　拧螺钉装配示意图

为了理解并完成该任务，除了具备 RT ToolBox、MELFA-Works 和 SolidWorks 等相关软件的使用知识以外，还须熟知机器人坐标系的构成、机器人各个坐标系之间的变换关系、机器人位置数据的定义、关节位置数据与直交位置数据、机器人本体结构与手动 JOG 方式等有关知识。请在进行相关理论知识的学习后，再按照任务实施步骤开展具体操作实践；也可以一边按照任务实施步骤，一边开展理论知识学习。

二、相关知识链接

知识 1.3.1、知识 2.3.2、知识 3.1.1。

三、任务实施步骤

1）在任务 3.2 基础上，继续打开工业机器人拧螺钉虚拟仿真工作站文件，具体操作方法请参考实训任务 3.2 中的第 1 步。

2）仿真初始位置恢复。展开 RT ToolBox 的“MELFA-Works”工程树目录，再展开目录下的“机器人/部件位置保存”，右击由任务 3.2 第 4 步所保存的环境初始化位置，在弹出的选项框中选择“复原”。

微课：操作演示

3-12　手动 JOG 抓取螺钉工件

3）抓取螺钉工件 1。选取工具坐标系 1，在虚拟 JOG 控制模式下，应用直交 JOG 方式，控制抓手末端移至抓取螺钉工件 1 的位置与姿态，如图 3-19 所示；具体操作方法请扫描二维码 3-12 观看抓取螺钉的操作演示。切换至抓手控制模式，打开抓手 1 吸取螺钉工件 1，同时，将工业机器人抓取螺钉工件 1 时的工具坐标系编号、直交位置数据和关节位置数据，填入表 3-2 中。

表 3-2　抓取螺钉工件 1 位置数据

位置数据类型	抓取螺钉工件 1 位置数据（Tool 编号=　）							
直交位置数据	X=	Y=	Z=	A=	B=	C=	FL1=	FL2=
关节位置数据	J_1=	J_2=	J_3=	J_4=	J_5=	J_6=		

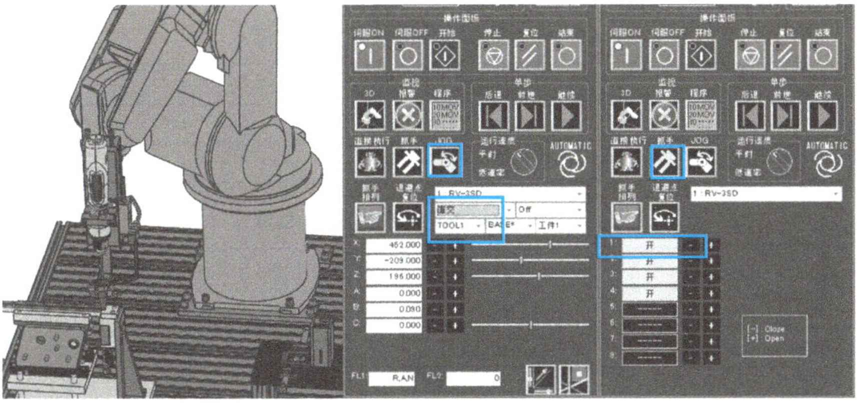

图 3-19　抓取螺钉位置示意图

4）放置螺钉工件 1。选取工具坐标系 1，切换至虚拟 JOG 控制模式下，应用关节 JOG、直交 JOG 或工具 JOG 方式，控制抓手末端移至安装螺钉工件 1 的位置与姿态，如图 3-20 所示。具体操作方法请扫描二维码 3-13 观看放置螺钉的操作演示。切换至抓手控制模式，关闭抓手 1 放置螺钉。同时，将工业机器人抓取螺钉工件 1 时的工具坐标系编号、直交位置数据和关节位置数据，填入表 3-3 中。

微课：操作演示

3-13　手动 JOG 放置螺钉工件

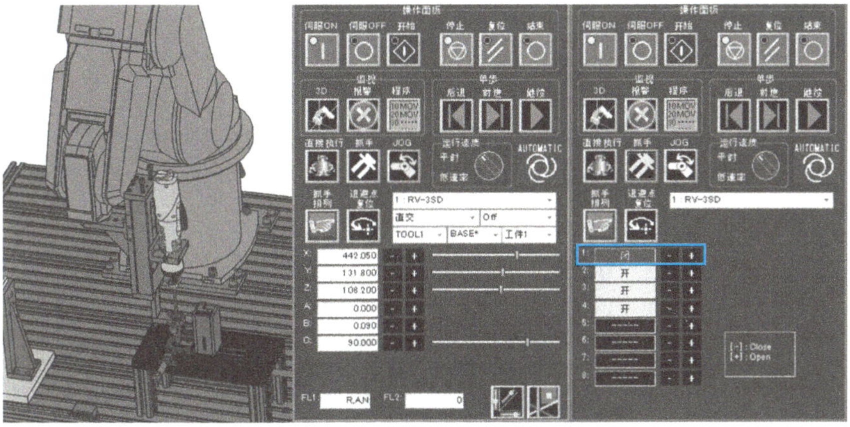

图 3-20　放置螺钉位置示意图

表 3-3　放置螺钉工件 1 位置数据

位置数据类型	放置螺钉工件 1 位置数据（Tool 编号=　）							
直交位置数据	X=	Y=	Z=	A=	B=	C=	FL1=	FL2=
关节位置数据	J_1=	J_2=	J_3=	J_4=	J_5=	J_6=		

5）抓取螺钉工件 2，放置螺钉工件 2，分别记录工具坐标系编号、直交位置数据和关节位置数据，填入表 3-4、表 3-5 中。

表 3-4　抓取螺钉工件 2 位置数据

位置数据类型	抓取螺钉工件 2 位置数据（Tool 编号=　）							
直交位置数据	X=	Y=	Z=	A=	B=	C=	FL1=	FL2=
关节位置数据	J_1=	J_2=	J_3=	J_4=	J_5=	J_6=		

表 3-5　放置螺钉工件 2 位置数据

位置数据类型	放置螺钉工件 2 位置数据（Tool 编号=　）							
直交位置数据	X=	Y=	Z=	A=	B=	C=	FL1=	FL2=
关节位置数据	J_1=	J_2=	J_3=	J_4=	J_5=	J_6=		

6）恢复仿真环境初始位置。切换至抓手控制模式，关闭抓手 1，展开 RT ToolBox 的“MELFA-Works”工程树目录，再展开目录下的“机器人/部件位置保存”，右击“环境初始化位置”，在弹出的选项框中选择“复原”。

微课：操作演示

3-14　手动抓取并放置螺钉工件

实训任务 3.4　插槽自动控制机器人拧螺钉作业

一、任务介绍分析

动画：情景演示

3-15　机器人自动拧螺钉作业

本次任务的主要内容是在综合应用前 3 个任务成果的基础上，编写机器人控制程序、单步运行程序、示教 3 个点位、自动运行机器人控制程序，最终完成拧螺钉装配作业，如图 3-21 所示，扫描二维码 3-15 可以观看“机器人自动拧螺钉作业”的动画。

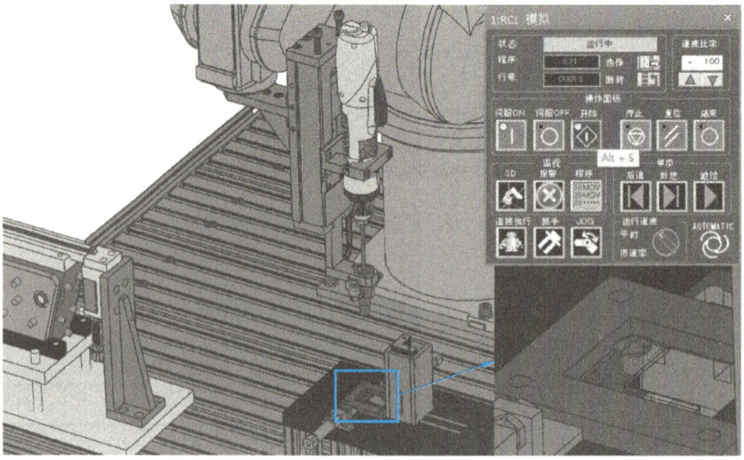

图 3-21　自动运行过程示意图

为了完成该任务，除了具备虚拟工作站操作技能以及任务 3.1 相关知识以外，还须了解机器人编程的概念；熟知机器人程序文件的概念、创建方式、下载至控制器的途径；掌握加载与运行机器人程序的操作方法，理解基于任务插槽的机器人控制器单线程多任务的工作方式。请在进行相关理论知识的学习后，再按照任务实施步骤开展具体操作实践；也可以一边按照任务实施步骤，一边开展理论知识学习。

二、相关知识链接

知识 3.2、知识 3.3、知识 3.4。

三、任务实施步骤

1）打开工业机器人拧螺钉作业虚拟仿真工作站文件，具体操作方法请参考实训任务 3.2 中的第 1 步。

2）设计控制流程图。控制程序的设计过程一般由流程图设计和指令语句编写两部分构成。其中，流程图的设计至关重要，决定了控制程序的整体结构和逻辑功能，而编写指令语句是用编程语言对控制流程图进行翻译的过程；总而言之，有了控制流程图或控制规则作为参考，后期指令语句的编写也会变得简单、思路清晰。根据机器人拧螺钉的作业过程分析，绘制如图 3-22 所示的拧螺钉机器人控制流程图。在该流程图中，机器人采用延时来等待动作的完成。

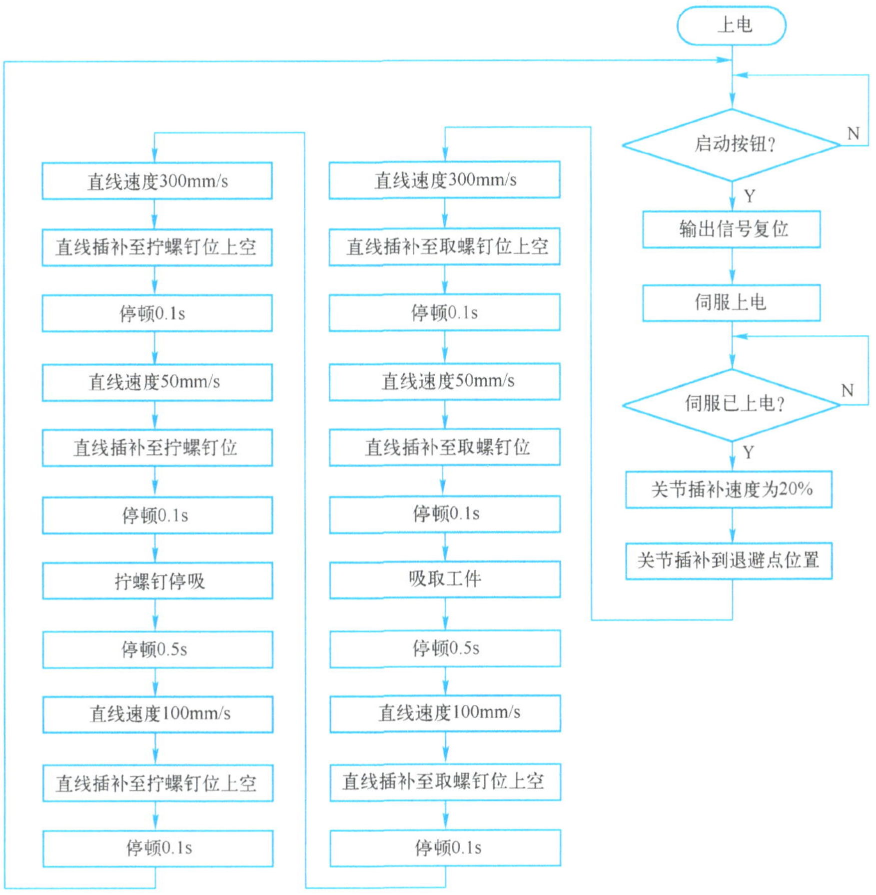

图 3-22　拧螺钉机器人控制流程图

3）新建程序文件，并命名为"SREWUP"，在 SREWUP 程序中添加以下指令语句：（请扫描二维码 3-16 观看程序语句设计的讲解微课）

微课：程序讲解

3-16 拧螺钉程序文件的设计思路

```
1  '以下程序为动作初始化
2  M_Out(900) = 0      '螺钉吸嘴复位
3  M_Out(901) = 0      '螺钉旋具复位
4  Servo On            '关节伺服上电
5  Wait M_Svo = 1      '等待关节伺服上电完成
6  JOvrd 20            '关节插补速度为20%
7  Mov P_Safe          '关节插补到退避点位置
8  '以下程序为吸取螺钉
9  Spd 300             '直线插补速度为300mm/s
10 Mvs PGet,-20        '关节插补至螺钉吸取位上方20mm处
11 Dly 0.1             '延时0.1s
12 Spd 50              '直线插补速度为50mm/s
13 Mvs PGet            '直线插补至螺钉吸取位
14 Dly 0.1             '延时0.1s
15 M_Out(900) = 1      '吸嘴吸螺钉
16 Dly 0.5             '延时0.5s
17 Spd 100             '直线插补速度为100mm/s
18 Mvs PGet,-20        '直线插补至螺钉吸取位上方20mm处
19 Dly 0.1             '延时0.1s
20 Spd 300             '直线插补速度为300mm/s
21 Mvs PGet,-100       '直线插补至螺钉吸取位上方100mm处
22 Dly 0.1             '延时0.1s
23 '以下程序为拧螺钉
24 JOvrd 50            '关节插补速度为50%
25 Mov PPut,-30        '关节插补至拧螺钉位上方30mm处
26 Dly 0.1             '延时0.1s
27 Spd 50              '直线插补速度为50mm/s
28 28 Mvs PPut         '直线插补至螺钉吸取位
29 Dly 0.1             '延时0.1s
30 M_Out(901) = 1      '螺钉旋具启动
31 M_Out(900) = 0      '关闭吸嘴
32 Dly 0.5             '延时0.5s
33 M_Out(901) = 0      '关闭螺钉旋具
34 Spd 300             '直线插补速度为300mm/s
35 Mvs PPut,-100       '直线插补至螺钉吸取位上方100mm处
```

```
Dly 0.1              '延时 0.1s
Hlt                  '程序暂停
End
```

微课：操作演示

3-17　单步运行程序及位置示教

4）单步运行及位置示教。保存第 3）步创建的程序，关闭并重新打开机器人程序文件“SREWUP”；单击菜单栏中的“调试”选项，单击“开始调试”按钮，进入调试模式，如图 3-23 所示。

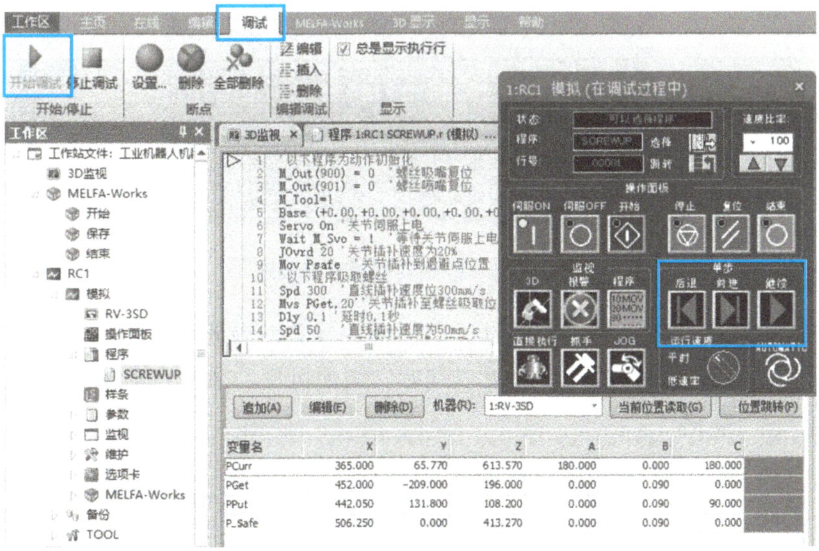

图 3-23　程序调试模式界面

5）单步运行指令语句，并示教 3 个机器人位置数据 PGet、P_Safe、PPut，如图 3-24 所示。

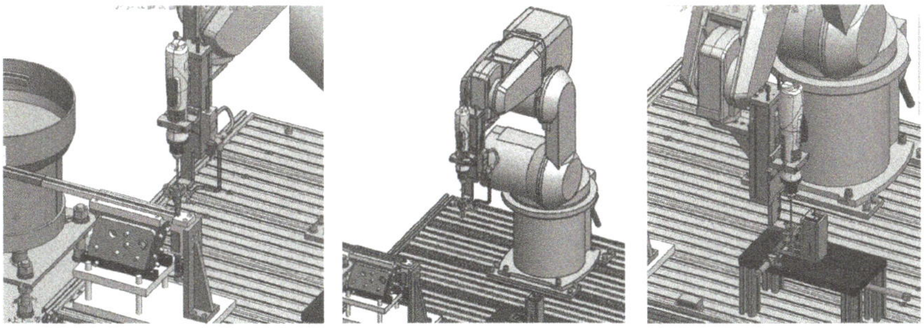

图 3-24　拧螺钉位置示教

6）单击“停止调试”按钮，退出“程序调试”模式。

7）单击菜单栏中的“文件”选项，单击“保存”或“保存到机器人”按钮，保存程序文件。

8）控制器面板选择程序。通过控制器面板可以选择存储在控制器内的程序文件，该文件被加载至插槽 1 中，如图 3-25 所示。通过控制器面板“开始”键便可启动插槽自动运行程序。

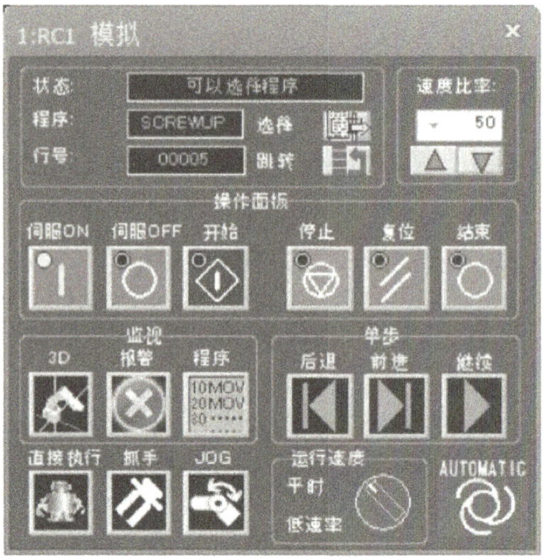

图 3-25 控制器面板选择程序

微课：操作演示

3-18 插槽运行机器人程序文件

9）参数设置方式选择程序。通过设定插槽表参数，为插槽 2 指定“SREWUP”程序，如图 3-26 所示。通过控制器面板“开始”键便可启动插槽自动运行程序。

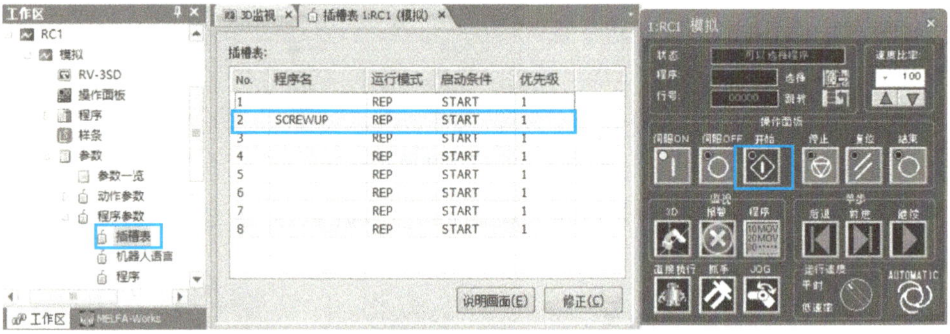

图 3-26 参数设置方式选择程序

10）指令调用方式启动程序。在工作站中新建程序“SSLOT”，在该程序中添加以下指令语句：

```
If M_Psa(1)=0 Then Goto *LblRun          ' 确认插槽 1 的程序可以选择状态
XLoad 1," SREWUP "                       ' 在插槽 1 选择程序 S01
*L30:If C_Prg(1)<>" SREWUP " Then GoTo *L30 ' 到载入前等待
XRun 1                                   ' 启动插槽 1
Wait M_Run(1)=1                          ' 等待插槽 1 的启动确认
*LblRun
```

通过设定插槽表参数，为插槽 2 指定“SSLOT”程序。通过控制器面板“开始”键便可启动插槽自动运行程序。

11）任务拓展。

① 修改控制程序：请用 Fine 指令代替 Dly 指令，确认插补动作完成，使得动作衔接更加顺畅。

② 修改控制程序：增加拧 2 个螺钉的控制语句。

#【知识学习】

知识 3.1　机器人 JOG 操作介绍

知识 3.1.1　JOG 控制方式

机器人 JOG 控制是指以手动方式控制机器人本体关节的运动，该手动控制又叫点动控制。按照控制对象以及机器人运动时所参考的坐标系不同，分为以下 6 种 JOG 控制方式。

1. 关节 JOG 控制

关节 JOG 控制是指控制机器人本体的各个关节绕自身轴做独立旋转运动。每个关节绕自身轴的旋转构成了关节 JOG 控制的自由度。例如，6 自由度垂直关节机器人的关节 JOG 控制由绕 J_1、J_2、J_3、J_4、J_5、J_6 这 6 个关节轴转动的 6 个自由度构成，分别定义为 J_1、J_2、J_3、J_4、J_5、J_6（若有附加轴，则增加 J_7、J_8 轴的运动）。每个关节独立转动，实现正转和反转的转动运动，运动单位为（°）或 rad。转动方向的定义方法为：面对每个关节法兰面，逆时针为正。如图 3-27 所示。

动画：操作演示

3-19　关节 JOG 控制

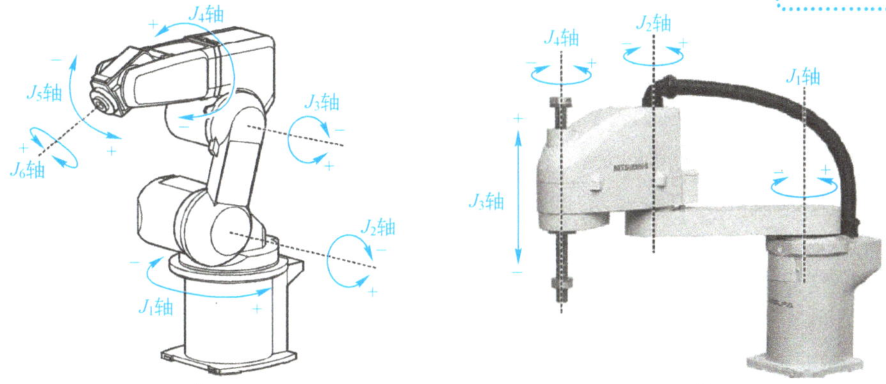

图 3-27　关节坐标系 JOG

a) 垂直关节机器人　b) 水平关节机器人

2. 直交 JOG 控制

直交 JOG 控制是指控制工具坐标系相对于世界坐标系做平移和旋转运动。沿着世界坐标系 X、Y、Z 轴的平移运动和绕 X、Y、Z 轴的旋转运动构成了直交 JOG 控制的自由度。机器人出厂时，世界坐标系与基座坐标系重合，因此，可以看作相对基座坐标系做平移和旋转运动，如图 3-28 所示。其中，平移自由度的数据用 *X*、*Y*、*Z* 表示，单位为 mm，表示工具坐标系原点在世界坐标系下的空间位置；旋转自由度的数据用 *A*、*B*、*C* 表示，单位为（°）或 rad，表示工具坐标系各个轴在世界坐标系下的方向。当 *X*、*Y*、*Z* 坐标数值发生变化时，工具坐标系原点在世界坐标系下的空间位置改变，但法兰面的姿态保持不变；当 *A*、*B*、*C* 数值发生变化时，法兰面姿势发生改变，但工具坐标系原点在世界坐标系下的空间位置保持不变。

动画：操作演示

3-20　直交 JOG 控制

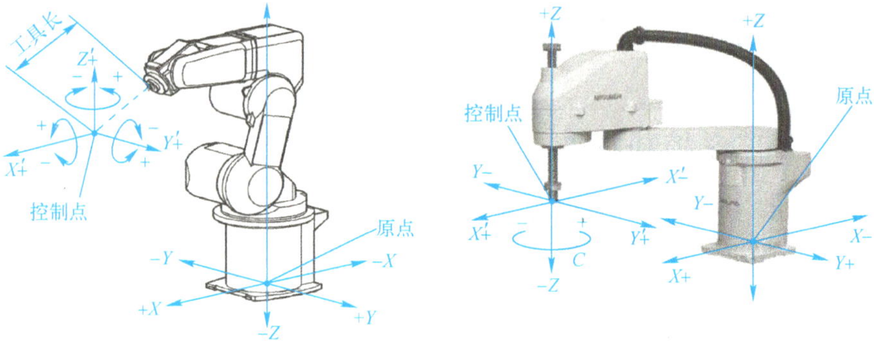

a)　　　　b)

图 3-28　直角坐标系 JOG

a) 垂直关节机器人　b) 水平关节机器人

基座坐标系的定义方法为：在机器人基座后方往前方看为 *X* 轴正方向，往左方看为 *Y* 轴正方向，往上方看为 *Z* 轴正方向。

3. 工具 JOG 控制

工具 JOG 控制是指控制工具坐标系相对于自身坐标系做相对平移和旋转运动。沿着工具坐标系 *X*、*Y*、*Z* 轴的平移运动和绕 *X*、*Y*、*Z* 轴的旋转运动构成了工具 JOG 控制的自由度。机器人出厂时，工具坐标系与机械法兰坐标系重合，因此，可以看作相对机械法兰坐标系做平移和旋转运动，如图 3-29 所示。其中，工具 JOG 控制方式下显示的自由度数据与直交 JOG 控制方式下的意义相同。

与直交 JOG 控制不同的是，工具 JOG 控制是做相对运动（相对于工具坐标系），当工具坐标系或机械法兰姿态发生变化时，其 *X*、*Y*、*Z* 的平移和 *A*、*B*、*C* 的旋转方向也发生变化。而直交 JOG 控制是做绝对运动（相对于世界坐标系），其参照的 *X*、*Y*、*Z* 轴方向保持不变（但是，改变了基座变换数据后，直交 JOG 的平移和旋转方向同样也会发生变化）。

4. 3 轴直交 JOG 控制

3 轴直交 JOG 控制是指控制工具坐标系的原点相对于世界坐标系做平移运动和控制 J_4、J_5、J_6 这 3 个关节绕自身轴做独立旋转运动。沿着世界坐标系 *X*、*Y*、*Z* 轴的平移运动和绕 J_4、J_5、J_6 关节轴的旋转运动构成了 3 轴直交 JOG 控制的 6 个自由度，如图 3-30 所示。其中，平移自由度用 *X*、*Y*、*Z* 表示，单位为 mm，表示工具坐标系原点在世界坐标系下的空间位置；旋转自由度用 J_4、J_5、J_6 表示，单位为（°）或 rad，表示对应关节的角度位移。

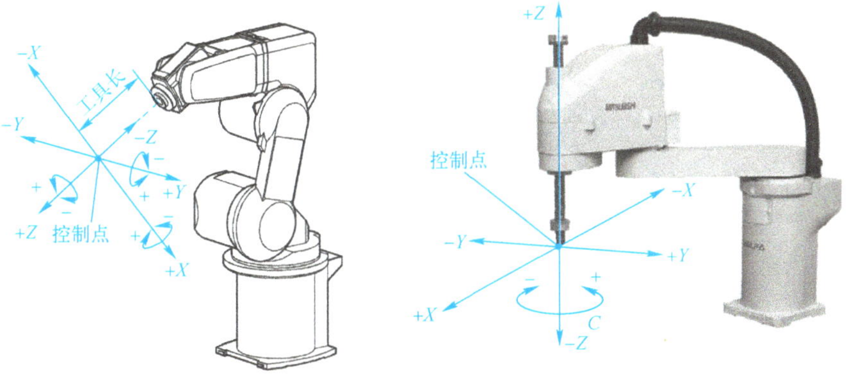

a)　　b)

图 3-29　工具坐标系 JOG

a) 垂直关节机器人　b) 水平关节机器人

动画：操作演示

3-21　工具 JOG 控制

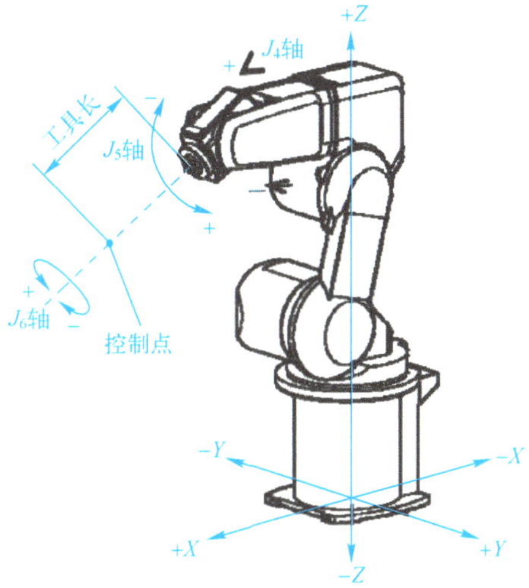

图 3-30　3 轴直交 JOG

动画：操作演示

3-22　3 轴直交 JOG 控制

当 X、Y、Z 坐标数值发生变化时，工具坐标系原点在世界坐标系下的空间位置改变，同时姿态数据改变，J_4、J_5、J_6 关节的角度位移不变。当 J_4、J_5、J_6 坐标数值发生变化时，工具坐标系原点在世界坐标系下的空间位置不变，姿态数据改变，J_4、J_5、J_6 关节的角度位移独立改变。以上控制过程不保证 J_1、J_2、J_3 轴的角度位移。

5. 圆筒 JOG 控制

圆筒 JOG 控制是指控制工具坐标系原点相对圆筒坐标系做平移和转动，并控制工具坐标系姿态相对世界坐标系做旋转。沿圆弧径向移动的自由度 R，沿圆弧转动的自由度 T，沿 Z 轴方向直线移动的自由度 Z 和绕 X、Y、Z 轴旋转的自由度 A、B、C 构成了圆筒 JOG 控制的 6 个自由度，如图 3-31 所示。其中，控制点的直线移动自由度 R、Z 的单位为 mm；转动自由度 A、B、C 以及 T 的单位为（°）或 rad。当 R、T、Z 坐标数值发生变化时，工具坐标系原点的空间位置改变，但法兰面的姿态保持不变；当 A、B、C 数值发生变化时，法兰面姿势发生改变，但工具坐标系原点的空间位置保持不变。

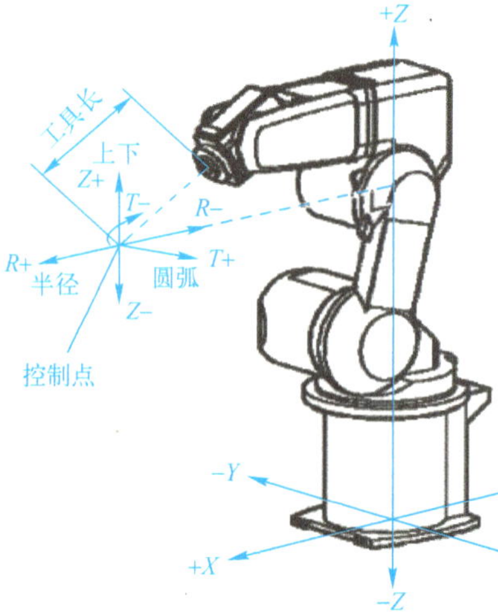

图 3-31　圆筒 JOG

动画：操作演示

3-23　圆筒 JOG 控制

6. 工件 JOG 控制

工件 JOG 控制是指控制工具坐标系原点相对工件坐标系做平移和转动运动。自由度数据意义与直交 JOG 控制方式相同。默认情况下，工件坐标系与世界坐标系重合。

动画：操作演示

3-24　工件 JOG 控制

知识 3.1.2　机器人本体的运动限制

机器人本体在运动时将受到动作范围和构造标志的限制。在不同的 JOG 控制和指令控制下，机器人本体运动受到的限制类型也不同，具体阐述如下。

1. 动作范围的限制

无论使用哪种 JOG 控制方式，其自由度运动都要受到机器人本体的动作范围限制。机器人本体的动作范围限制包括 3 种：本体结构尺寸限制、关节动作范围限制（所谓关节动作范围限制是指，每个关节只能在设定的角度位移范围内运动）和直交动作范围限制（所谓直交动作范围限制是指，工具坐标系原点只能在设定的空间范围内运动）。第一种限制无法修改范围，后两种动作范围限制可以通过单击工作区工程树目录下的“模拟”或“在线”→“参数”→“动作参数”，双击“动作范围”选项来修改，如图 3-32 所示。

为了防止机器人本体内部线缆和气管缠绕过度，以及机器人本体关节之间发生碰撞，一般不改变关节动作范围的默认设置。为了防止机器人本体与周围物体发生碰撞，一般需要修改直交动作范围。

2. 构造标志的限制

除了关节 JOG 的 6 个自由度运动和 3 轴直交 JOG 的 J_4、J_5、J_6 这 3 个自由度运动不受构造标志的限制外，剩余未列举的所有 JOG 自由度运动都受构造标志的限制。所谓构造标志的限制是指，机器人本体无法从一种构造标志运动到另外一种构造标志。例如，无法简单通过直交 JOG 的 $-Z$ 方向自由度运动来控制机器人本体从图 3-33a 所示的位姿到达图 3-33b 所示的位姿。

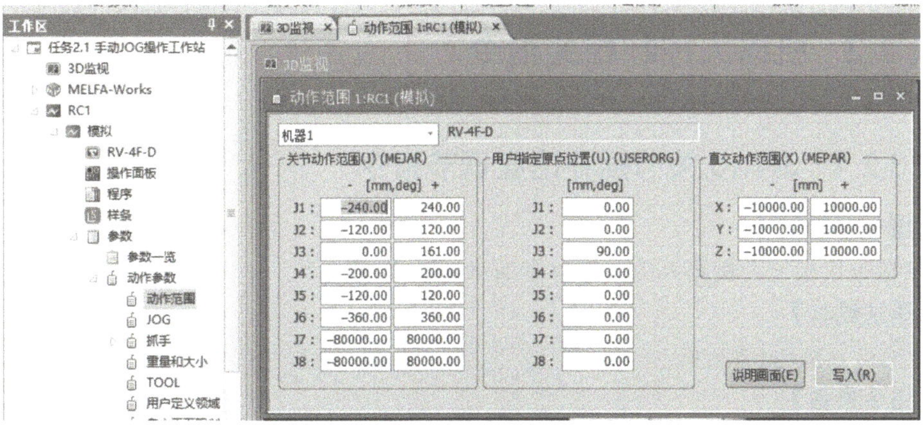

图 3-32　动作范围设置界面

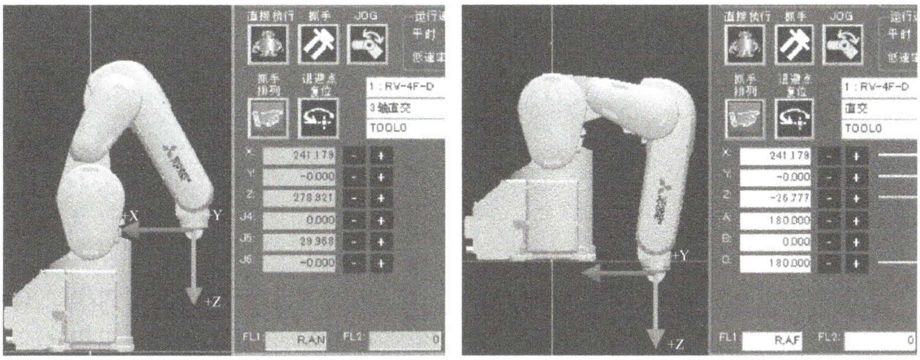

a)　　　　b)

图 3-33　构造标志限制案例

3. 整列控制

整列控制是指保持工具坐标系原点在世界坐标系下的空间位置和机器人本体构造标志不变的情况下，控制工具坐标系绕世界坐标系各个轴往运动量最小的方向旋转，使得工具坐标系的各个轴与世界坐标系的各个轴平行，例如，从图 3-34a 所示的姿态整列成图 3-34b 所示的姿态。需要注意的是，若整列后的构造标志与当前不同，则无法执行整列操作。

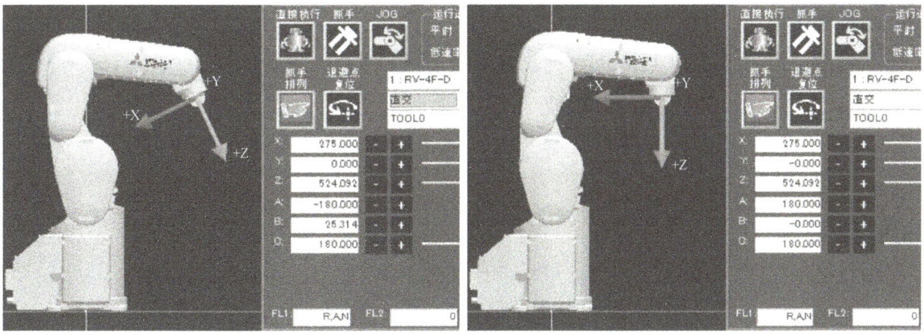

a)　　　　b)

图 3-34　整列控制案例

知识 3.2　机器人控制相关指令

知识 3.2.1　JOvrd 关节插补速度调节指令

【指令功能】

该指令仅指定在机器人的关节移动有效时的速度比例。

【语法结构】

```
JOvrd <指定速度比例>
```

【指令参数】

<指定速度比例>：速度比例以实数指定，也可以用数值表达式来表示，单位为%（建议范围为 0.1～100.0）。

【指令样例】

```
1 JOvrd 50
2 Mov P1
3 JOvrd M_NJOvrd                 ' 设定初始值
```

【使用说明】

1）JOvrd 指令只在关节插补时有效。

2）实际的速度比例=操作面板（示教单元）的速度比例设定值×速度比例程序（Ovrd 指令）×关节速度比例（JOvrd 指令）。JOvrd 指令只会使关节插补动作的速度比例变化。

3）<指定速度比例>是机器人速度所能到达的最大值。通常情况下，系统设定的默认值是 100%。如果 End 指令语句被执行或程序被复位后，速度比例值会回到默认值。

知识 3.2.2　Ovrd 速度调节指令

【指令功能】

机器人动作的速度以 1%～100%指定。该指令指定全部程序使用的速度比例。

【语法结构】

```
Ovrd <速度比例> [, <上升时速度比例>] [, <下降时速度比例>]]
```

【指令参数】

<速度比例>：上升时/下降时速度比例。单位为%（范围为 0.01～100.0）；也可以用数值运算式来表示。若设定为 0 或 100 以上则会发生报警。

<上升时/下降时速度比例>：指定弧形 motion 指令（Mva）的上升、下降时的速度比例值。

【指令样例】

```
1 Ovrd 50
2 Mov P1
3 Mvs P2
4 Ovrd M_NOvrd      '设定初始值
```

```
5 Mov P1
6 Ovrd 30,10,10      '弧形 motion 指令的上升、下降时的速度比例值设定为 10
7 Mva P3,3
```

【使用说明】

1）Ovrd 指令与插补的种类无关，为有效。

2）实际的速度比例如下。

➢ 关节插补动作时=（操作面板（T/B）的速度比例设定值）×（程序速度比例（Ovrd 指令））×（关节速度比例（JOvrd 指令））。

➢ 直线插补动作时=（操作面板（T/B）的速度比例设定值）×（程序速度比例（Ovrd 指令））×（直线指定速度（Spd 指令））。

3）Ovrd 指令只改变程序的速度比例。100%为机器人速度所能到达的最大值，通常情况下，系统默认值（M_NOvrd）被设定为 100%。在程序中，系统默认值被作为指定的速度比例，直到 Ovrd 指令被执行。

4）一旦 Ovrd 指令被执行了，那么设定的速度比例就会马上生效，直到下一个 Ovrd 指令被执行，或 End 指令被执行，或程序被复位。如果 End 指令语句被执行或者程序被复位，那么设定的速度比例数值会重新回到默认值。

知识 3.2.3　Spd 直线插补速度调节指令

【指令功能】

该指令指定机器人的直线移动、圆弧移动时的速度；另外也可指定最佳速度控制模式。

【语法结构】

```
Spd <指定速度>
Spd M_NSpd (最佳速度控制模式)
```

【指令参数】

<指定速度>：速度以实数指定。单位为 mm/s。

【指令样例】

```
1 Spd 100
2 Mvs P1
3 Spd M_NSpd              '设定初始值（最佳速度控制模式）
4 Mov P2
5 Mov P3
6 Ovrd 80                 '最佳速度模式中的速度过速报警对策
7 Mov P4
8 Ovrd 100
```

【使用说明】

1）Spd 指令只有在直线插补、圆弧插补时有效。

2）实际的速度比例=（操作面板（T/B）的速度比例设定值）×（程序速度比例（Ovrd 指令））×（直线指定速度（Spd 指令））。

3）Spd 指令只会使直线、圆弧指定速度变化。

4）指定速度以 M_NSpd（初始值为 10000）指定的情况下，机器人会经常以最高速度动作，因此线速无法保持一定（最佳速度控制）。

5）即使在最佳速度，也会依据机器人的姿势发生报警。如果发生过速度报警，则需要在报警之前插入 Ovrd 指令，以降低那个超速区间的动作速度。

6）程序中，到执行 Spd 指令为止的指定速度会采用系统的初始值。若执行一次 Spd 指令，则到下一个 Spd 指令执行为止，会采用其指定的速度。

7）若执行 End 指令，则指定速度会被设定在系统初始值。

知识 3.2.4 M_Out、M_Outb 等输出控制指令

【指令功能】

该指令用于写入或引用外部输出信号。

M_ Out：输出信号位。

M_Outb 或 M_Out8：输出信号字节（8 位）。

M_Outw 或 M_Out16：输出信号字（16 位）。

【语法结构】

```
M_Out(<数值 1>) =<数值 2>
M_Outb(<数值 1>) or M_Out8(<数值 1>)=<数值 3>
M_Outw(<数值 1>) or M_Out16(<数值 1>)=<数值 4>
M_Out(<数值 1>) =<数值 2> Dly <Time>
<数值变量>=M_Out(<数值 1>)
```

【指令参数】

<数值 1>：指定输出信号编号。

（1）CRnQ-700 series

10000 to 18191：多 CPU 共享

716 to 723：多抓手输出

900 to 907：抓手输出

（2）CRnD-700 series

0 to 255：标准远程输出

716 to 723：多抓手输出

900 to 907：抓手输出

2000 to 5071：PROFIBUS 总线输出

6000 to 8047：CC-Link 总线输出

<数值变量>：指定要分配的数值变量。

<数值 2><数值 3><数值 4>：描述数值变量、常量或数值算术表达式输出的值。

数值范围

<数值 2>：0 或 1 (&H0 或 &H1)

<数值 3>：-128～+127 (&H80～&H7F)

<数值 4>：-32768～+32767 (&H8000～&H7FFF)

<Time>：将脉冲输出的输出时间，单位为 s。

【指令样例】

```
1 M_Out(2)=1              ' 打开输出信号 2（1 位）
2 M_Outb(2)=&HFF          ' 从输出信号 2 开始开启 8 位
3 M_Outw(2)=&HFFFF        ' 从输出信号 2 开始开启 16 位
4 M4=M_Outb(2) AND &H0F   ' M4 存储从输出信号 2 开始的 4 位信息
```

【使用说明】

1）当写入或引用外部输出信号时使用该指令。

2）数字 6000 及以上将被引用/分配给 CC 链接（可选）。

3）有关脉冲输出的说明，请参阅知识 2.2.6 中的 Dly 相关介绍。

4）通过参数 SYNCIO 的高速模式设置，可以加快外部输出信号的刷新周期。然而，为了使输入/输出信号的计时时间正确，要经常将信号连锁，以保持同步。

知识 3.2.5　Servo 伺服上电指令

【指令功能】

该指令用于控制伺服电源的开启/关闭。

【语法结构】

```
Servo <On / Off>
Servo <On / Off> , <机制号码>
```

【指令参数】

<On/Off>：On：开启伺服电机的电源；Off：关闭伺服电机的电源。

<机制号码>：只在上电自动运行的程序内有效，以 1～3、常数或变量来表示。

【指令样例】

```
1 Servo On                    '伺服开启
2 *L20:If M_Svo<>1 GoTo *L20  '等待伺服开启
3 Spd M_NSpd
4 Mov P1
5 Servo Off
```

【使用说明】

1）将机器人全体作为全轴对象，执行伺服电源的控制。

2）在有附加轴的情况下，附加轴的伺服电源也会成为对象。

3）如果被用在上电自动运行的程序里，需要将参数 ALWENA 的值由 0 改为 1，并断电重启控制器后，该指令才能激活有效。

知识 3.2.6 Wait 等待指令

【指令功能】

该指令用于待机直到变量变成指定的值。

【语法结构】

```
Wait <数值变量> = <数值常数>
```

【指令参数】

<数值变量>：指定变量。经常使用输入/输出信号变量（M_In，M_Out 等）。

<数值常数>：指常数数值常数。

【指令样例】

① 信号的状态

```
1 Wait M_In(1)=1  '和 1 *L10:If M_In(1)=0 Then GoTo *L10 意义相同
2 Wait M_In(3)=0
```

② 多插槽的状态

```
3 Wait M_Run(2)=1
```

③ 变量的状态

```
4 Wait M_01=100
```

【使用说明】

1）等待信号输入和在多任务执行状态下使用连锁装置。

2）成为指定的值时，往下一行移动。

3）在多任务执行状态下，多个任务同时执行 Wait 指令时，处理时间（节拍时间）可能会变长并影响到系统。这种情况下，使用 If-Then 指令代替 Wait 指令。

例如：50 Wait M_ABC=0→50 *LBL50:If M_ABC<>0 Then GoTo *LBL50

知识 3.2.7 Hlt 子程序调用指令

【指令功能】

该指令中断并停止程序的执行和机器人的动作。此时，已执行的程序会变成待机中。

【语法结构】

```
Hlt
```

【指令参数】

无

【指令样例】

① 无条件在程序的途中，使机器人停止

```
150 Hlt                          '无条件地中断程序
```

② 满足某个条件时，使机器人停止

```
100 If M_In(18)=1 Then Hlt       '输入信号 18 开启的情况下，程序中断
200 Mov P1 WthIf M_In(17)=1, Hlt '往 P1 移动中，输入信号 17 开启的情况下，
                                 程序中断
```

【使用说明】

1）将程序的执行中断且将机器人减速后停止，此时系统会变成待机状态。

2）在多任务使用的时候，只有执行 Hlt 的任务插槽会中断。

3）再开启时，在操作面板的启动或外部开始的启动信号执行后，程序会从 Hlt 指令的下一行开始执行。但是，附随语句（WthIf 指令）Hlt 的情况下，会从执行中断的行再开始执行。

知识 3.2.8　M_Psa 程序选择状态指令

【指令功能】

该指令将已指定的任务插槽返还为程序可选择。1：可以选择程序；0：不可以选择程序（程序为中断状态的时候）。

【语法结构】

```
<数值变量>=M_Psa[(<数式>)]
```

【指令参数】

<数值变量>：指定代入的数值变量。

<数式>：1～32，输入任务插槽号码。省略时为现在的插槽号码。

【指令样例】

```
1 M1=M_Psa(2)        '在 M1 输入任务插槽 2 的“程序可选择状态”，程序可选择，数
                      值为 1，不可选择，数值为 0
```

【使用说明】

1）已指定的任务插槽返还为程序可选择。

2）该指令为读取专用。

知识 3.2.9　XLoad 程序加载指令

【指令功能】

从程序上在指定任务插槽加载指定程序。该指令在多任务运行时使用。

【语法结构】

```
XLoad <插槽号码> <程序名>
```

【指令参数】

<插槽号码>：指定 1～32 的插槽号码，以常数或变量指定。

<程序名>：指定程序名，以常数或变量指定。

【指令样例】

在调用程序替换自变量时，主程序文件：

```
1 If M_Psa(2)=0 Then *LblRun        ' 确认插槽 2 的程序可以选择状态
2 XLoad 2,"10"                      ' 在插槽 2 选择程序 10
3 *L30:If C_Prg(2)<>"10" Then GoTo *L30     ' 到载入前等待
4 XRun 2                            ' 启动插槽 2
```

```
5 Wait M_Run(2)=1                    ' 等待插槽 2 的启动确认
6 *LblRun
7 ' 插槽 2 在运行中的情况，从这里开始执行
```

【使用说明】

1）指定的程序不存在的情况下，会发生报警。

2）指定的程序被其他插槽选择的情况下，执行时会发生报警。

3）指定的程序在编辑中的情况下，执行时会发生报警。

4）指定的插槽在运行中的情况下，执行时会发生报警。

5）程序名的指定以双引号（"程序名"）括起来指定。

6）如果在上电自动运行的程序内使用，需要将参数 ALWENA 的值由 0 改为 1，并断电重启控制器后，该指令才能激活有效。

7）在 XLoad 执行后，若执行 XRun，则由于程序在加载中因此会发生报警，必要的情况下，如指令样例中第 3 步一样，在加载完成后再执行确认。

知识 3.2.10　XRun 程序运行指令

【指令功能】

该指令并行地执行由一个程序内指定的程序文件，在多任务操作下会使用该指令。

【语法结构】

```
XRun <插槽号码> [, ["<程序名>"] [, <运行模式>] ]
```

【指令参数】

<插槽号码>：指定 1～32 的插槽号码，以常数或变量指定。

<程序名>：指定程序名，以常数或变量指定。

<运行模式>：0—连续运行；1—循环停止运行；省略时会变成现状的运行模式。

【指令样例】

① 以 XRun 指令指定动作程序的情况（连续运行）

```
1 XRun 2,"1"                    ' 程序以插槽 1 起动
2 Wait M_Run(2)=1               ' 等待起动完成
```

② 以 XRun 指令指定动作程序的情况（循环运行）

```
1 XRun 3,"2",1                  ' 将程序 2 在插槽 3 以循环运行模式起动
2 Wait M_Run(3)=1               ' 等待起动完成
```

③ 使用 XLoad 指令，指定动作程序的情况（连续运行）

```
1 XLoad 2, "1"                  ' 将程序 1 在插槽 2 选择
2 *LBL: If C_Prg(2)<>"1" Then GoTo *LBL        ' 等待载入完成
3 XRun 2                        ' 将插槽 2 起动
```

④ 使用 XLoad 指令，指定动作程序的情况（循环运行）

```
1 XLoad 3, "2"                  '将程序 2 在插槽 3 选择
2 *LBL:If C_Prg (3)<>"2" Then GoTo *LBL        '等待载入完成
3 XRun 3,1                      '将插槽 2 以循环运行模式起动
```

【使用说明】

1）指定的程序不存在的情况下，会发生报警。

2）指定的插槽号码已经被使用的情况下，执行时会发生报警。

3）在任务插槽里程序没有被加载的情况下，因为会在本指令执行加载，所以即使没有执行 XLoad 指令也可以运行。

4）在程序的途中，已停止的“中断中”状态，若执行 XRun，则执行会继续。

5）程序名的指定以双引号（"程序名"）括起来指定。

6）运行模式省略时会以现状的运行模式执行。

7）如果在上电自动运行的程序内使用，需要将参数 ALWENA 的值由 0 改为 1，并断电重启控制器后，该指令才能激活有效。

8）在 XLoad 执行后，若执行 XRun，则会有程序加载中的报警发生，因此必要的情况下，如指令样例③中第 2 步、指令样例④中第 2 步一样，在加载完成后执行确认。

知识 3.3　任务插槽与程序运行

知识 3.3.1　任务插槽概念

机器人任务程序文件只有被加载至机器人的任务插槽中，其程序指令语句才能自动地被逐条执行；一个任务插槽一次只能加载一个机器人任务程序文件。三菱工业机器人出厂时的默认配置为 8 个任务插槽，最多可扩展至 32 个任务插槽。

利用插槽功能可以将 2 个及以上的机器人任务程序文件分别加载至相应个数的任务插槽中，进行并列处理（如加载、运行、复位、暂停、清除等），如图 3-35 所示。

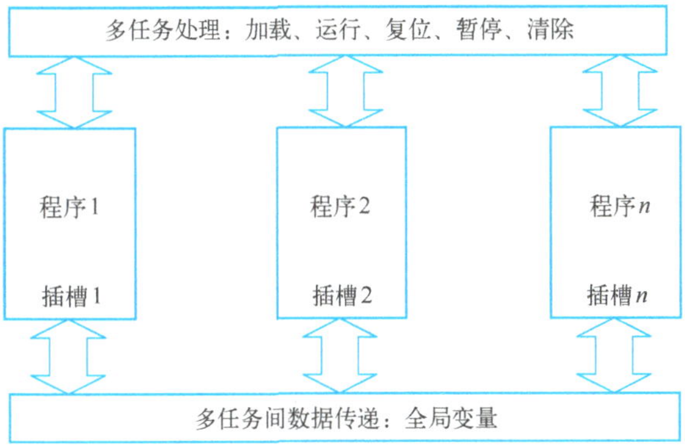

图 3-35　多任务处理功能示意图

但是，需要特别注意的是，多插槽任务处理并不是真正让控制器同时执行多个程序文件内的指令语句，而是一边转换程序，一边执行某个程序的 1 行或多行语句（行数可变更，由该程序所在的任务插槽中设定的优先度而定）。

知识 3.3.2　任务程序文件处理

保存在机器人控制器中的程序只有被加载至插槽上后，才能被运行、暂停和复位。

1. 机器人程序文件的加载

将机器人程序文件加载至插槽中的方法有以下 3 种，分别为通过控制器面板选择程序、通过任务插槽参数的设置和通过加载指令的执行。以下详细介绍第 1 种加载方式的操作方法。

虚拟仿真和现场实操中，通过控制器面板选择程序的操作步骤与内容会有所不同，本节以虚拟仿真为例，介绍程序选择步骤与方法。在插槽处于程序可选择的状态下，单击程序选择按钮，弹出程序选择对话框；选择目标程序文件后，控制面板上的程序显示栏将显示程序名，如图 3-36 所示。通过控制器面板选择的程序文件会被加载至插槽 1 中。

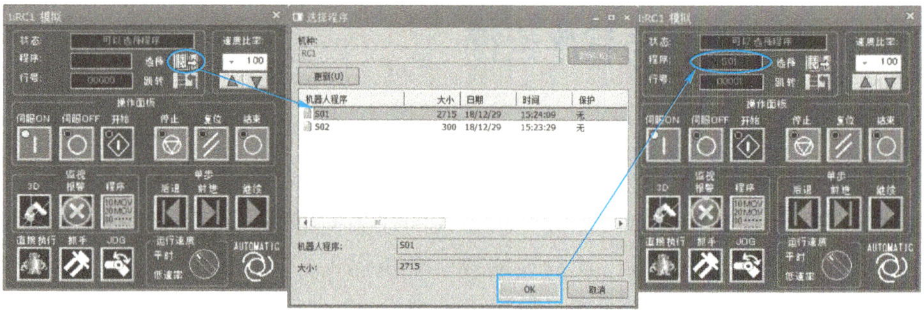

图 3-36　通过控制器面板选择程序的示例

2. 机器人程序文件的运行

只有先将程序文件加载至任务插槽后，才能启动任务插槽，自动地运行程序文件。

任务插槽的启动条件有 3 种，分别为启动命令运行（Start）、上电自动运行和错误发生时运行。其中，将插槽参数 [SLT*]的启动条件设定为 Start，则控制器在处于暂停中或待机中状态下，收到 Start 启动命令时，对应插槽立即运行所加载的程序文件。

Start 启动命令可由控制器面板上的开始按钮、专用 Start 输入信号和 XRun 指令 3 种方式输入。以下详细介绍第 1 种启动插槽、运行程序的操作方法。

虚拟仿真和现场实操中，通过控制器面板启动插槽、运行程序的操作步骤与内容基本相同。在插槽已加载目标程序文件并处于程序可选择或暂停中的状态下，单击“开始”按钮，系统即进入运行中状态，控制器面板上的开始按钮的左上角运行中指示灯亮起，如图 3-37 所示。

3. 机器人程序文件的暂停

只有当前任务插槽处于运行中状态，才能暂停任务插槽，停止程序文件的执行。

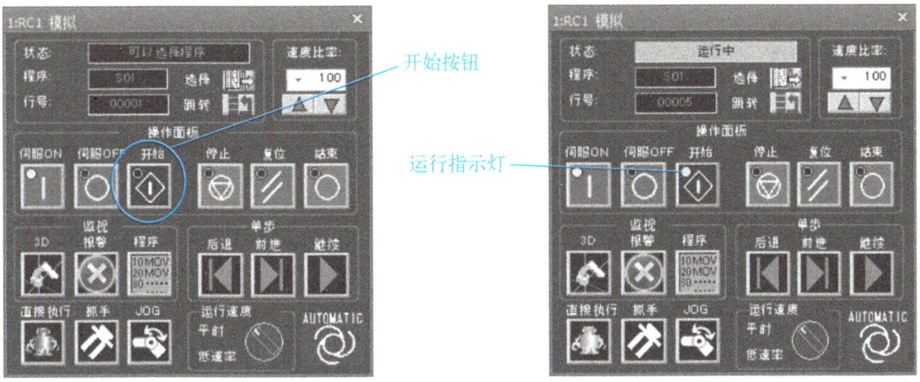

图 3-37　控制器面板“开始”按钮及运行指示灯状态

任务插槽的暂停命令有 3 种生成途径，分别为通过控制器或示教器上的停止按钮、通过专用 Stop 输入信号和通过程序的 XStp 指令语句。以下详细介绍第 1 种暂停方式的操作方法。

虚拟仿真和现场实操中，通过控制器面板暂停插槽、停止程序执行的操作步骤与内容基本相同。在插槽处于暂停中的状态下，单击“停止”按钮，系统即进入暂停中状态，控制器面板上的停止按钮的左上角运行中指示灯亮起，如图 3-38 所示。

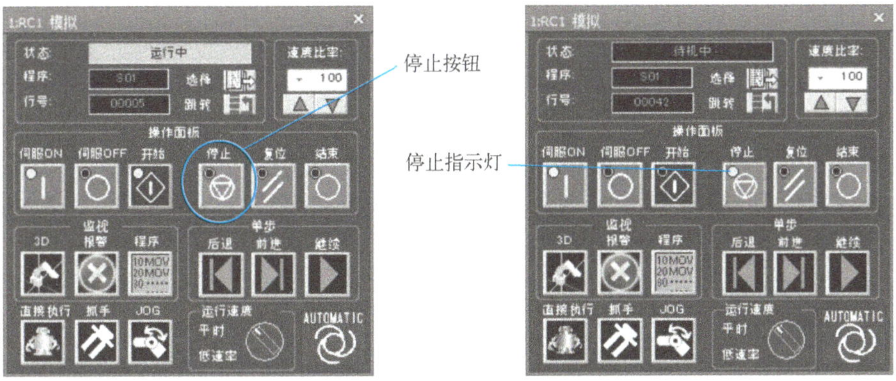

图 3-38　控制器面板“停止”按钮及停止指示灯状态

4. 机器人程序文件的复位

只有当前任务插槽处于暂停中状态，才能复位任务插槽，初始化程序文件，使得程序指针回到第 1 步。

任务插槽的复位命令有 3 种生成途径，分别为通过控制器或示教器上的复位按钮、通过专用 Reset 输入信号和通过程序的 XRst 指令语句。以下详细介绍第 1 种复位方式的操作方法。

虚拟仿真和现场实操中，通过控制器面板复位插槽、初始化程序的操作步骤与内容略有不同。在插槽处于暂停中的状态下，单击“复位”按钮，控制器面板状态栏显示可选择程序状态，行号栏显示第 1 步，如图 3-39 所示。

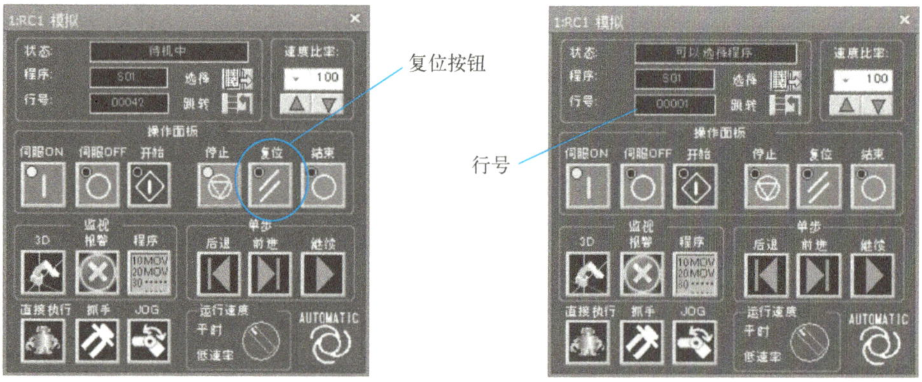

图 3-39　控制器面板“复位”按钮及程序初始化状态

知识 3.4　机器控制权

1. 机器控制权的基本概念

在默认情况下，插槽 1 具有对机器人本体和附加轴的机器控制权。只有当插槽具有机器控制权时，插槽内的程序文件才能执行机器人本体及附加轴相关的动作控制指令，例如关节插补指令、伺服 ON 指令、Tool 指令、Base 指令、速度控制指令、加速度控制指令等。

若要在插槽 1 以外的某个插槽 *n* 中运行上述相关动作控制指令，必须先在插槽 1 内运行控制权释放指令语句，再在插槽 *n* 内运行控制权获得指令语句；否则，控制器会发生错误并报警。

2. 控制权释放指令 RelM

【语法结构】

```
RelM
```

【指令样例】

从任务插槽 1 开始启动运行任务插槽 2，且在任务插槽 2 控制机器 1。

任务插槽 1

```
1 RelM                    '为了用插槽 2 控制机制 1，开放机制
2 XRun 2,"10"             '在插槽 2 选择程序 10
3 Wait M_Run(2)=1         '等待插槽 2 的启动确认
```

任务插槽 2（程序"10"）

```
1 GetM 1                  '取得机制 1 的来源
2 Servo On                '开启机制 1 的伺服
3 Mov P1
4 Mvs P2
```

```
5 Servo Off                              '关闭机制 1 的伺服
6 RelM                                   '开放机制 1 的来源
7 End
```

【使用说明】

1）如果暂停插槽 2，则插槽 2 会自动失去对机器的控制权。

2）在 Always 上电自动运行的插槽内，无法使用该指令。

3. 控制权获取指令 GetM

【语法结构】

```
GetM  <机器号码>
```

【指令参数】

<机器号码>：1～3，用常数或变量来表示。机器人本体用 1，其他两个附加轴用 2 和 3 表示。

【指令样例】

从任务插槽 1 开始启动运行任务插槽 2，且在任务插槽 2 控制机器 1。

任务插槽 1

```
1 RelM                                   '为了用插槽 2 控制机制 1，开放机制
2 XRun 2,"10"                            '在插槽 2 选择程序 10
3 Wait M_Run(2)=1                        '等待插槽 2 的启动确认
```

任务插槽 2（程序"10"）

```
1 GetM 1                                 '取得机制 1 的来源
2 Servo On                               '开启机制 1 的伺服
3 Mov P1
4 Mvs P2
5 Servo Off                              '关闭机制 1 的伺服.
6 RelM                                   '开放机制 1 的来源
7 End
```

【使用说明】

1）如果暂停插槽 2，则插槽 2 会自动失去对机器的控制权；再次启动插槽 2，若暂停以前已经获得机器控制权，则会自动继续获得控制权。

2）在上电自动运行的插槽内，无法使用该指令。

3）一个插槽内，不得重复执行 GetM 指令语句；否则，控制器会报错。

项目四　虚拟工业机器人上下料工作站的离线编程与仿真

【项目介绍】

本项目的主要内容是在三菱工业机器人虚拟仿真系统上编写工业机器人挤压机自动上下料作业的任务程序。该项目要求机器人能够响应用户界面启停按钮执行程序，并完成自动到供料单元出料口抓取毛坯，然后至挤压机单元抓取成品并套入毛坯，再将成品搬运放置在供料单元物料仓的任务。请扫描二维码 4-1 观看机器人上下料作业的项目演示动画。

动画：项目演示

4-1　机器人上下料作业

为了逐步引导完成该项目的实施，分别设计了“上下料工作站示教准备与仿真设置”“上下料机器人本体控制程序设计”“上下料系统状态控制程序设计”“上下料工作站模拟运行控制”4 个工作任务。

通过该项目的练习，读者应掌握机器人工件 JOG 操作方法、多工具坐标系的位置示教方法，子程序调用指令的程序结构化编程方法、模拟 I/O 信号的设置方法以及机器人程序文件自动运行的操作方法，这是对上三个项目所学的综合应用与进阶补充。

【任务引导】

实训任务 4.1　上下料工作站示教准备与仿真设置

一、任务介绍分析

本次任务的主要内容是认识上下料工作站构成，即包括虚拟工业机器人本体、虚拟磁座百分表（辅助工件坐标系建立）、虚拟抓手（机器人本体的终端工具）、虚拟供料单元、虚拟挤压机单元；创建一个坐标系的 X 轴与挤压机主轴轴线平行的工件坐标系；设置抓手工具坐标系与仿真属性；验证工件 JOG 模式下，铝管内圆表面不与主轴外圆表面发生刮擦的情况下，将铝管套入或拔出主轴，如图 4-1 所示。

为了理解并完成该任务，除了具备 RT ToolBox、MELFA-Works 和 SolidWorks 等相关软件的使用知识以外，还须理解什么是机器人工件坐标系、工件坐标系测算与创建、机器人工件 JOG 等相关知识。请在进行相关理论知识的学习后，再按照任务实施步骤开展具体操作实践；也可以一边按照任务实施步骤，一边开展理论知识学习。

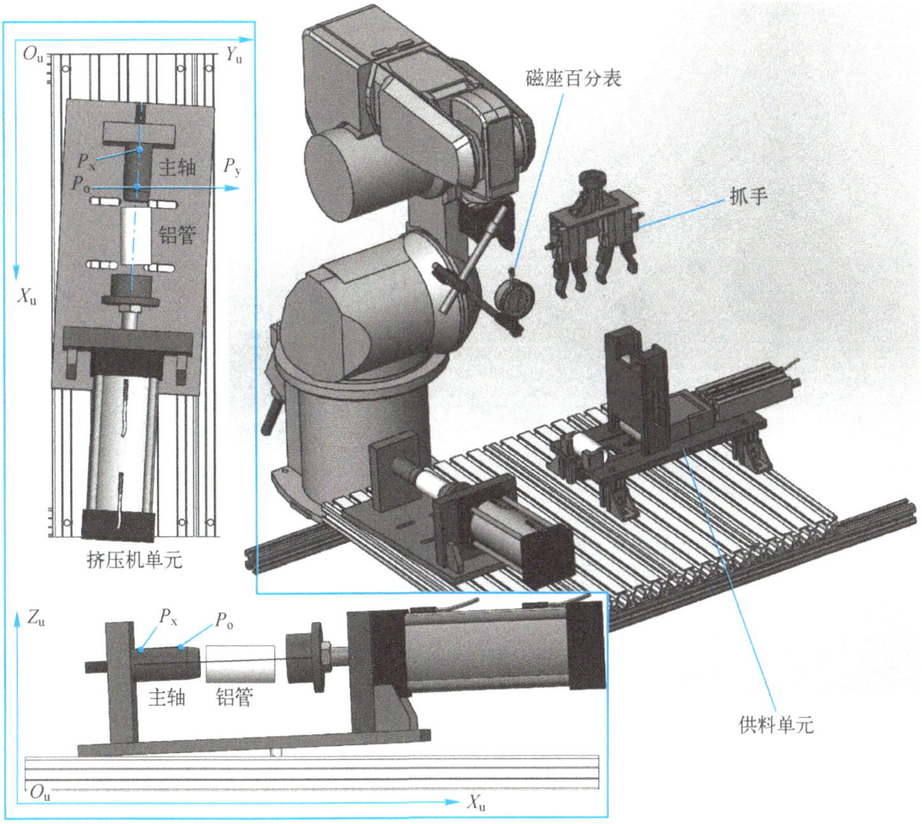

图 4-1　工作站构成与挤压机安装示意图

二、相关知识链接

知识 2.3.1、知识 3.1.1、知识 4.1。

素材：工作站文件

4-2　工业机器人上下料虚拟仿真工作站

三、任务实施步骤

1. 打开工业机器人上下料虚拟仿真工作站

1）扫描二维码 4-2，下载工业机器人上下料虚拟仿真工作站文件。下载以后，将其解压缩到计算机磁盘中，例如，在“D:\”根目录下。

2）先后打开 SolidWorks 2017 和 RT ToolBox3 两个软件，务必在完全打开第一个软件后再打开第二个软件，否则有可能会影响后续的仿真连接。

3）在 SolidWorks 中启动 RT ToolBox 的仿真连接器。

4）在 RT ToolBox 中打开工业机器人上下料虚拟仿真工作站文件，进入模拟模式，并链接到虚拟仿真器，工作站场景界面如图 4-2 所示。

具体操作方法请扫描二维码 4-3 观看。

微课：操作演示

4-3　打开工作站并启动虚拟仿真

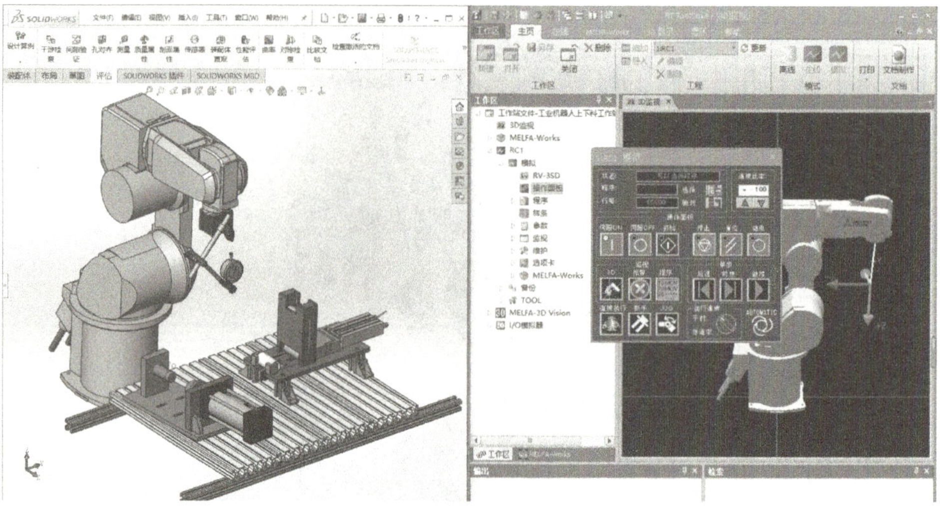

图 4-2　虚拟工业机器人上下料工作站场景

微课：操作演示

4-4　工件坐标系 P_0 点和 P_x 点的示教

2. 创建工件坐标系

1）工件坐标系 X 轴方向点 P_x 的寻找与位置数据示教。通过直交 JOG 手动控制机器人，将磁座百分表探头对准挤压机主轴上的 P_x 点，位置控制过程中，要从侧视和主视两个角度观察，确保 P_x 点与百分表探头对齐，如图 4-3 所示。

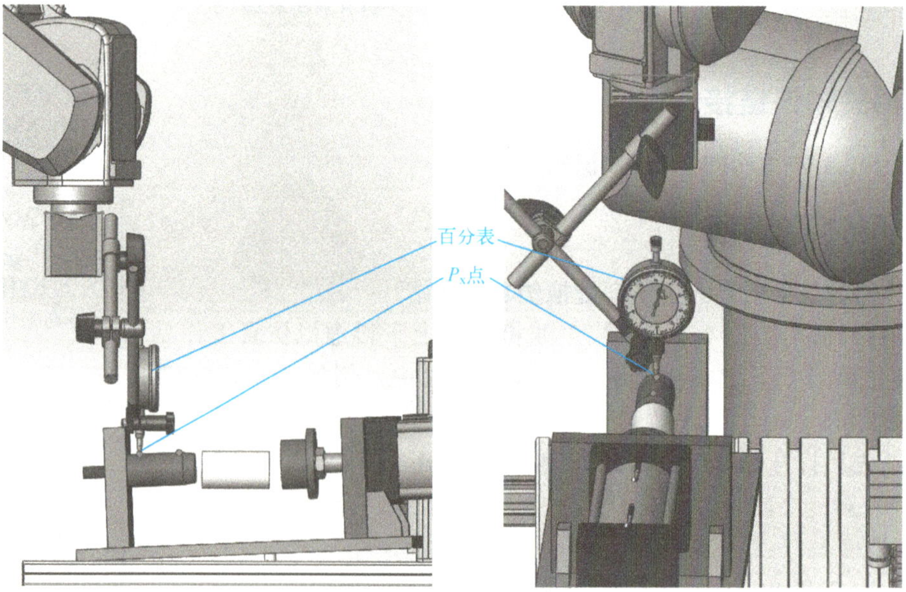

图 4-3　磁座百分表对准挤压机主轴上的 P_x 点

位置对准无误后，打开工件坐标系创建窗口，单击工件坐标系 X 轴方向点的位置示教按钮，如图 4-4 所示。

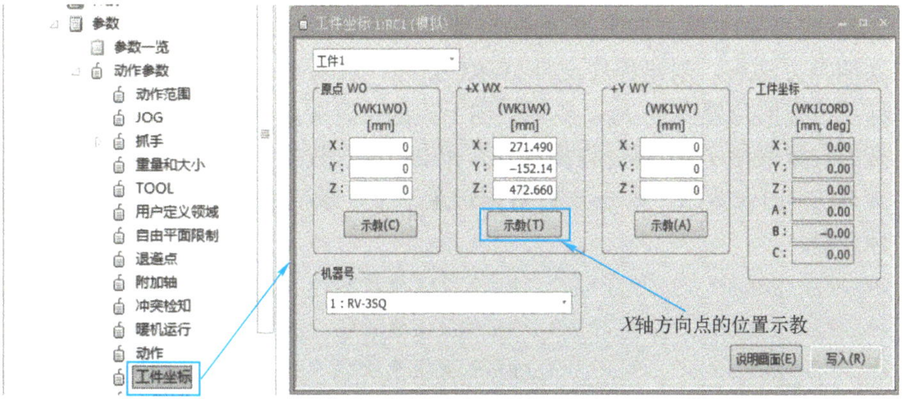

图 4-4　P_x 点位置示教界面

2）工件坐标系原点 P_0 的寻找与位置数据示教。同上述步骤，通过手动 JOG 控制机器人本体，使得磁座百分表探头对准挤压机主轴上的 P_0 点，如图 4-5 所示。将该位置数据示教给工件坐标系创建窗口中的原点，如图 4-6 所示。

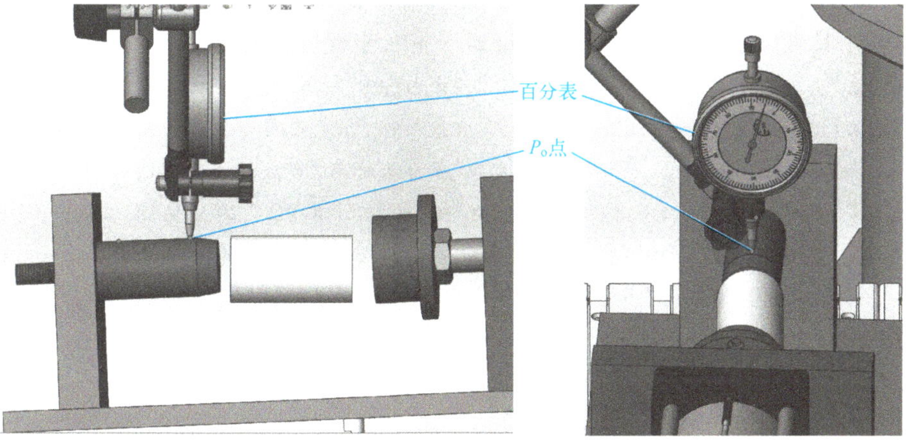

图 4-5　磁座百分表对准挤压机主轴上的 P_0 点

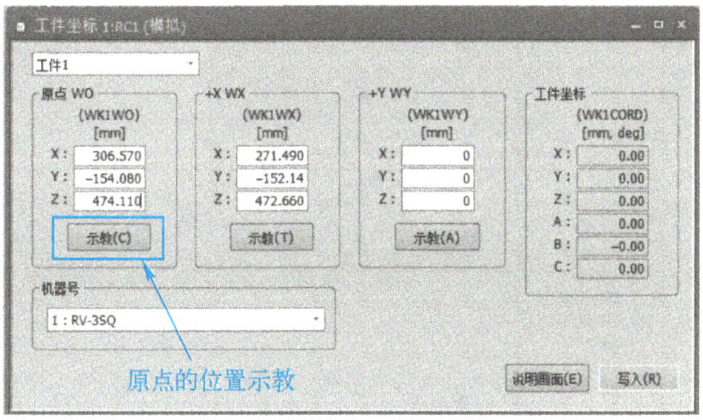

图 4-6　原点位置示教界面

3）工件坐标系 Y 轴方向上点 P_y 的位置数据计算与输入。请在充分理解知识 4.1 工件坐标系测算方法后，创建程序文件 WKCS.prg，编写指令语句；将工件坐标系原点的位置变量 P_o、X 轴方向上点的位置变量 P_x 和 Y 轴方向上点的位置变量 P_y 清零；将步骤 1）和 2）中示教的工件坐标系原点和 X 轴方向上点的 x、y、z 坐标数据记录下来，赋值给 P_o、P_y 的对应坐标分量。

微课：操作演示

4-5　工件坐标系 P_y 点的计算与输入

```
1 Po = P_NBase                'Po 位置变量清零
2 Px = P_NBase                'Px 位置变量清零
3 Py = P_NBase                'Py 位置变量清零
4 Po.X = 306.88               '将工件坐标系原点的 x 坐标赋值给 Po.X
5 Po.Y = -154.01              '将工件坐标系原点的 y 坐标赋值给 Po.Y
6 Po.Z = 474.13               '将工件坐标系原点的 z 坐标赋值给 Po.Z
7 Px.X = 271.99               '将工件坐标系 X 轴方向上点的 x 坐标赋值给 Px.X
8 Px.Y = -152.08              '将工件坐标系 X 轴方向上点的 y 坐标赋值给 Px.Y
9 Px.Z = 472.79               '将工件坐标系 X 轴方向上点的 z 坐标赋值给 Px.Z
```

计算工具坐标系 Y 轴方向上点 P_y 的 x、y 和 z 坐标位置数据。

```
10 Mx10 = Px.X - Po.X         '计算 Px 点和 Po 点之间 x 坐标的差值
11 My10 = Px.Y - Po.Y         '计算 Px 点和 Po 点之间 y 坐标的差值
12 My20 = 50                  '取 Py 点 x 坐标与 Po 点的 x 坐标间隔为 50mm
13 Py.X = Po.X - My10 * My20/Mx10     '计算 Py 点的 x 坐标
14 Py.Y = Po.Y + My20                 '计算 Py 点的 y 坐标
15 Py.Z = Po.Z                        '计算 Py 点的 z 坐标
16 Hlt
```

运行程序文件 WKCS.prg，并监视 P_y 的数值，如图 4-7 所示。

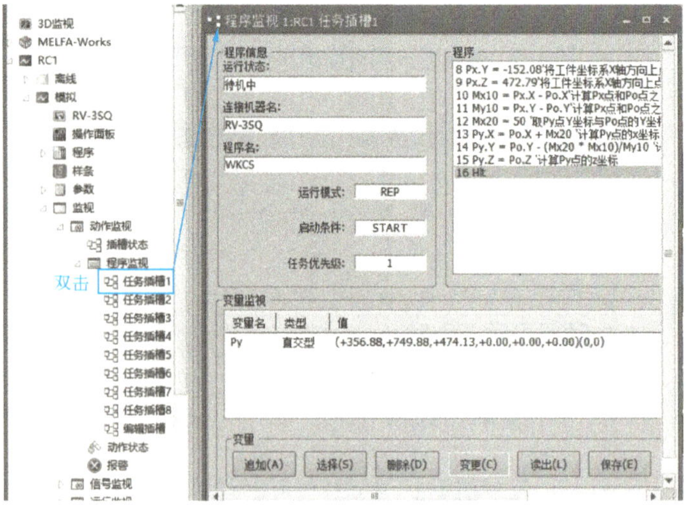

图 4-7　P_y 点位置数据运算结果监视

打开工件坐标系创建窗口，将 P_y 的位置数据抄写、填入工件坐标系 Y 轴方向点的位置数据输入框，并单击“写入”按钮，自动计算工件坐标系的位置与姿态数据，如图 4-8 所示。

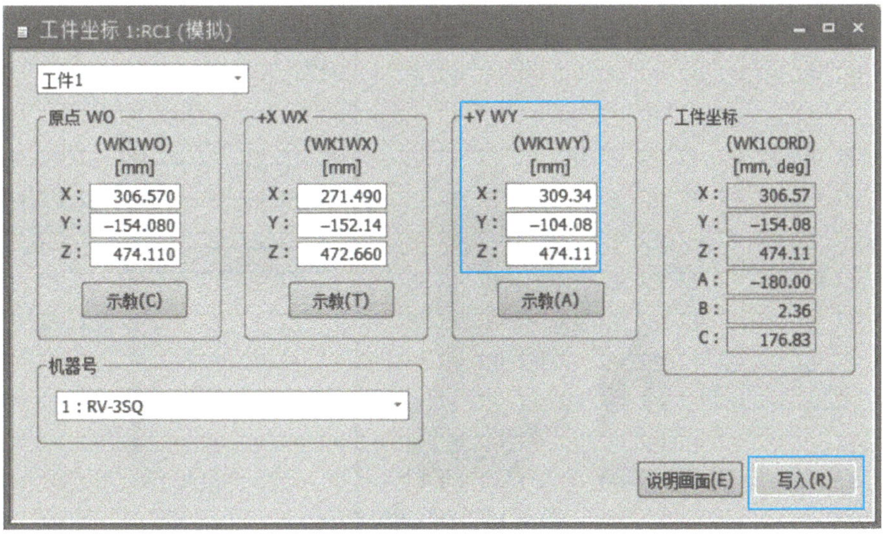

图 4-8　工件坐标系 Y 轴方向点的位置数据输入

3. 设置抓手仿真属性

微课：操作演示

4-6　抓手仿真属性的设置

1）移除磁座百分表。左键选中“MELFA-Works”工程树中“机器人”目录下磁座百分表，采用鼠标拖拽的方式，将磁座百分表拖拽至“抓手”目录下，松开鼠标左键，就实现了将磁座百分表从工业机器人本体上取下的目的，如图 4-9 所示。同时，在 SolidWorks 树目录中将磁座百分表隐藏。

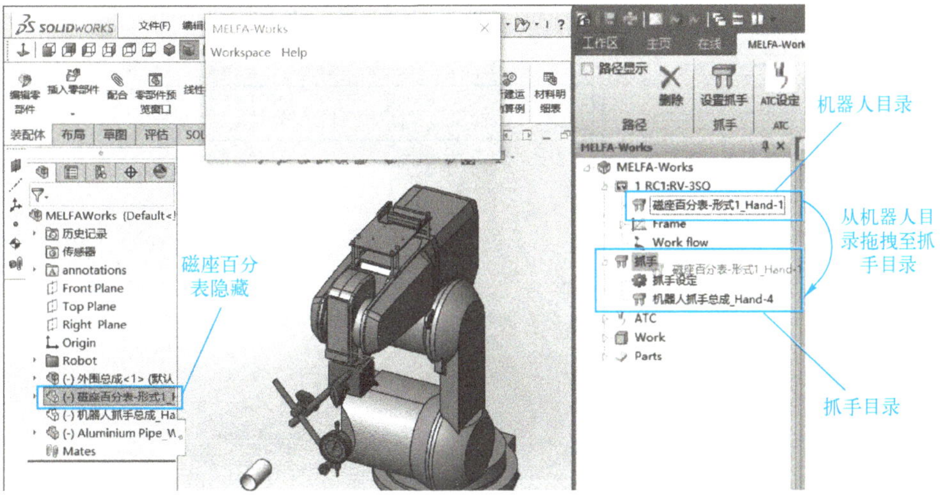

图 4-9　取下磁座百分表

2）安装铝管抓手。左键选中“MELFA-Works”工程树中“抓手”目录下机器人抓手，采用鼠标拖拽的方式，将抓手拖至“机器人”树目录下，松开鼠标，就实现了将抓手安装在工业机器人本体上的目的，如图 4-10 所示。同时，在 SolidWorks 树目录中将抓手和铝管显示出来。

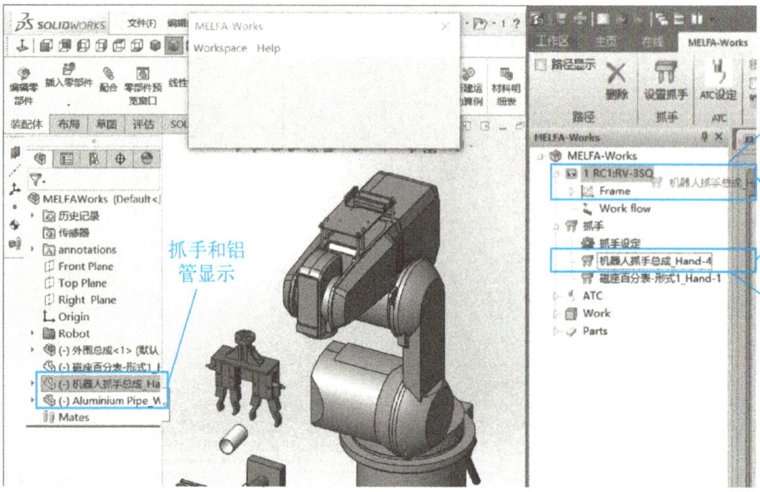

图 4-10　安装虚拟抓手

3）设置虚拟抓手。在 RT ToolBox 的“MELFA-Works”工程树目录下，双击“抓手设定”选项，打开 MELFA-Works 中的抓手设置界面，勾选抓手 Pick1 和 Pick2 的复选框，分配 4、5 分别作为抓手 1、抓手 2 的控制信号地址，最后，单击“OK”确认上述设置，如图 4-11 所示。

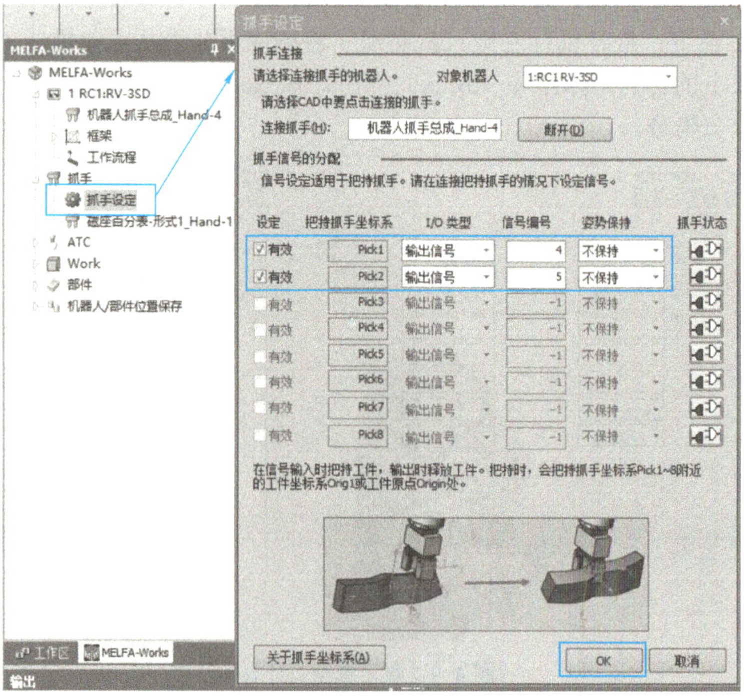

图 4-11　虚拟抓手的设置窗口

4）设置抓手工具坐标系。双击 RT ToolBox 的“工作区”工程树目录“参数”下“动作参数”中的 TOOL，进入 TOOL 设置界面，将抓手 1 和抓手 2 抓取点相对于法兰盘中心的偏移值 X 8.42、Y 41.55、Z 179.14 和 X 8.42、Y -41.45、Z 179.14 填入 MEXTL1 和 MEXTL2 数据栏中，单击“写入”按钮，如图 4-12 所示。

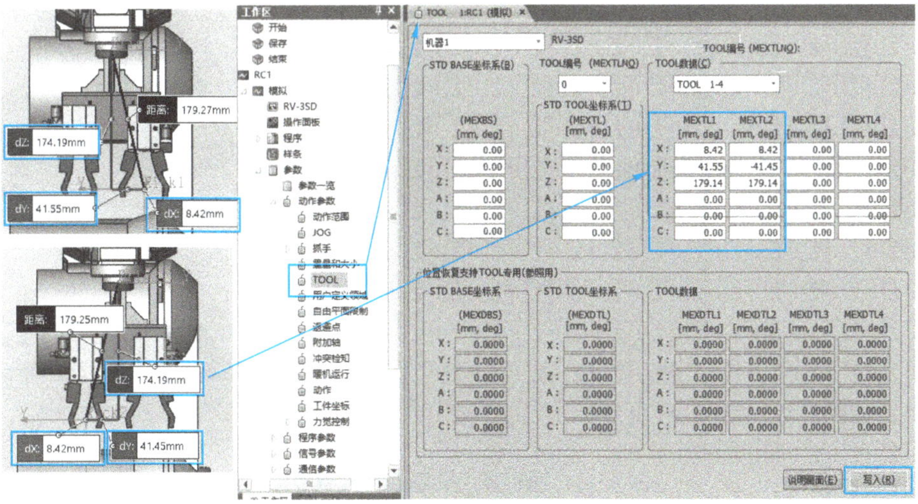

图 4-12　设定 1 号和 2 号工具坐标系

4. 设置抓手操作面板控制参数

1）分配控制信号地址。在 RT ToolBox 的工作区树目录下，双击“抓手”选项，在窗口编辑区出现抓手参数设置界面，设置抓手 1 为单电控、4 信号地址，设置抓手 2 为单电控、5 信号地址，如图 4-13 所示。

2）设置信号初始值。在 RT ToolBox 的工作区树目录下，双击“参数一览”选项，在窗口编辑区出现参数一览界面；在参数名输入框中输入 HANDINIT，找到该参数所在行后双击，在弹出的参数编辑对话框中设置抓手 1 和抓手 2 的初始值为 0，如图 4-14 所示。

微课：操作演示

4-7　抓手操作面板控制参数的设置

5. 工件 JOG 测试

1）抓住铝管。打开控制面板，单击抓手切换键，切换至抓手控制界面，单击抓手 1 的打开控制键“+”键，实现抓手抓住铝管的仿真效果，如图 4-15 所示。

2）移动铝管。单击 JOG 切换键，切换至 JOG 控制界面，调整铝管与主轴轴线的平行度，并将铝管对准主轴头部，如图 4-16 所示。选择 JOG 方式为工件，工件坐标系号码选择工件 1，单击 X 轴“-”按钮或 X 轴“+”按钮，观察铝管是否沿着主轴套进或抽出。

微课：操作讲解

4-8　工件坐标下手动 JOG 移动工件

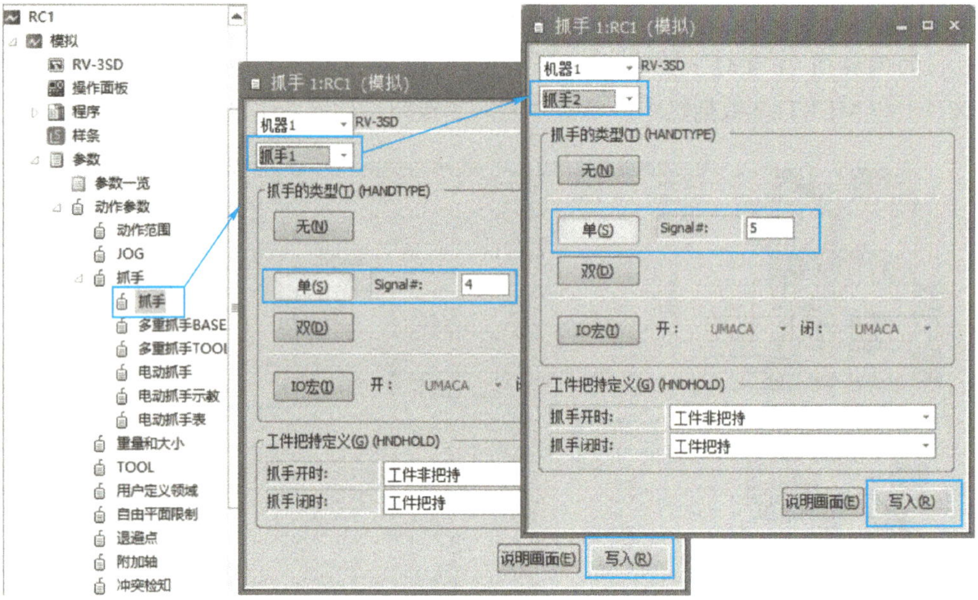

图 4-13　面板抓手关联信号设置界面

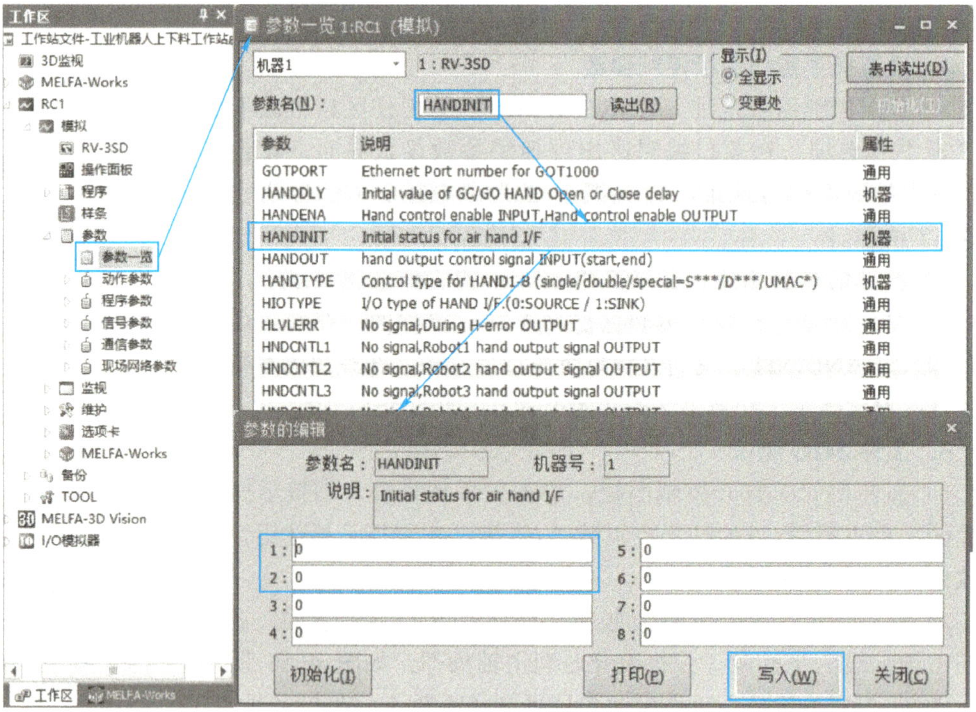

图 4-14　面板抓手控制信号初始值设置界面

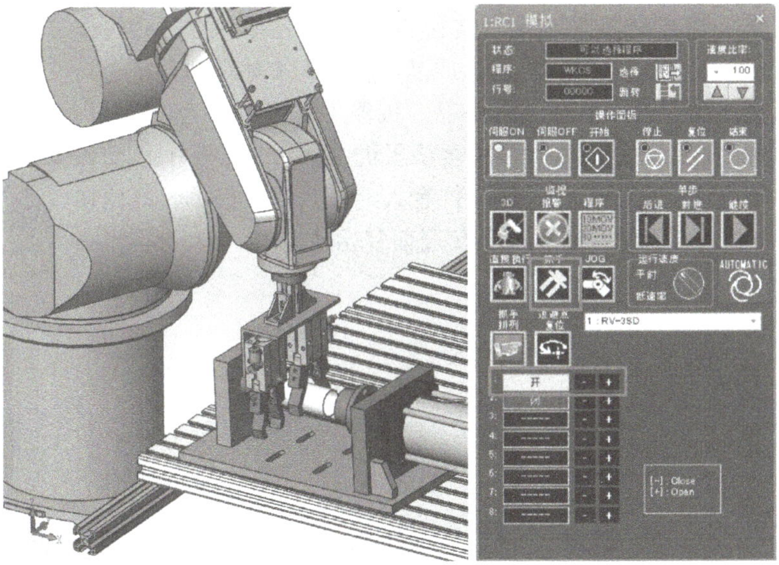

图 4-15　虚拟抓手 1 的控制

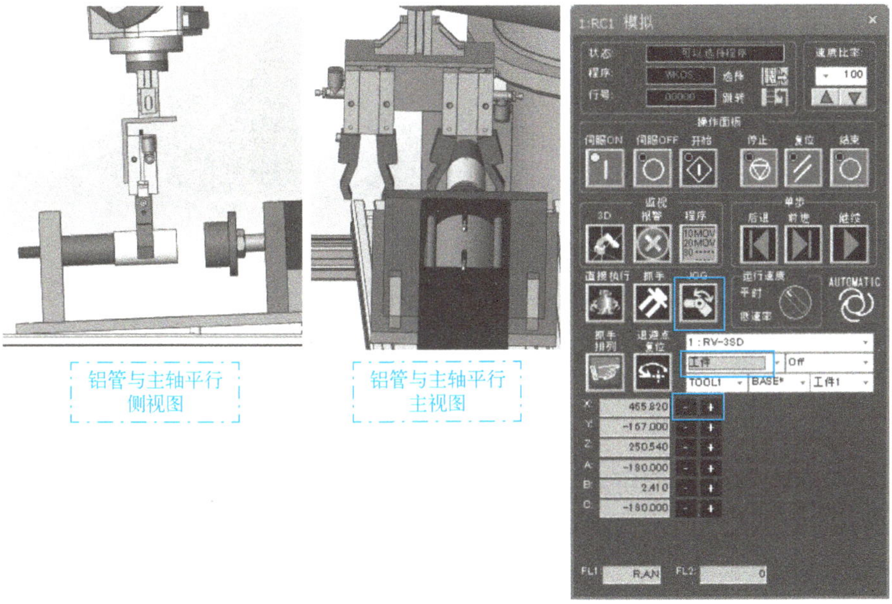

图 4-16　工件坐标系及工件 JOG 控制

实训任务 4.2　上下料机器人本体控制程序设计

一、任务介绍分析

本次任务的主要内容是在任务 4.1 成果的基础上，设计一个机器人本体控制程序，控制机器人放置成品、抓取毛坯、抓取成品和套入毛坯的自动上下料程序，并与供料单元、挤压机单元进行交互，实现“挤压机自动上下料”的自动化作业，如图 4-17 所示；若抓手 2 已抓成品，机器人本体移动至料仓，用抓手 2 放置成品；若抓手 2 未抓成品，机器人本体移动至供料台，用抓手 1 抓取毛坯。机器人本体移动至挤压机主轴，若抓手 1 已套入毛坯，用抓手 2 取出成品；用抓手 1 套入毛坯。挤压机单元开始加工；整个上下料作业系统按照上述循环周而复始地工作。

动画：情景演示

4-9　自动上下料程序执行情况

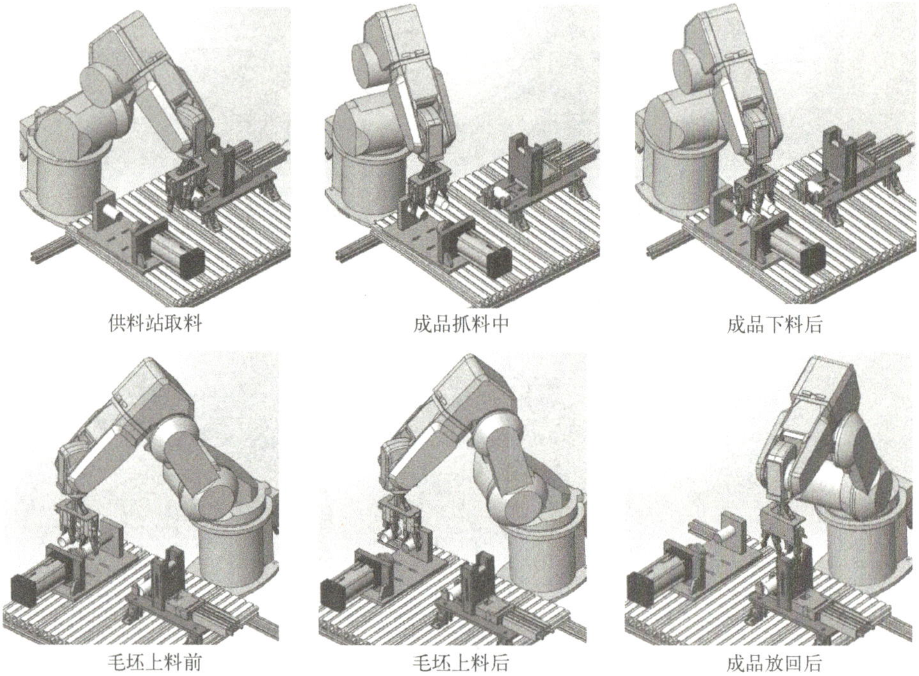

图 4-17　上下料工作站示意图

为了理解并完成该任务，需要理解工具坐标系与点位的关系、编程中坐标系切换、子程序调用、循环执行、等待与信号读取、I/O 模拟等相关知识。请在进行相关理论知识的学习后，再按照任务实施步骤开展具体操作实践；也可以一边按照任务实施步骤，一边开展理论知识学习。

微课：操作演示

4-10　机器人上下料流程讲解

二、相关知识链接

知识 2.3、知识 4.2、知识 4.3、知识 4.5.2。

三、任务实施步骤

1）在任务 4.1 基础上，继续打开工业机器人上下料虚拟仿真工作站文件，具体操作方法请参考实训任务 4.1 中的第 1 步。

2）设计控制流程图。对机器人本体控制程序进行设计，实现毛坯和成品的自动上下料作业，机器人本体控制流程图如图 4-18 所示。在该控制流程中，在机器人本体第一个工作循环中，由于还没有加工成品，因此不需要抓取成品和放置成品。

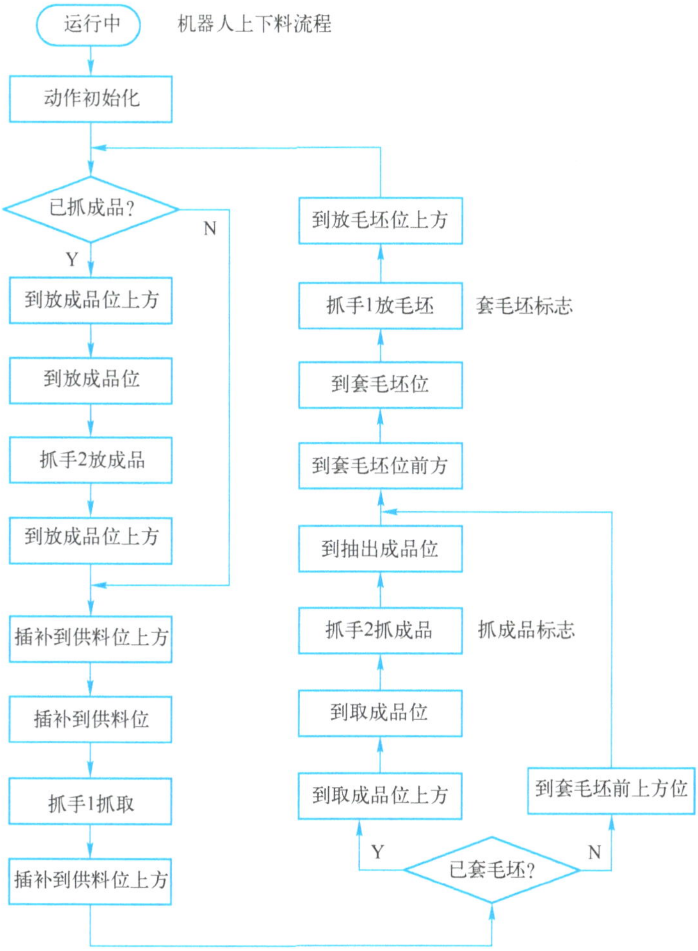

图 4-18　机器人本体控制流程图

3）创建机器人全局变量的定义程序文件 100.prg。在该程序文件中，定义全局变量 M_HdCmd1 表示抓手 1 控制信号地址、M_HdCl1 表示抓手 1 闭合信号反馈地址、M_HdOp1 表示抓手 1 张开信号反馈地址；定义全局变量 M_HdCmd2 表示抓手 2 控制信号地址、M_HdCl2 表示抓手 2 闭合信号反馈信号地址、M_HdOp2 表示抓手 2 张开信号反馈信号地址；定义全局变量 M_Put1 用于记忆机器人已套入毛坯状态、M_Get2 用于记忆机器人已抓取成品状态。编写指令语句如下：

微课：操作演示

4-11　创建全局变量定义文件并注册

```
7 Def Inte M_HdCmd1     '抓手 1 控制
8 Def Inte M_HdCl1      '抓手 1 闭合检测
9 Def Inte M_HdOp1      '抓手 1 张开检测
10 Def Inte M_HdCmd2    '抓手 2 控制
```

```
11 Def Inte M_HdCl2      '抓手 2 闭合检测
12 Def Inte M_HdOp2      '抓手 2 张开检测
13 Def Inte M_Put1       '抓手 1 已套入毛坯标志
14 Def Inte M_Get2       '抓手 2 已抓取成品标志
```

将全局变量定义程序文件 100.prg 下载至机器人控制器中，注册全局变量定义程序文件 100.prg，即：在参数 PRGUSR 中写入 100，如图 4-19 所示，并重启控制器电源。

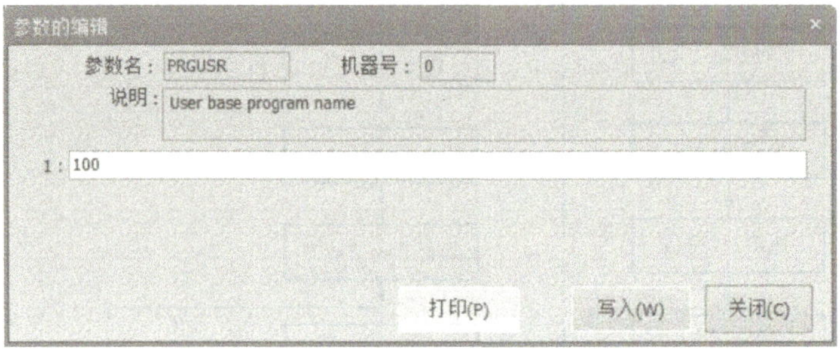

图 4-19　全局变量定义程序的注册界面

4）创建机器人本体控制程序文件 SCARRY.prg。针对上述控制流程与规则，编写程序语句如下：

微课：操作演示

4-12　机器人程序模块化设计讲解

```
1 GoSub *SINTI              '机器人本体初始化程序
2 While 1                   '循环条件一直为真，循环执行
3   GoSub *SFPut            '抓手 2 放成品
4   GoSub *SFGet            '抓手 1 抓毛坯
5   GoSub *SPLoad           '抓手 2 抓取成品和抓手 1 放置毛坯
6 WEnd                      '跳至任务主程序入口
7Hlt
8End
9'**********************************
10*SINTI                          '机器人本体初始化程序
11    GetM 1                      '获取机器人本体控制权
12    M_HdCmd1 = 4                '分配抓手 1 的控制信号地址
13    M_HdCl1 = 4                 '分配抓手 1 闭合信号地址
14    M_HdOp1 = 5                 '分配抓手 1 打开信号地址
15    M_HdCmd2 = 5                '分配抓手 2 的控制信号地址
16    M_HdCl2 = 6                 '分配抓手 2 闭合信号地址
17    M_HdOp2 = 7                 '分配抓手 2 打开信号地址
18    M_Put1 = 0                  '抓手 1 已套入毛坯标志清零
19    M_Get2 = 0                  '抓手 2 已抓取成品标志清零
```

```
20    M_Out(M_HdCmd1) = 0           '抓手 1 打开
21    Wait M_In(M_HdOp1) = 1        '等待抓手 1 打开
22    M_Out(M_HdCmd2) = 0           '抓手 2 打开
23    Wait M_In(M_HdOp2) = 1        '等待抓手 2 打开
24    Servo On                      '伺服上电命令
25    Wait M_Svo = 1                '等待机器人完成伺服上电
26    PCurr = P_Curr                '获取机器人工具坐标系的当前位姿数据
27    PCurr.Z = 500                 '把当前位置的高度修改为 500
28    While PosCq(PCurr) <>1        '判断当前位置的安全高度是否可到达
29          PCurr.Z = PCurr.Z - 30 '将安全高度下降 30mm
30    WEnd
31    Spd 100                       '设置线性速度为 100mm/s
32    Mvs PCurr                     '从当前位置直线上升至安全高度
33    Dly 0.1                       '等待 0.1s
34Return
35'************************************
36*SFPut                           '抓手 2 放成品
37    If M_Get2 = 1 Then            '如果抓手 2 已抓取成品
38        JOvrd 100                 '关节插补速度为 100%
39        M_Tool =2                 '切换抓手 2
40        Mov PFPut,-65             '关节插补至成品放置位上方 65mm 处
41        Spd 50                    '直线插补速度为 50mm/s
42        Mvs PFPut                 '直线插补至成品放置位
43        Dly 0.1                   '延时 0.1s
44        M_Out(M_HdCmd2) = 0       '打开抓手 2
45        Wait M_In(M_HdOp2) = 1    '等待抓手 2 已打开
46  Mvs PFPut,-30                   '直线插补至成品放置位上方 30mm 处
47    EndIf
48Return
49'************************************
50*SFGet                           '抓取毛坯工件程序
51    M_Tool = 1                    '切换抓手 1
52    Mov PFGet,-150                '插补至毛坯抓取位上方 150mm 处
53    Dly 0.1                       '延时 0.1s
54    Mvs PFGet                     '插补至毛坯抓取位
55    Dly 1                         '延时 1s
56    M_Out(M_HdCmd1) = 1           '闭合毛坯抓手
```

```
    Wait M_In(M_HdCl1) = 1          '等待抓手 1 闭合
    Mvs PFGet,-150                  '插补至毛坯抓取位上方 150mm 处
Return
'************************************
*SPLoad                             '抓取成品放置毛坯
    If M_Put1 = 1 Then              '如果抓手 1 已套毛坯
       M_Tool = 2                   '切换抓手 2
       JOvrd 100                    '关节插补速度为 100%
       Mov PPOSF,-150               '关节插补至成品放置位前上方 150mm 处
       Spd 50                       '直线插补速度为 50mm/s
       Mvs PPOSF                    '直线插补至成品放置位前
       Mvs PPOS                     '直线插补至成品放置位
       Dly 0.5                      '延时 0.5s
       M_Out(M_HdCmd2) = 1          '闭合抓手 2，抓取成品
       Wait M_In(M_HdCl2) = 1       '等待抓手 2 闭合
       M_Get2 = 1                   '抓手 2 已抓成品标志置位
       Spd 50                       '直线插补速度为 50mm/s
       Mvs PPOSF                    '直线插补至抽出成品位
    Else                            '如果抓手 1 未套毛坯
       JOvrd 100                    '关节插补速度为 100%
       Mov PPOSF,-150               '关节插补至抓手 1 套毛坯前位上方 150mm 处
    EndIf
    Spd 50                          '直线插补速度为 50mm/s
    M_Tool = 1                      '切换抓手 1
    Mvs PPOSF                       '直线插补至抓手 1 套毛坯前位
    Dly 0.1                         '延时 0.1s
    Mvs PPOS                        '直线插补至抓手 1 套毛坯位
    Dly 0.5                         '延时 0.5s
    M_Out(M_HdCmd1) = 0             '打开抓手 1，放置毛坯
    Wait M_In(M_HdOp1) = 1          '等待抓手 1 打开
    M_Put1 = 1                      '抓手 1 已套毛坯标志置位
    Mvs PPOSF                       '直线插补至抓手 1 套毛坯位
    Mvs PPOSF,-150                  '直线插补至抓手 1 套毛坯位上方 150mm 处
Return
'************************************
```

5）设置 I/O 模拟器模拟抓手张开与闭合的反馈信号。在 RT ToolBox 的工作区树目录下，双击“I/O 模拟器设定”选项，在弹出的模拟器设定对话框中，单击“追加”按钮，添加 4 条模拟类型为“PIO”、模拟动作为“指定条件 1 进行信号设定”模拟信号，如图 4-20 所示，具体参数设定如图 4-21 所示。详细设置讲解请扫描二维码 4-13 观看教学视频。

微课：操作演示

4-13　I/O 模拟器及抓手模拟信号添加

保存模拟器设定后，单击菜单栏中的“在线”选项，在 I/O 模拟功能区单击“开始”按钮，在弹出的对话框中单击“OK”按钮，启动 I/O 模拟器，如图 4-22 所示。

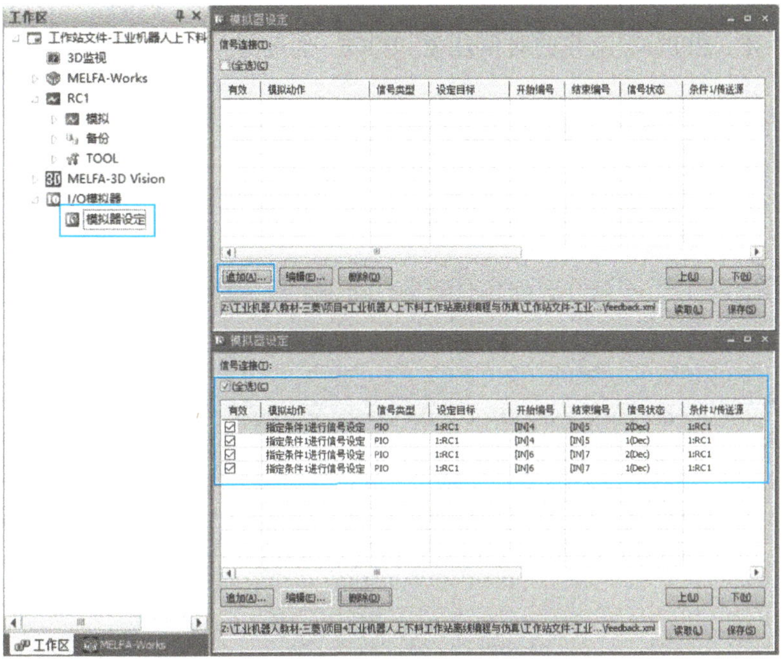

图 4-20　I/O 模拟器设定窗口

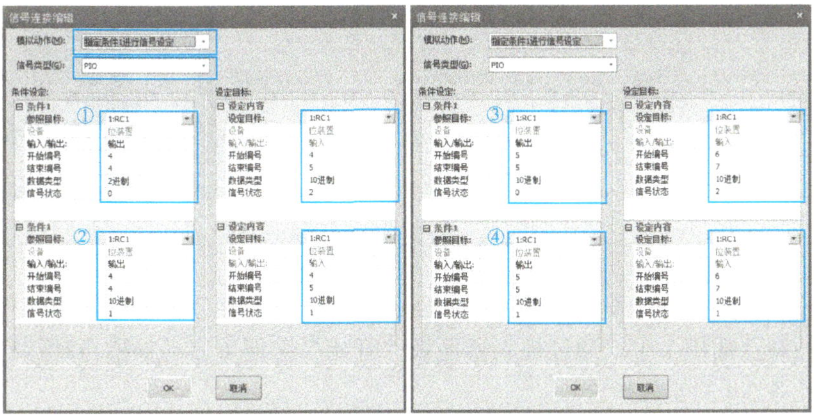

图 4-21　模拟信号具体参数设定

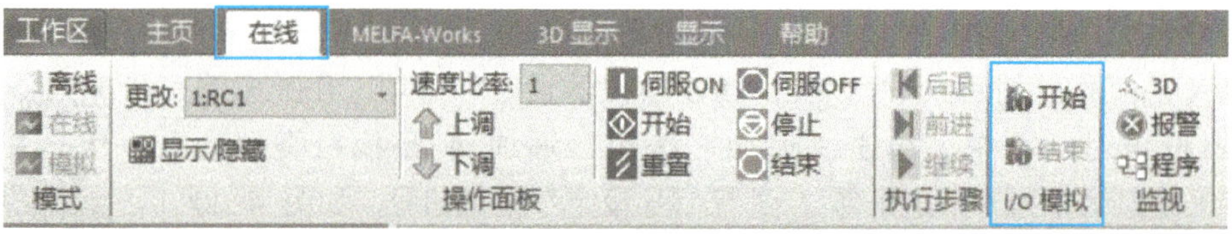

图 4-22　开启 I/O 模拟器

6）单步试运行及位置示教。打开第 4）步创建的机器人程序文件 SCARRY.prg；单击菜单栏中的“调试”选项，然后单击“开始调试”按钮，进入调试模式，如图 4-23 所示。

微课：操作演示

4-14　单步运行程序及位置示教

7）单步运行指令语句，并示教 4 个机器人位置数据 PFGet、PPOS、PPOSF、PFPut，示教的时候注意 TOOL 的选择，如图 4-24 所示。

8）单击“停止调试”按钮，退出“程序调试”模式。

9）单击菜单栏中的“文件”选项，然后单击“保存”或“保存到机器人”按钮，保存程序文件。

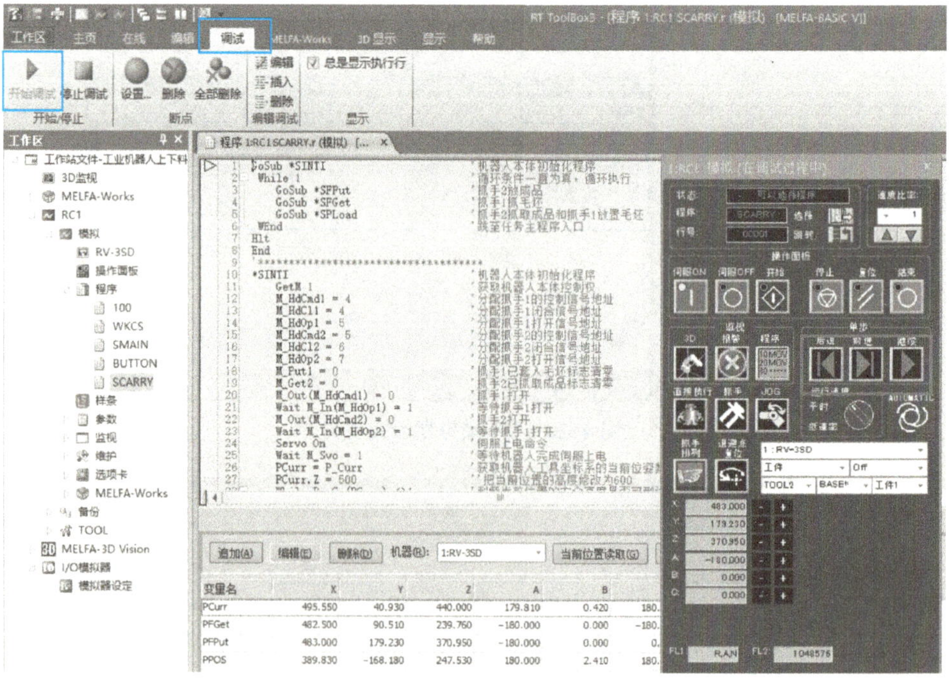

图 4-23　程序调试模式界面

10）控制器面板选择程序。通过控制器面板可以选择存储在控制器内的程序文件，该文件被加载至插槽 1 中。通过控制器面板“开始”键便可启动插槽自动运行程序。详细可参照任务 3.4 的实施步骤。

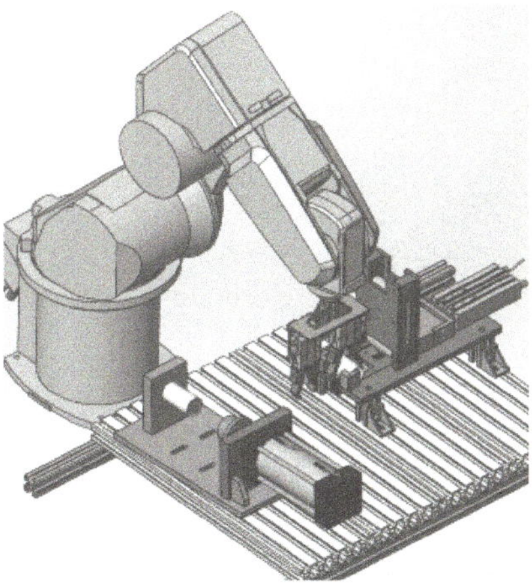

TOOL1下，示教PFGet位置

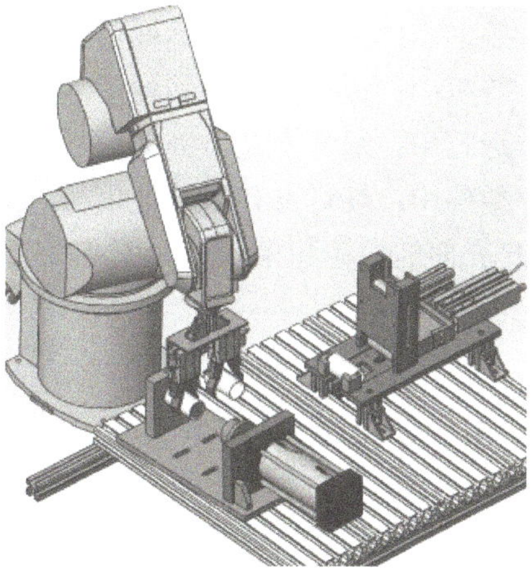

TOOL2下，示教PPOS位置

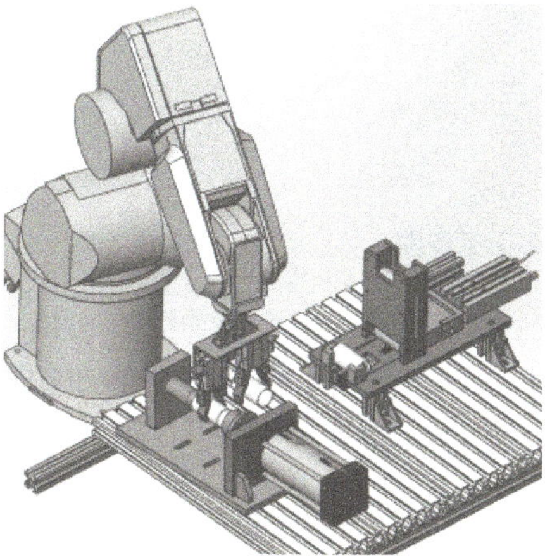

TOOL2下，示教PPOSF位置

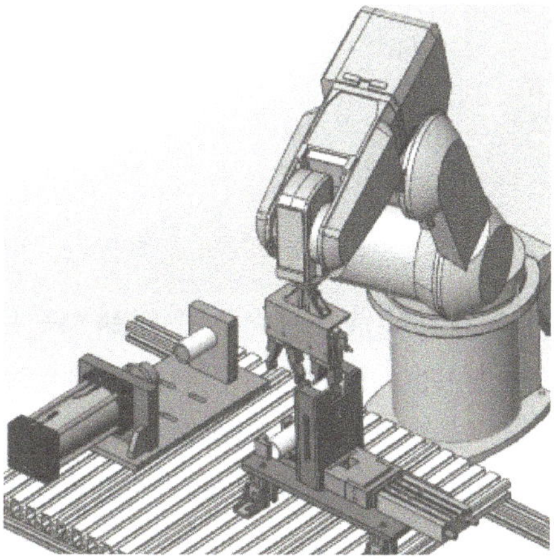

TOOL2下，示教PFPut位置

图 4-24　上下料位置示教

实训任务 4.3　上下料系统状态控制程序设计

一、任务介绍分析

本次任务的主要内容是在综合应用前两个任务成果的基础上，设计一个机器人工作站系统状态的控制程序、自定义用户控制界面，并根据按钮输入生成相应的系统状态。要求机器人系统能根据用户界面的手动/自动模式信号，以及启动按钮、暂停按钮和复位按钮等信号，控制机器人工作站系统进入手动中、待机中、运行中、暂停中等对应的状态。机器人工作站进入上述各个状态后，信号灯按照以下方式工作。

动画：情景演示

4-15　机器人工作站系统状态模拟

1）手动中：黄灯闪烁、其他信号灯灭。

2）待机中：黄灯常亮、其他信号灯灭。

3）运行中：绿灯常亮、其他信号灯灭。

4）暂停中：红灯常亮、其他信号灯灭。

用户界面的按钮和指示灯如图 4-25 所示。

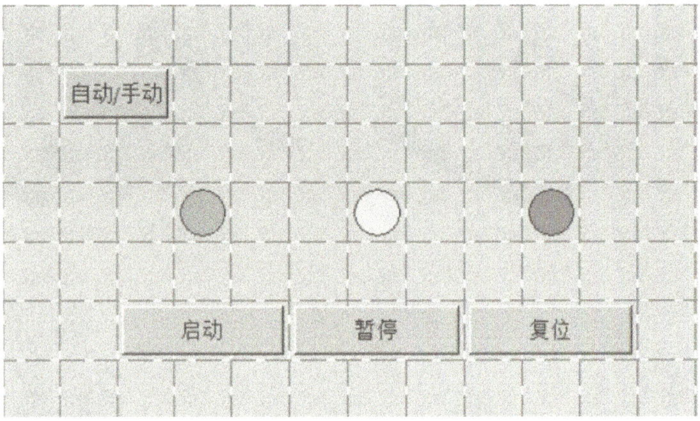

图 4-25　用户界面示意图

为了理解并完成该任务，需要熟知全局变量、任务插槽控制等功能的运用，掌握用户界面按钮及指示灯的设计，熟练应用 If 指令、While 指令、GoSub 指令的编程使用等有关知识。请在进行相关理论知识的学习后，再按照任务实施步骤开展具体操作实践；也可以一边按照任务实施步骤，一边开展理论知识学习。

二、相关知识链接

知识 4.2.6、知识 4.3、知识 4.5。

三、任务实施步骤

1）在任务 4.2 基础上，继续打开工业机器人上下料虚拟仿真工作站文件，具体操作方法请参考实训任务 4.1 中的第 1 步。

2）设置机器人参数 ALWENA 的值为 1。

微课：操作演示

4-16　参数设置及变量添加讲解

3）在前一个任务所创建的全局变量定义程序文件 100.prg 中，定义全局变量 M_STTIn 表示启动按钮信号地址、M_STPIn 表示暂停按钮信号地址、M_RSTIn 表示复位按钮信号地址；定义全局变量 M_GL 表示绿色指示灯地址、M_RL 表示红色指示灯地址、M_YL 表示黄色指示灯地址；定义全局变量 M_Manual 表示机器人手动状态、M_Waiting 表示待机状态、M_Running 表示运行状态、M_STPing 表示暂停状态。添加以下全局变量定义语句：

```
1 Def Inte M_RMode            '运行模式
```

```
Def Inte M_STTIn          '启动
Def Inte M_STPIn          '暂停
Def Inte M_RSTIn          '复位
Def Inte M_GL             '绿灯
Def Inte M_RL             '红灯
Def Inte M_YL             '黄灯
Def Inte M_Manual         '手动中
Def Inte M_Waiting        '待机中
Def Inte M_Running        '运行中
Def Inte M_STPing         '暂停中
Def Inte M_ALMing         '报警中
```

将全局变量定义程序文件 100.prg 下载至机器人控制器中。

注册全局变量定义程序文件 100.prg，即在参数 PRGUSR 中写入 100，并重启控制器电源。

微课：操作演示

4-17　按钮与状态控制讲解

4）设计工作站系统状态控制与指示灯控制的流程图与规则，如图 4-26 所示。

只有当系统处于暂停中或者待机中状态时，单击启动按钮才进入运行中，否则其他状态下对启动按钮不做响应，如图 4-26a 所示。

只有当系统处于运行中状态时，单击暂停按钮才进入暂停中，否则其他状态下对暂停按钮不做响应，如图 4-26b 所示。

只有当系统处于暂停中时，单击复位按钮才进入待机中；只有当系统处于自动模式下的报警中状态时，才进入暂停中；只有当系统处于手动模式下的报警中状态时，单击复位按钮才进入手动中；否则其他状态下对复位按钮不做响应，如图 4-26c 所示。

只有当系统未处于运行中、暂停中、报警中等状态时，当模式开关旋转至自动模式，才进入待机中状态；只有当系统未处于运行中、暂停中、报警中等状态时，当模式开关旋转至手动模式，才进入手动中状态；当系统在报警中，不对模式开关做出响应；当系统在暂停中或运行中，进入手动模式时报警，进入自动模式时不做出响应，如图 4-26d 所示。

微课：操作演示

4-18　按钮与状态控制程序设计

系统进入上述 5 个状态后，控制指示灯按照图 4-26 所示的规则进行工作。

5）针对上述控制流程与规则，编写子程序语句如下。

① 模式开关响应程序——对应于图 4-26d 流程。

```
'------------------模式开关响应程序-------------------^
*SSTATION                                     '状态控制程序入口
  '以下程序处理自动模式
  If M_RMode = 2 And M_ALMing = 0 And M_Running = 0 And M_STPing = 0 Then
                                              '待机中
```

```
        M_Manual = 0                  '手动中复位
        M_Waiting = 1                 '待机中置位
        M_Running = 0                 '运行中复位
        M_STPing = 0                  '暂停中复位
        M_ALMing = 0                  '报警中复位
    EndIf
    '以下程序处理手动模式
    If M_RMode = 1 And M_ALMing = 0 Then
    '以下程序处理运行中或暂停中突然出现手动模式的情况
      If M_Running = 1 Or M_STPing = 1 Then      '报警中
        M_Manual = 0                  '手动中复位
        M_Waiting = 0                 '待机中复位
        M_Running = 0                 '运行中复位
        M_STPing = 0                  '暂停中复位
        M_ALMing = 1                  '报警中置位
      '以下程序处理非运行中或暂停中进入手动模式的情况
      Else  '手动中
        M_Manual = 1                  '手动中置位
        M_Waiting = 0                 '待机中复位
        M_Running = 0                 '运行中复位
        M_STPing = 0                  '暂停中复位
        M_ALMing = 0                  '报警中复位
      EndIf
    EndIf
```

② 启动按钮响应程序——对应于图 4-26a 流程。

```
'-------------------启动按钮响应程序--------------------^
  If M_In(M_STTIn) = 1 And M_ALMing = 0 And M_Running = 0 Then
                                      '运行中
        M_Manual = 0                  '手动中复位
        M_Waiting = 0                 '待机中复位
        M_Running = 1                 '运行中置位
        M_STPing = 0                  '暂停中复位
        M_ALMing = 0                  '报警中复位
  EndIf
```

③ 暂停按钮响应程序——对应于图 4-26b 流程。

```
'-------------------暂停按钮响应程序--------------------^
  If M_In(M_STPIn) = 1 And M_Running = 1 Then      '暂停中
        M_Manual = 0                  '手动中复位
```

```
        M_Waiting = 0                              '待机中复位
        M_Running = 0                              '运行中复位
        M_STPing = 1                               '暂停中置位
        M_ALMing = 0                               '报警中复位
   EndIf
```

④ 复位按钮响应程序——对应于图 4-26c 流程，该流程中取复位按钮的上升沿信号。

```
      '------------------复位按钮响应程序-------------------^
      If M_In(M_RSTIn) = 1 and M_In(M_RSTIn) <> MSTP Then
                                                   '复位按钮上升沿
      '以下程序处理暂停中复位的情况
         If M_STPing = 1 Then                      '暂停中
            M_Manual = 0                           '手动中复位
            M_Waiting = 1                          '待机中置位
            M_Running = 0                          '运行中复位
            M_STPing = 0                           '暂停中复位
            M_ALMing = 0                           '报警中复位
         Else
      '以下程序处理报警中复位的情况
            If M_ALMing = 1 Then
      '以下程序处理报警中复位后处于手动模式的情况
               If M_RMode = 1 Then                 '手动中
                  M_Manual = 1                     '手动中置位
                  M_Waiting = 0                    '待机中复位
                  M_Running = 0                    '运行中复位
                  M_STPing = 0                     '暂停中复位
                  M_ALMing = 0                     '报警中复位
               EndIf
      '以下程序处理报警中复位后处于自动模式的情况
               If M_RMode = 2 Then                 '待机中
                  M_Manual = 0                     '手动中复位
                  M_Waiting = 0                    '待机中复位
                  M_Running = 0                    '运行中复位
                  M_STPing = 1                     '暂停中置位
                  M_ALMing = 0                     '报警中复位
               EndIf
            EndIf
         EndIf
      EndIf
```

```
      MSTP = M_In(M_RSTIn)                    '保存本周期复位按钮的状态
Return
```

⑤ 指示灯控制子程序——对应于图 4-26d 流程。

```
'-------------------状态指示灯显示程序-------------------^
*SLAMP   '指示灯控制程序入口
    '以下处理手动中的指示灯显示
    If M_Manual = 1 Then
        M_Out(M_GL) = 0                       '绿灯
        M_Out(M_RL) = 0                       '红灯
        M_Out(M_YL) = 1                       '黄灯
        Dly 0.5
        M_Out(M_YL) = 0                       '黄灯
        Dly 0.5
    EndIf
    '以下处理待机中的指示灯显示
    If M_Waiting = 1 Then
        M_Out(M_GL) = 0                       '绿灯
        M_Out(M_RL) = 0                       '红灯
        M_Out(M_YL) = 1                       '黄灯
    EndIf
    '以下处理运行中的指示灯显示
    If M_Running = 1 Then
        M_Out(M_GL) = 1                       '绿灯
        M_Out(M_RL) = 0                       '红灯
        M_Out(M_YL) = 0                       '黄灯
    EndIf
    '以下处理暂停中的指示灯显示
    If M_STPing = 1 Then
        M_Out(M_GL) = 0                       '绿灯
        M_Out(M_RL) = 1                       '红灯
        M_Out(M_YL) = 0                       '黄灯
    EndIf
    '以下处理报警中的指示灯显示
    If M_ALMing = 1 Then
        M_Out(M_GL) = 0                       '绿灯
        M_Out(M_RL) = 1                       '红灯
        Dly 0.5
        M_Out(M_RL) = 0                       '红灯
        Dly 0.5
```

```
120          M_Out(M_YL) = 0                    '黄灯
121       EndIf
122 Return                          '对应于第 8 步，状态控制程序*SSTATION 的结尾
```

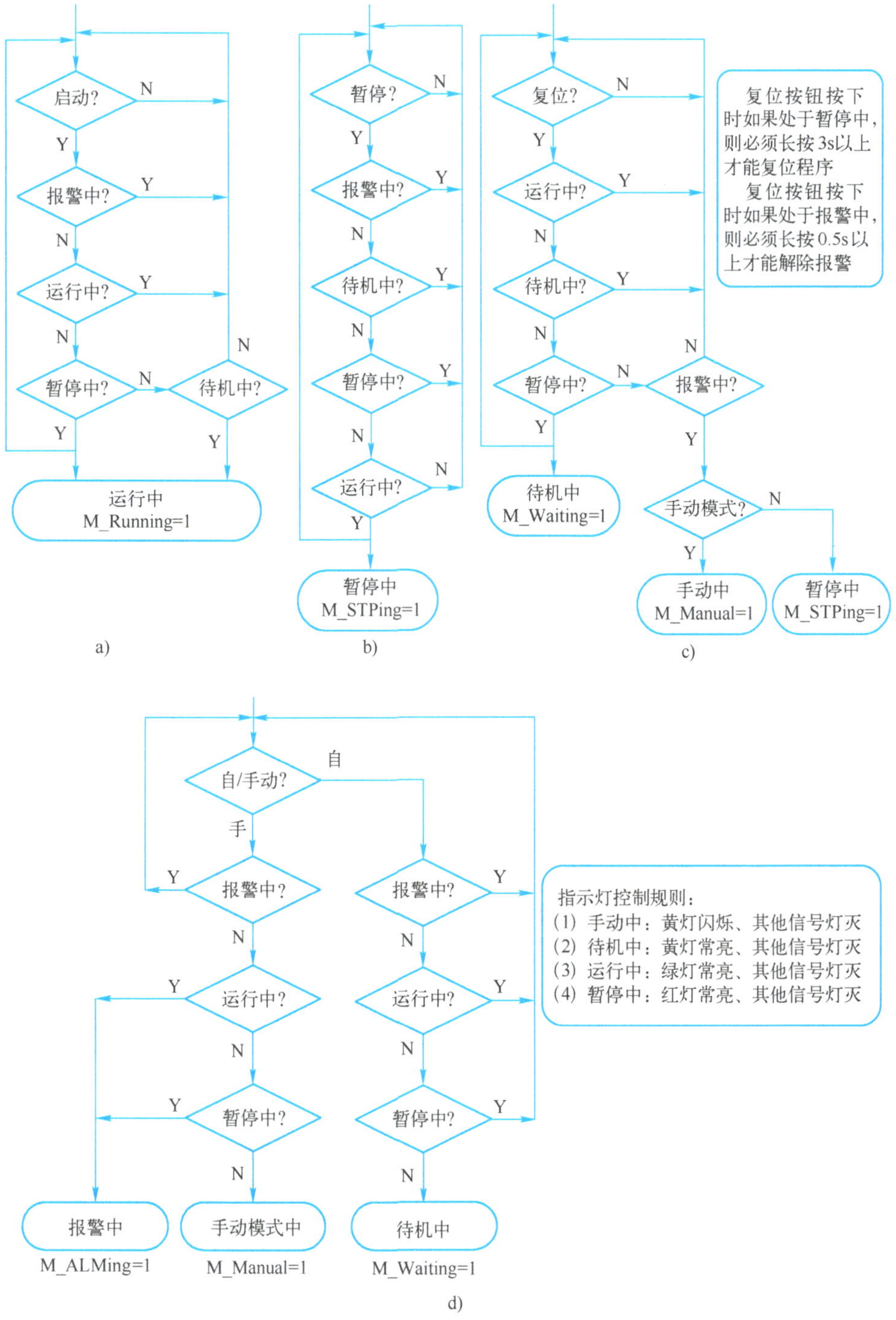

图 4-26 按钮与状态控制流程图

6）在上述程序语句中，为了便于记忆和程序的阅读，需要把难以辨别的各种 I/O 元器件的信号地址存储于简单易懂的全局变量名中，通过引用这些变量来访问特定 I/O 信号地址。编写程序语句如下：

```
123 '以下将I/O地址与全局变量绑定
124 *SPort                                  '引脚地址分配程序入口
125     M_STTIn = 1                         '启动按钮
126     M_STPIn = 2                         '暂停按钮
127     M_RSTIn = 3                         '复位按钮
128     M_GL = 1                            '绿灯
129     M_YL = 2                            '黄灯
130     M_RL = 3                            '红灯
131 Return
```

7）创建主程序文件 Button.prg，编写程序语句如下：

```
1 GoSub *SPort                              '调用引脚地址分配程序
2 While 1                                   '循环程序入口
3       M_RMode = M_Inb(16)                 '系统模式模拟信号读取
4       GoSub *SSTATION                     '调用状态控制程序，处理按钮信号
5       GoSub *SLAMP                        '调用指示灯控制程序
6 Wend                                      '返回循环程序入口
```

由于引脚地址只需要分配一次，所以程序运行后只需要调用 1 次引脚地址分配程序 *SPort，之后便一直在开关按钮和指示灯信号的处理循环中。将第 5）步和第 6）步程序复制在第 7）步创建的程序语句后面，作为子程序调用。

8）追加工程并创建用户定义画面。

微课：操作演示

4-19　用户定义画面的创建

① 离线模式下，单击“主页”菜单栏→“工程”功能组→“追加”按钮，进入工程添加窗口，工程名为“系统状态控制模拟”，机器人型号为 RV-3SQ，其他设置默认。说明：利用该工程的控制器模拟外部控制器给 RC1 发送信号。

② 在工作区树目录下找到上步创建的工程并展开，TOOL 目录下选中“用户定义画面”，右键选择“新建”，设定名称为“button”，进入画面编程界面，如图 4-27 所示。

③ 画面编程界面空白处单击鼠标左键，在弹出的部件选择框中选择灯，在弹出的“灯制成”对话框中选择绿灯，单击“ON/OFF 设定”按钮，设定输入信号地址 1，High 点亮，Low 关灯，如图 4-28 所示。同理添加黄灯、红灯，信号类型及地址参照表 4-1。

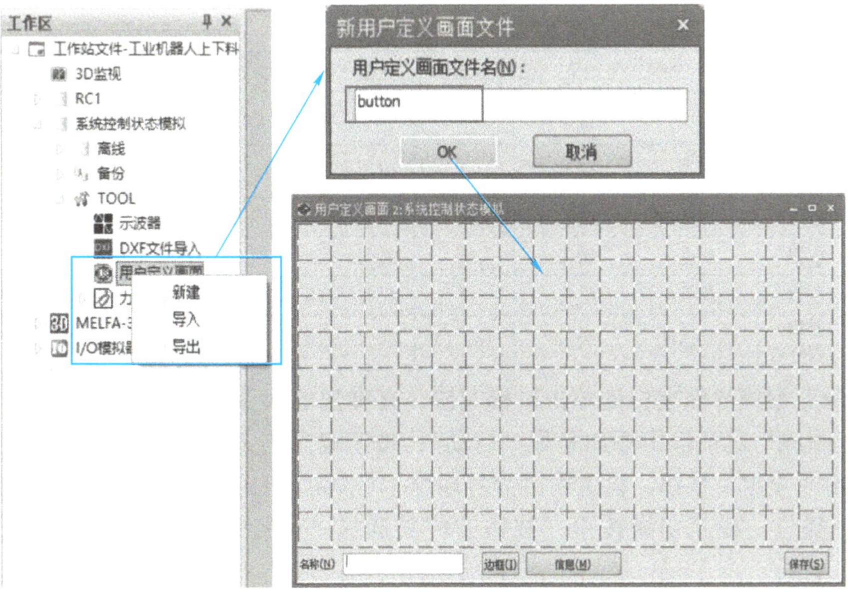

图 4-27　创建用户定义画面

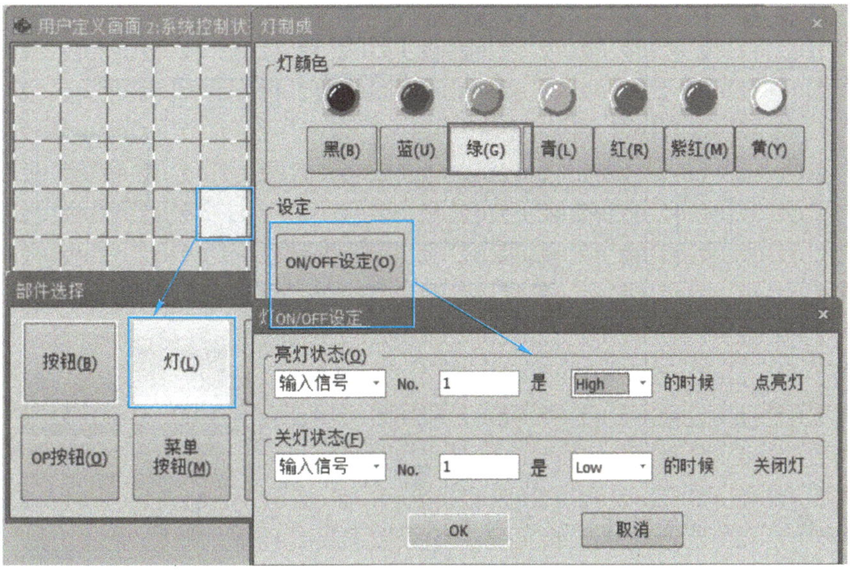

图 4-28　指示灯的制作

表 4-1　上下料工作站信号模拟控制地址分配

模拟信号通信：RC1（机器人）、界面（系统状态控制模拟）								
序　号	名　称	功　能	类型（界面）	地　址	作用方向	RC1 地址变量	类型（RC1）	地　址
1	绿灯	运行中	输入	1	RC1→界面	M_GL	输出	1
2	黄灯	待机/手动中	输入	2	RC1→界面	M_YL	输出	2

（续）

模拟信号通信：RC1（机器人）、界面（系统状态控制模拟）								
序　号	名　称	功　能	类型（界面）	地　址	作用方向	RC1 地址变量	类型（RC1）	地　址
3	红灯	暂停/报警中	输入	3	RC1→界面	M_RL	输出	3
4	按钮	启动	输出	1	界面→RC1	M_STTIn	输入	1
5	按钮	暂停	输出	2	界面→RC1	M_STPIn	输入	2
6	按钮	复位	输出	3	界面→RC1	M_RSTIn	输入	3
7	按钮（保持）	模式切换	输出	16、17	界面→RC1	M_RMode	输入	16、17

④ 画面编程界面空白处单击鼠标左键，在弹出的部件选择框中选择按钮，在弹出的“按钮制成”对话框中添加名称“启动”；按钮宽自定义；按钮的种类选择“自动复原”；单击“设定”按钮，设定输出信号地址 1，设定为 High；如图 4-29 所示。同理添加暂停、复位、模式切换按钮（按钮的种类选择“保持位置”），信号类型及地址参照表 4-1。

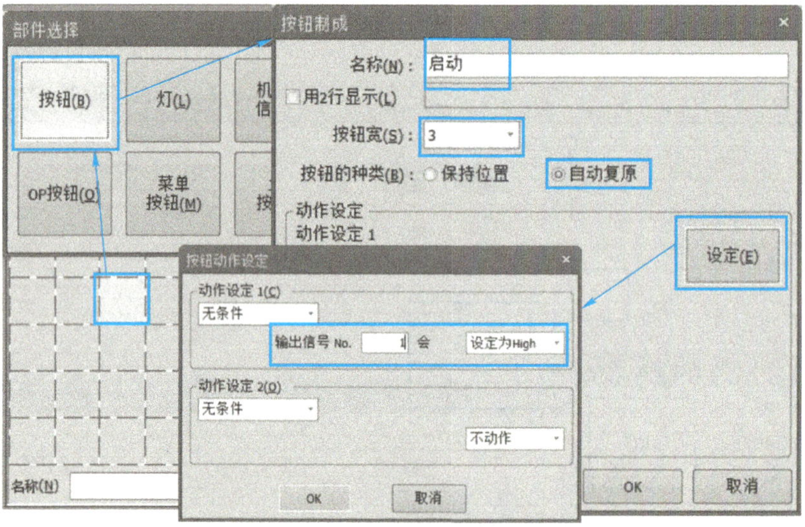

图 4-29　按钮的制作

⑤ 完成最终画面的制作，命名为 button，单击“保存”按钮，如图 4-30 所示。

⑥ 设置 I/O 模拟器模拟界面控制信号。在 RT ToolBox 的工作区树目录下，双击“I/O 模拟器设定”选项，在弹出的模拟器设定对话框中，单击“追加”按钮，添加 3 条模拟类型为“PIO”、模拟动作为“信号状态复制”模拟信号，添加过程中特别注意参照目标和设定目标的正确，如图 4-31 所示，具体信号类型及地址关联参照表 4-1。详细设置讲解请扫描二维码 4-20 观看教学视频。

微课：操作演示

4-20　用户定义界面模拟信号添加

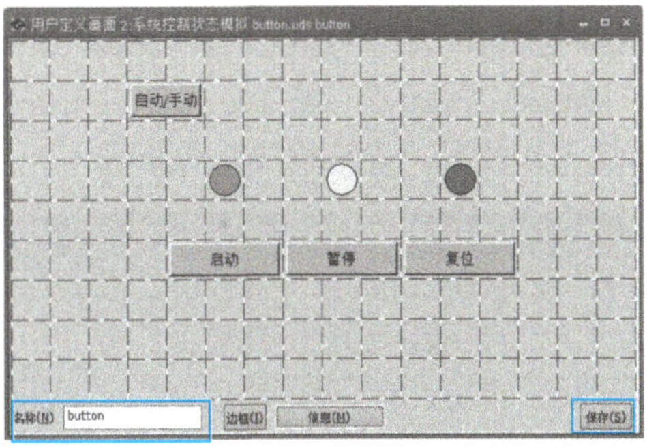

图 4-30　用户定义画面

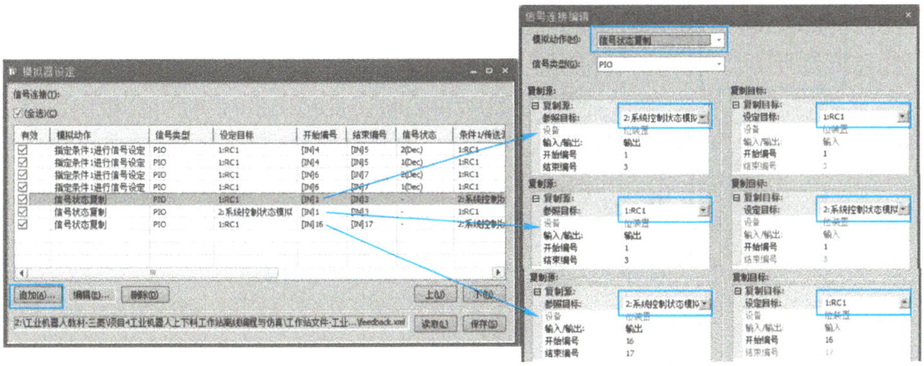

图 4-31　界面控制模拟信号添加

微课：操作演示

4-21　程序运行及功能测试

9）设置任务插槽。切换至模拟模式，并启动 I/O 模拟器；在工程 RC1 中，插槽 2 的程序名选 BUTTON.prg，运行模式选 REP，启动条件选 ALWAYS，优先级选 1，写入参数后重启控制器电源，如图 4-32 所示。

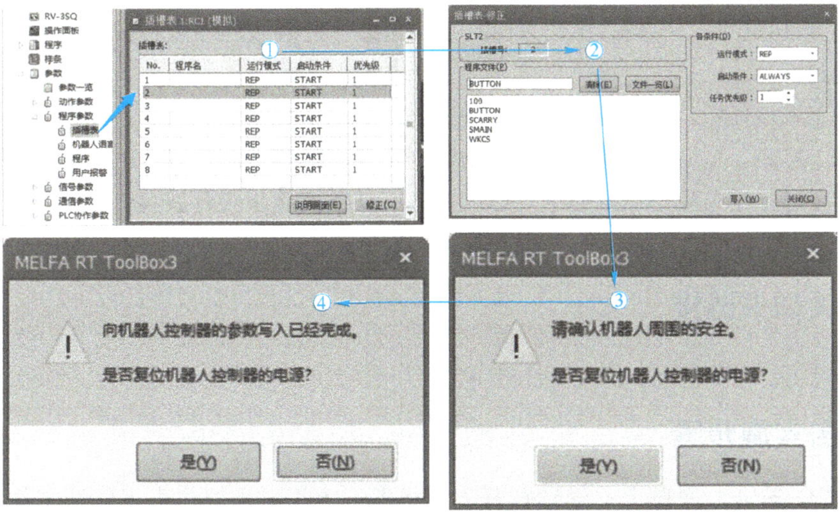

图 4-32　任务插槽 2 的设置

10）重启机器人控制器电源后，在工作区“系统状态控制模拟”工程中的 TOOL 目录下选中“button”，右键选择“显示”，进入定义画面显示界面，如图 4-33 所示。单击各个按钮，观察指示灯工作情况，确认程序是否正确。

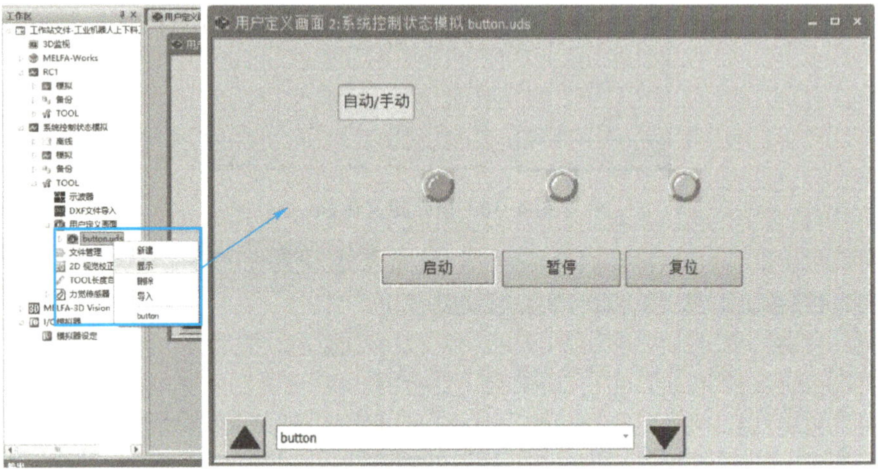

图 4-33　用户定义控制界面显示与测试

实训任务 4.4　上下料工作站模拟运行控制

一、任务介绍分析

本次任务的主要内容是在综合应用前 3 个任务成果的基础上，编写插槽控制程序，根据系统状态情况，控制插槽 3 是否加载、运行、暂停和复位机器人控制程序文件 SCARRY.prg，实现机器人上下料作业的用户模拟运行控制，各运行状态如图 4-34 所示，扫描二维码 4-22 可以观看“机器人程序运行控制”的动画。

动画：情景演示

4-22　机器人程序运行控制

为了完成该任务，需要理解基于任务插槽的机器人控制器单线程多任务的工作方式、全局变量在多任务间的数据传递、插槽控制各指令的使用。请在进行相关理论知识的学习后，再按照任务实施步骤开展具体操作实践；也可以一边按照任务实施步骤，一边开展理论知识学习。

二、相关知识链接

知识 4.3、知识 4.4。

三、任务实施步骤

1）在任务 4.3 基础上，继续打开工业机器人上下料虚拟仿真工作站文件，具体操作方法请参考实训任务 4.1 中的第 1 步。

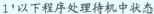

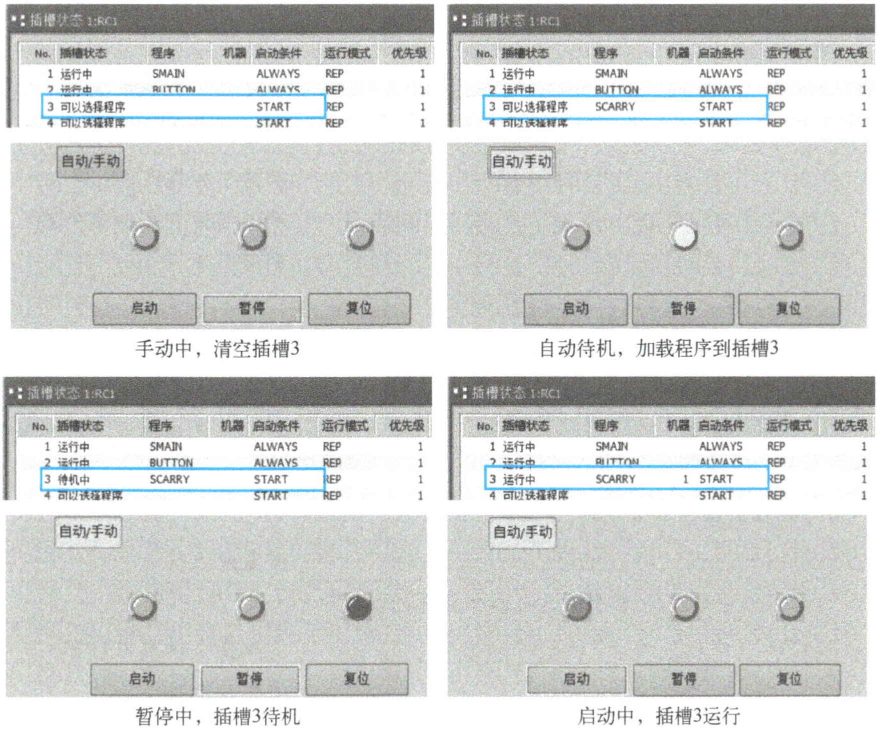

手动中，清空插槽3　　自动待机，加载程序到插槽3

暂停中，插槽3待机　　启动中，插槽3运行

图 4-34　状态控制插槽运行示意图

2）在任务 4.3 的基础上，根据系统状态情况，控制插槽 3 是否加载、运行、暂停和复位机器人控制程序文件 SCARRY.prg。若系统待机中，将程序文件 SCARRY.prg 加载至插槽 3 中；若系统运行中，运行插槽 3；若系统暂停中，暂停插槽 3；若系统报警中，暂停插槽 3；若系统手动中，清除插槽 3 内的任何程序文件。当工作站系统处于自动模式待机中，则将所有相关标志位复位。

微课：操作演示

4-23　插槽控制程序设计讲解

3）在充分学习了知识 4.4 多任务处理功能后，创建任务主程序文件 SMAIN.prg。根据上述控制规则，编写程序语句如下：

```
'以下程序处理待机中状态
If M_Waiting  = 1 Then                          '若系统待机中
   '以下程序处理插槽 3 机器人本体程序的控制
   If M_Run(3)  = 1 Then                        '若插槽 3 运行中
      XStp 3                                    '暂停插槽 3
      Wait M_Wai(3)  = 1                        '确保插槽 3 已经暂停
   EndIf
   If M_Wai(3)  = 1 Then                        '若插槽 3 暂停中
```

```
        XRst 3                                   '复位插槽 3
        Wait M_Psa(3) = 1                        '程序可选择，确保插槽 3 已经复位
    EndIf
    If M_Psa(3) = 1 Then                         '若插槽 3 程序可选择
        If C_Prg(3) <> "SCARRY" Then             '若插槽 3 中的程序名不是 SCARRY
            XLoad 3,"SCARRY"                     '插槽 3 加载程序文件 SCARRY.prg
            Wait C_Prg(3) = "SCARRY"             '确保插槽 3 已加载机器人本体控
                                                  制程序
        EndIf
    EndIf
    M_Put1 = 0                                   '抓手 1 已套入毛坯标志复位
    M_Get2 = 0                                   '抓手 2 已抓取成品标志复位
EndIf
'以下程序处理运行中状态
If M_Running = 1 Then                            '若系统运行中
    '以下程序处理插槽 3 机器人本体程序的控制
    If M_Run(3) = 0 Then                         '若插槽 3 没有运行中
        XRun 3                                   '运行插槽 3
        Wait M_Run(3) = 1                        '确保插槽 3 已经运行
    EndIf
EndIf
'以下程序处理暂停中或报警中状态
If M_STPing = 1 Or M_ALMing = 1 Then             '若系统暂停中或报警中
    '以下程序处理插槽 4 机器人本体程序的控制
    If M_Wai(3) = 0 Then                         '若插槽 3 没有暂停中
        XStp 3                                   '暂停插槽 4
        Wait M_Wai(3) = 1                        '确保插槽 3 已经暂停
    EndIf
EndIf
'以下程序处理手动中状态
If M_Manual = 1 Then                             '若系统暂停中或报警中
    '以下程序处理插槽 3 机器人本体程序的控制
    If M_Run(3) = 1 Then                         '若插槽 3 运行中
        XStp 3                                   '暂停插槽 3
        Wait M_Wai(3) = 1                        '确保插槽 3 已经暂停
    EndIf
```

```
    If M_Wai(3) = 1 Then                    '若插槽 3 暂停中
        XRst 3                              '复位插槽 3
        Wait M_Psa(3) = 1                   '程序可选择，确保插槽 3 已经复位
    EndIf
    If M_Psa(3) = 1 And C_Prg(3) <> "" Then '若插槽 3 程序可选择
        XClr 3                              '清除插槽 3 中的程序文件
        Wait C_Prg(3) = ""                  '确保插槽 3 已经清除程序
    EndIf
EndIf
```

需要注意的是，主程序文件 SMAIN.prg 在插槽 1 中运行，系统状态控制程序文件 BUTTON.prg 在插槽 2 中运行，机器人控制程序文件 SCARRY.prg 在插槽 3 中运行。由于机器人本体的控制发生在插槽 3 中的程序文件 SCARRY.prg 内，默认具备机器控制权的插槽 1 中没有控制机器人本体的程序语句。因此，在插槽 1 中的程序文件 SMain.prg 内释放机器人控制权后，再在插槽 3 中的程序文件 SCARRY.prg 内获取机器人控制权。

微课：操作演示

4-24　主程序加载及联合运行

4）保存程序文件 SMAIN。可以通过两种方式实现程序文件的保存：一是单击文件菜单面板下的“保存”按钮；二是通过<Ctrl+S>快捷键实现保存。

5）在任务 4.3 基础上，插槽 1 的程序名选 SMAIN.prg，运行模式选 REP，启动条件选 ALWAYS，优先级选 1，写入参数后重启控制器电源，如图 4-35 所示。

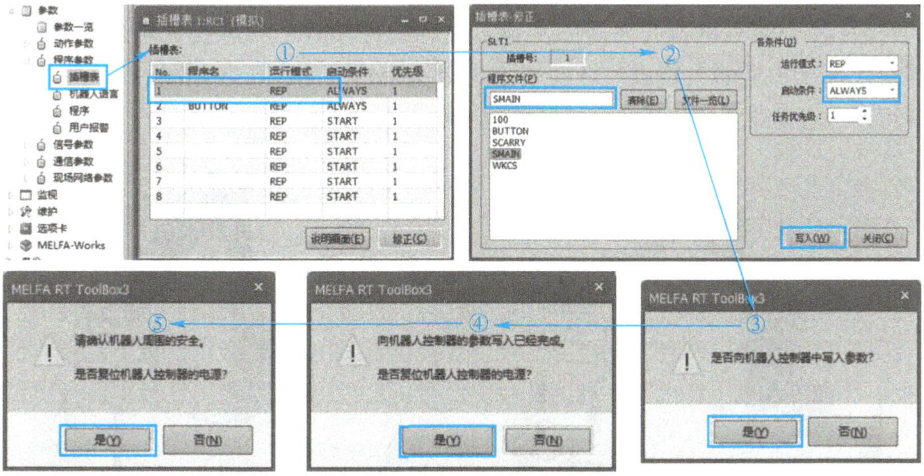

图 4-35　任务插槽 1 设置

6）重启机器人控制器电源后，开启 MELFA-Works 连接，并在“MELFA-Works”树目标中选中“机器人/部件位置保存”，右键选择“复原”，初始化仿真环境；单击启动按钮，观察机器人动作情况，确认程序是否正确，如图 4-36 所示。

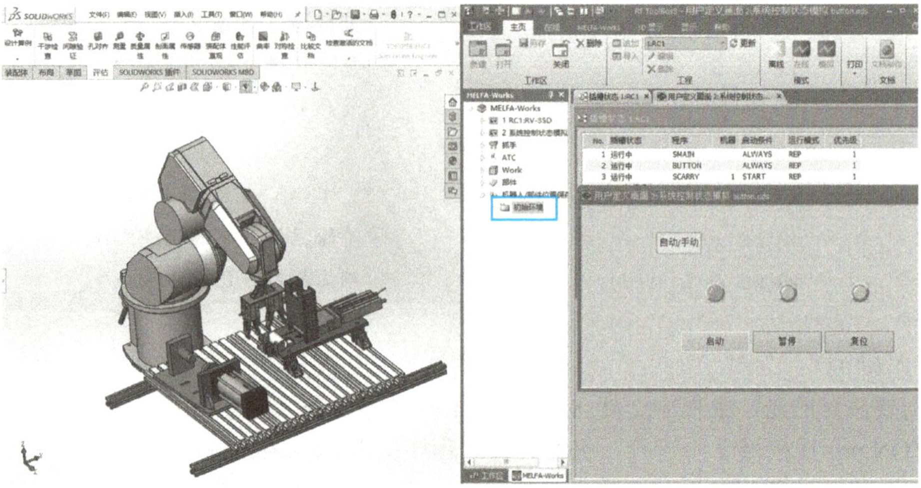

图 4-36　初始化仿真环境

【知识学习】

知识 4.1　工件坐标系测算方法

知识 4.1.1　工件坐标系的意义

机器人系统中建立工件坐标系的意义有两点：

1）当工作台面与机器人之间的位置发生相对移动时，只需要更新工件坐标系，即可不需要重新示教机器人轨迹，从而很方便地实现轨迹的纠正。如图 4-37 所示，这一点读者可以在任务 2.4 的步骤 5）中细细体会。

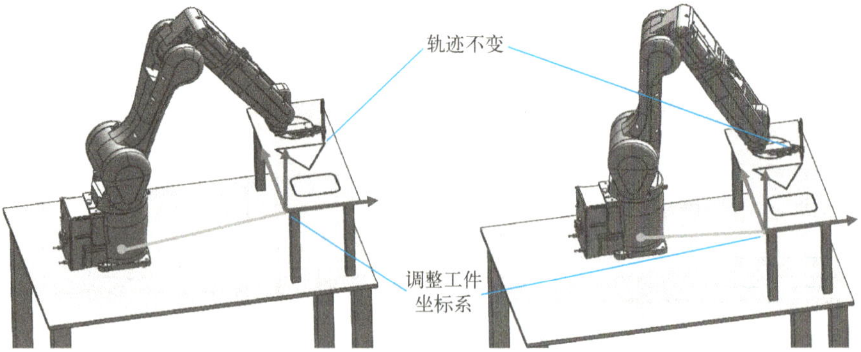

图 4-37　更新工件坐标系纠正轨迹

2）方便在机器人 JOG 示教运行时，按照所建立的坐标系的方向做线性运动，而不限于系统提供的基座坐标系和世界坐标系这几种固定的坐标系。

如图 4-38 所示，在机器人世界坐标系{U}下安装有一台卧式挤压机，由于加工和安装的误差，导致挤压机上装套铝管的主轴轴线与机器人世界坐标系的坐标轴之间不平行。为了铝管内圆表面不与主轴外圆表面发生刮擦，需要创建一个工件坐标系，使得坐标系的 X 轴与挤压机主轴轴线平行，从而在该工件 JOG 模式下能够顺畅地将铝管套入或拔出主轴。

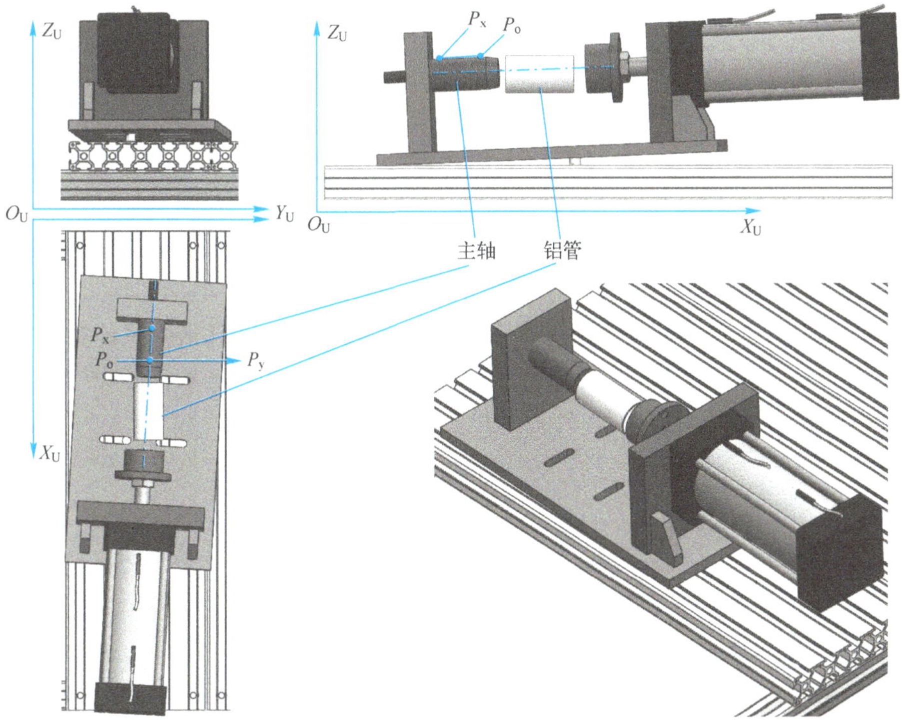

图 4-38　工作方向与世界坐标系不平行

知识 4.1.2　工件坐标系原点、X 轴方向和 Y 轴方向的确定

对于常规可以明确工件坐标系原点和两轴方向上点的情况，可以参考任务 2.1 的步骤 7 进行确定。

这里介绍一种对于图 4-38 所示的特殊情况的坐标系建立方法以供参考。假设挤压机主轴外圆在侧视图视角下的顶部轮廓母线上存在 2 个点，记为 P_o 和 P_x，在平行于 OXY 水平面且垂直于 P_oP_x 的方向上，取一点，记为 P_y，如图 4-39 所示。以 P_o 点为圆心、到 P_x 点为 X 轴正方向、到 P_y 点为 Y 轴正方向，根据右手笛卡儿坐标系守则，创建工件坐标系{W}，便可通过该工件坐标系 JOG 方式，沿着 X 轴将铝管平行于主轴轴线套入或抽出。为此，需要求出 P_o、P_x、P_y 3 个点在机器人世界坐标系中的位置数据。下面在图 4-38 所示的坐标系及相关特殊点基础上，提炼出如图 4-39 所示的坐标系示意图。

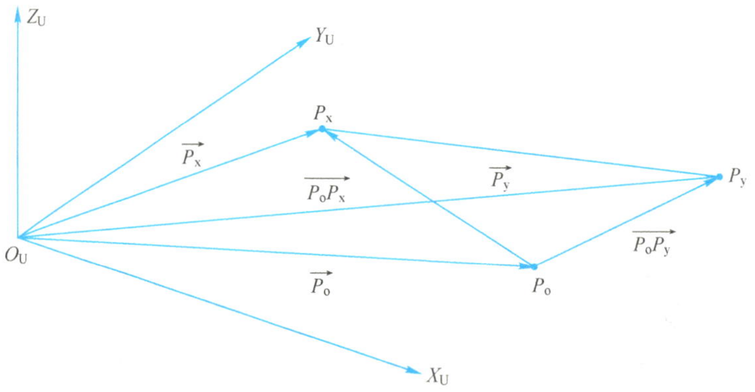

图 4-39 世界坐标系下挤压机主轴轴线的几何姿态示意图

其中，P_o 点（x，y，z）和 P_x（x，y，z）在机器人世界坐标系中的位置可由人工通过机器人位置示教的方式求得。

P_y 点（x，y，z）的位置可由机器人编程语言通过其特殊几何关系计算求得。由于向量 $\overrightarrow{P_oP_x}$ 与向量 $\overrightarrow{P_oP_y}$ 垂直，则两个向量的点积为零；取向量 $\overrightarrow{P_o}$ 和向量 $\overrightarrow{P_y}$ 的 Z 坐标相等，则 $P_{y.z}=P_{o.z}$。以下详细介绍 P_y 点的位置数据计算过程。

1）两个向量的点积为零，即

$$\overrightarrow{P_oP_x} \odot \overrightarrow{P_oP_y}=0 \tag{4-1}$$

$\overrightarrow{P_oP_x}$ 的坐标值为（$P_{x.x}-P_{o.x}$，$P_{x.y}-P_{o.y}$，$P_{x.z}-P_{o.z}$），$\overrightarrow{P_oP_y}$ 的坐标值为（$P_{y.x}-P_{o.x}$，$P_{y.y}-P_{o.y}$，$P_{y.z}-P_{o.z}$），代入式（4-1）求得

$$(P_{x.x}-P_{o.x})(P_{y.x}-P_{o.x})+(P_{x.y}-P_{o.y})(P_{y.y}-P_{o.y})+(P_{x.z}-P_{o.z})(P_{y.z}-P_{o.z})=0 \tag{4-2}$$

2）记 $M_{x10}=P_{x.x}-P_{o.x}$，$M_{y10}=P_{x.y}-P_{o.y}$，取工件坐标系 Y 轴方向上 M_{y20} 距离处为 P_y 点，即 $P_{y.y}-P_{o.y}=M_{y20}$，则

$$P_{y.x}=P_{o.x}-M_{y10}\cdot M_{y20}/M_{x10} \tag{4-3}$$

3）综上所述：

$$P_{y.x}=P_{o.x}-M_{y10}\cdot M_{y20}/M_{x10} \tag{4-4}$$

$$P_{y.y}=P_{o.y}+M_{y20} \tag{4-5}$$

$$P_{y.z}=P_{o.z} \tag{4-6}$$

为了求出唯一解，假设 M_{x20}=50mm，便可将 P_y 的 x、y、z 坐标求出。

知识 4.1.3 工件坐标系的创建

三菱工业机器人系统最多可允许用户创建 8 个工件坐标系。在“在线”或“模拟”模式下，双击工作区树目录下的“模拟”或“在线”→“参数”→“工件坐标”，便可弹出工件坐标系的创建窗口，如图 4-40 所示。在该窗口中可选择要创建的工件坐标系号，输入或查看工件坐标系的原点、X 轴方向上的点和 Y 轴方向上的点，查看已经创建的工件坐标系在机器人世界坐标系中的位置与姿态数据等。

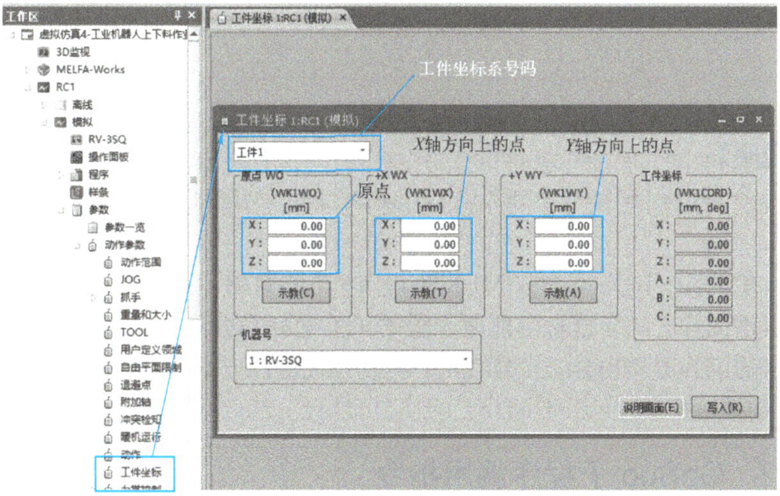

图 4-40　工件坐标系的创建窗口

知识 4.2　机器人控制相关指令

知识 4.2.1　M_Tool 工具坐标系编号选择

【指令功能】

作为输入数据，选用某个编号的工具坐标系；也可以输出数据，读取当前所选用的工具坐标系编号。

【语法结构】

```
<数值变量>= M_Tool [ (<机器号码>) ]          '读取当前 Tool 编号
M_Tool [ (<机器号码>) ] =<数式>              '设定 Tool 编号
```

【指令参数】

<数值变量>：指定代入位置变量。

<机器号码>：输入机器号码，通常设为 1～3，省略时为 1。

<数式>：输入 1～16 的 Tool 号码。

【指令样例】

① Tool 数据的设定

```
1 Tool (0,0,100,0,0,0) ' 指定 Tool 数据 (0,0,100,0,0,0)，在 MEXTL 写入
2 Mov P1
3 M_Tool=2              ' 将 Tool 数据变更为 Tool 号码 2(MEXTL2) 的值
4 Mov P2
```

② Tool 号码的参照

```
1 If M_In(900)=1 Then   ' 依据抓手输入信号切换 Tool 数据
2 M_Tool=1              ' 将 Tool1 设定到 Tool 数据
3 Else
```

```
4 M_Tool=2                ' 将 Tool2 设定到 Tool 数据
5 EndIf
6 Mov P1
```

【使用说明】

1）该指令将设定在参数 MEXTL1、MEXTL2、MEXTL3、MEXTL4 的值应用于 Tool 数据中。

2）Tool 数据 1～16 对应参数 MEXTL1～16 里的数据。

3）引用该变量时，会读取当前所设置的工具坐标系编号。

4）读出的值为 0 的时候，说明 Tool 参数 MEXTL1～16 以外的 Tool 数据是当前的工具坐标系变换数据。

知识 4.2.2 GoSub 子程序调用指令

【指令功能】

该指令调用指定标签的子程序。

【语法结构】

```
GoSub <标签>
```

【指令参数】

<标签>：详见标签的语法结构，表示子程序名。

【指令样例】

```
10 GoSub *LBL
11 End
:
100 *LBL
101 Mov P1
102 Return                ' 务必以 Return 指令返回
```

【使用说明】

1）该指令是子程序调用指令，不是程序跳转指令；子程序调用指令参数表示子程序名；子程序与调用指令语句在用一个程序文件内。

2）在子程序结束后，必须以 Return 指令返回。若以 GoTo 指令返回，则程序文件经过一定次数循环执行以后，会导致控制器相关内存（堆栈内存）不足，从而发生溢出报警。

3）在子程序中，可以不断嵌套调用其他程序的调用语句。这样的子程序嵌套次数大约为 800。

4）调用的子程序标签不存在的情况下，执行时会发生报警。

知识 4.2.3 Return 子程序返回指令

【指令功能】

从子程序语句返回到主程序中 GoSub 调用语句的下一行语句；从中断进入语句返回至中断发生时所在语句或其下一行语句。

【语法结构】

```
Return
Return <返回处指定号码>
```

【指令参数】

<返回处指定号码>：中断情况下，在中断处理执行后，指定返回至哪一行。

0：返回至中断发生时所在行。

1：返回至中断发生时所在行的下一行。

【指令样例】

① 从子程序返回调用的主程序：

```
1 ' ***MAIN PROGRAM***
2 GoSub *SUB_INIT           '调用子程序行 *SUB_INIT
3 Mov P1
 :
100 ' ***SUB INIT***        ' 子程序
101 *SUB_INIT
102 PSTART=P1
103 M100=123
104 Return ' 返回到从子过程调用的单步的下一个单步
```

② 从中断处理语句返回至中断发生所在语句

若通用输入信号 17 号输入信号为开启状态，则调用程序名为*Lact 的子程序。

```
1 Def Act 1,M_In(17)=1 GoSub *Lact   '定义 1 号中断发生的条件及处理
2 Act 1=1                   ' 开启中断 Act 1
 :
10 *Lact                    ' 中断处理语句入口
11 Act 1=0                  ' 关闭中断
12 M_Timer(1)=0             ' 定时器设定为 0
13 Mov P2                   ' 关节插补至 P2 直交位置
14 Wait M_In(17)=0          ' 等待输入信号 17 关闭
15 Act 1=1                  ' 开启中断 Act 1
16 Return 0                 ' 返回至发生中断所在行，即第 2 行
```

【使用说明】

1）无论是通过 GoSub 调用的子程序还是中断进入的子程序，如果没有用 Return 返回时，程序将报错。

2）有关更多中断处理语句中的返回功能，请参见 Def Act 指令语句的相关介绍。

知识 4.2.4　M_In、M_Inb 等输入读取指令

【指令功能】

该指令返回外部输入信号。

M_ In：返回输入信号位。

M_Inb 或 M_In8：返回输入信号字节（8 位）。

M_Inw 或 M_In16：返回输入信号字（16 位）。

【语法结构】

```
<数值变量>=M_In(<数值表达式>)
<数值变量>=M_Out(<数值表达式>)
<数值变量>=M_Inb(<数值表达式 >) or M_In8(<数值表达式>)
<数值变量>=M_Inw(<数值表达式>) or M_In16(<数值表达式>)
```

【指令参数】

<数值变量>：指定要分配的数值变量。

<数值表达式>：指定输入信号编号。

（1）CRnQ-700 系列

10000～18191：多 CPU 共享。

716～723：多抓手输入。

900～907：抓手输入。

（2）CRnD-700 系列

0～255：标准远程输入。

716～723：多抓手输入。

900～907：抓手输入。

2000～5071：PROFIBUS 总线输入。

6000～8047：CC-Link 总线输入。

【指令样例】

```
1 M1=M_In(0)             'M1 将包含输入信号 0（1 或 0）的值
2 M2=M_Inb(0)            'M2 将包含从输入信号 0 开始的 8 位信息
3 M3=M_Inb(3) AND &H7    'M3 将包含从输入信号 3 开始的 3 位信息
4 M4=M_Inw(5)            'M4 将包含从输入信号 5 开始的 16 位信息
```

【使用说明】

1）M_Inb/M_In8 和 M_Inw/M_In16 将返回从指定编号开始的 8 位或 16 位信息。

2）虽然信号可以高达 32767，但只有具有相应硬件的信号才会返回有效值。没有相应硬件的信号的值时，设置为未定义。

3）该变量为只读变量。

知识 4.2.5　While—Wend 循环控制指令

【指令功能】

满足循环条件时反复执行 While 和 Wend 之间的程序。

【语法结构】

```
Servo <On / Off>
  While  <循环条件>
     :
```

```
Wend
```

【指令参数】

<循环条件>：以数值表达式表示。

【指令样例】

```
1 While (M1>=-5) And (M1<=5)   ' 若M1取值在-5~+5之间，反复执行
2 M1=-(M1+1)                   ' 把1加到M1上，将符号反转
3 M_Out(8)=M1                  ' 输出M1的值
4 WEnd                         ' 返回到While语句（第1步）
5 End                          ' 程序结束
```

【使用说明】

1）<循环条件>的结果为真（不为 0）的期间，控制移到 While 语句的下一行，反复处理。

2）<循环条件>的结果不为真（为 0）的情况下，控制移到 Wend 语句的下一行。

3）如果一条 Goto 指令强制将程序指针从 While 与 WEnd 语句之间跳转，那么控制结构体用的内用内存（堆栈内存）会减少。这种情况下，如果程序连续运行，错误迟早都会发生。应该用以下的方式来写这样的程序：当 While 的条件出现时，使用 Loop 指令退出循环体。

知识 4.2.6　If 条件判断语句

1. 单行 If 语句

【指令功能】

单行 If 语句针对单个条件进行流程判断与单行语句处理。

【语法结构】

```
If <条件表达式> Then [处理1]
If <条件表达式> Then [处理1] Else [处理2]
```

【指令参数】

<条件表达式>：为必须项，表述符合逻辑条件的计算表达式或逻辑表达式，其结果只能为 1（True）或 0（False）。

[处理 1]：可选项，表述 If 条件判断为 1 时的处理语句。

[处理 2]：可选项，表述 If 条件判断为 0 时的处理语句。

【指令样例】

```
If M1>10 Then *L100     ' M1 比 10 大的情况下，跳转到标识L100
If M1>10 Then GoTo *L20 Else GoTo *L30
'若 M1 比 10 大，则跳转到标识 L20；若 M1 比 10 小，则跳转到标识 L30
```

【使用说明】

1）If　Then　Else　以一行表述。

2）单行 If 语句中 Else 可以省略。

3）在 Then 或 Else 的后面接连 GoTo 的情况下，可以将 GoTo 省略。

单行 If 语句流程示意图如图 4-41 所示。

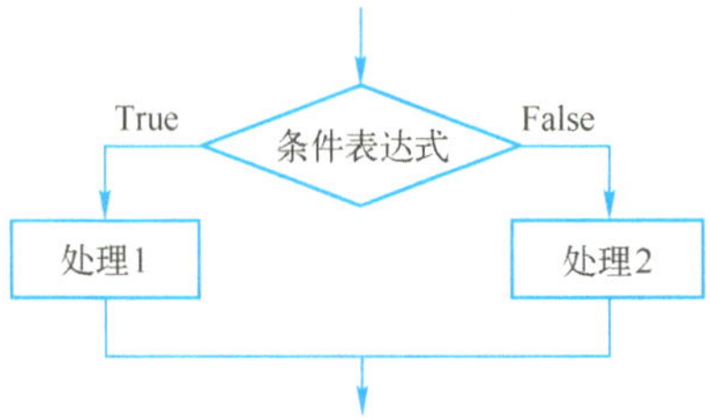

图 4-41　单行 If 语句流程示意图

2. 多行 If—EndIf 语句

【指令功能】

多行 If—EndIf 语句针对单个条件进行流程判断与多行语句处理。

【语法结构】

```
If <条件表达式> Then
      [处理 1]
      [处理 2]
      Else
      [处理 3]
      [处理 4]
EndIf
```

【指令参数】

<条件表达式>：为必须项，表述符合逻辑条件的计算表达式或逻辑表达式，其结果只能为 1（True）或 0（False）。

[处理 1]：可选项，表述 If 条件判断为 1 时的处理语句。

[处理 2]：可选项，表述 If 条件判断为 1 时的处理语句。

[处理 3]：可选项，表述 If 条件判断为 0 时的处理语句。

[处理 4]：可选项，表述 If 条件判断为 0 时的处理语句。

【指令样例】

```
10 If M1>10 Then    ' 当 M1 的值大于 10 时，执行 11 和 12 步语句
11 M1=10
12 Mov P1
13 Else             ' 当 M1 的值小于 10 时，执行 14 和 15 步语句
14 M1=-10
15 Mov P2
16 EndIf            ' 结束 If 多行语句
```

【使用说明】

1）多行 If 语句的情况下，必须使用 EndIf 结束 If 语句。

2）在多行 If—EndIf 情况下，不得使用 GoTo 指令让其跳转，否则控制器会因内存不足而报警。

多行 If—EndIf 语句流程示意图如图 4-42 所示。

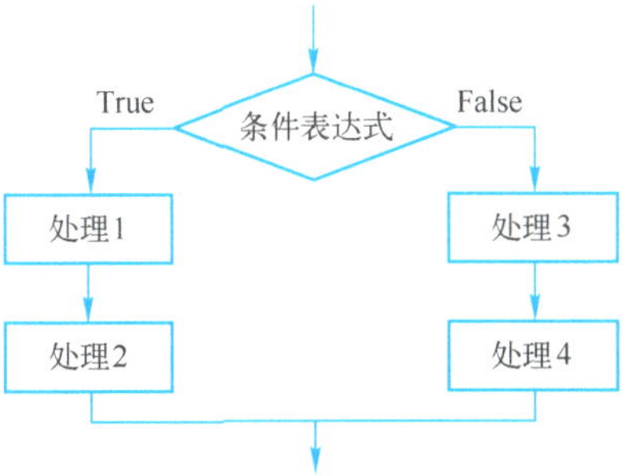

图 4-42　多行 If—EndIf 语句流程示意图

3. 嵌套 If 语句

【指令功能】

嵌套 If 语句针对多个条件进行流程判断与多行语句的处理。

【语法结构 1】

```
If <条件表达式 1> Then
    If <条件表达式 2> Then
        [处理 1]
        [处理 2]
    Else
        [处理 3]
        [处理 4]
    EndIf
EndIf
```

【语法结构 2】

```
If <条件表达式 1> Then
    If <条件表达式 2> Then
        [处理 11]
        [处理 12]
    Else
        [处理 13]
        [处理 14]
    EndIf
Else
    [处理 3]
    [处理 4]
EndIf
```

【指令参数】

<条件表达式>：为必须项，表述符合逻辑条件的计算表达式或逻辑表达式，其结果只能为 1（True）或 0（False）。

[处理 11]：可选项，表述两次 If 条件判断同时为 1 时的处理语句。

[处理 12]：可选项，表述两次 If 条件判断同时为 1 时的处理语句。

[处理 13]：可选项，表述 If 条件 1 判断为 1 且条件 2 为 0 时的处理语句。

[处理 14]：可选项，表述 If 条件 1 判断为 1 且条件 2 为 0 时的处理语句。

[处理 3]：可选项，表述 If 条件 1 判断为 0 时的处理语句。

[处理 4]：可选项，表述 If 条件 1 判断为 0 时的处理语句。

【指令样例】

```
30 If M1>10 Then
```

```
31 If M2 > 20 Then
32 M1 = 10
33 M2 = 10
34 Else
35 M1 = 0
36 M2 = 0
37 EndIf
38 Else
39 M1 = -10
40 M2 = -10
41 EndIf
```

【使用说明】

1）在 If—Then—Else—EndIf 的情况下，在 Then 或 Else 里，可以继续嵌套单行 If 或多行 If—EndIf 语句，最多可嵌套 8 段 If 语句。

2）在多行 If—EndIf 情况下，不得使用 GoTo 指令让其跳转，否则控制器会因内存不足而报警。

嵌套 If 语句流程示意图如图 4-43 所示。

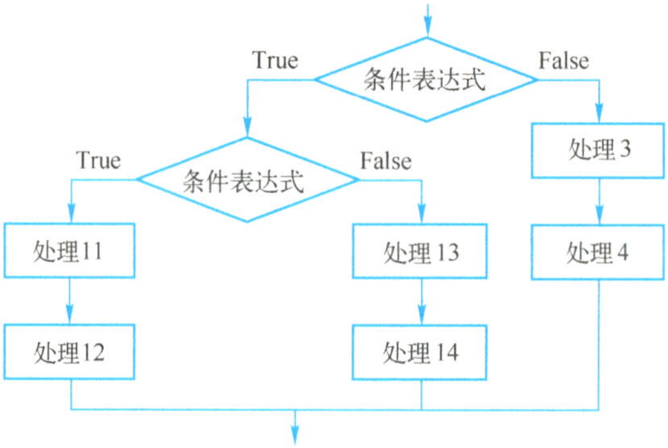

图 4-43　嵌套 If 语句流程示意图

4. If 语句的跳出

在多行 If—EndIf 语句和嵌套 If 语句中，不可使用 GoTo 跳转指令，但是可以使用 Break 语句跳出 If—EndIf 语句，程序将执行 EndIf 语句的下一行语句。

例如：

```
30 If M1>10 Then
31 If M2 > 20 Then Break              ' 条件成立，则跳转到第 39 步
32 M1 = 10
33 M2 = 10
34 Else
35 M1 = -10
36 If M2 > 20 Then Break              '条件成立，则跳转到第 39 步
```

```
37 M2 = -10
38 EndIf
39 If M_BrkCq=1 Then Hlt
40 Mov P1
```

知识 4.3　全局变量

1. 定义

所谓全局变量，是在识别符号（变量的名称）的第 2 个文字加上“_”（下画线）的变量，其值在任务插槽间有效，不同程序间可相互访问。

2. 全局变量的分类

根据定义方式和功能的不同，全局变量可分为程序全局变量、用户自定义全局变量和系统特殊状态变量 3 类。详细如下。

（1）程序全局变量

系统自带的全局变量，无特殊含义，无须用户定义，见表 4-2。

表 4-2　程序全局变量范围

数据类型	变量名	个　数	备　　注
位置	P_00~P_39	40	
位置数关节组	P_100()~P_109()	10	数组要素只能使用 1 维
关节	J_00~J_39	40	
关节数组	J_100()~J_109()	10	数组要素只能使用 1 维
数值	M_00~M_39	40	变量类型为双精度
数值数组	M_100()~M_109()	10	数组要素只能使用 1 维，变量类型为双精度
字符串	C_00~C_39	40	
字符串数组	C_100()~C_109()	10	数组要素只能使用 1 维

（2）用户自定义全局变量

如果系统自带的程序全局变量不够用或者用户想用便于记忆的字符作为变量名时，需要使用用户自定义全局变量。用户自定义变量的定义步骤如下：①创建用户自定义变量的程序；②在参数 PRGUSR 中设定用户自定义程序的名称；③在用户自定义变量程序中定义全局变量。

例如，主程序“S1”：

```
1 Dim P_200(10) ' 全局变量的再声明
2 Dim M_200(10) ' 全局变量的再声明
3 Mov P_100(1)
4 If M_200(1)=1 Then Hlt
5 M1=1 ' 区域性变量
```

用户自定义变量程序“100”：

```
1 Def Pos P_900, P_901 , P_902, P_903
2 Dim P_200(10) ' 使用的程序侧也需要再度定义
3 Def Inte M_100
4 Dim M_200(10) ' 使用的程序侧也需要再度定义
```

参数设置

参数名	值
PRGUSR	100

1）用户自定义变量程序中的 Dim 语句里，依照在识别符号的第 2 个文字里加上“_”，此变量会变成使用者定义全局变量。

2）不需要执行用户自定义变量程序“100”，只需要将该程序下载到机器人控制器中，并在参数 PRGUSR 中填入该程序名 100 即可。

3）在用户自定义变量的程序中，只需要编写用于声明变量的行。

4）用户自定义变量程序里定义的数组变量，作为全局变量使用的情况下，即使是在主程序的程序侧，也要再次在 Dim 指令单做配列声明。区域性变量（只在程序内有效的变量）则没有必要再声明。

知识 4.4　多任务处理功能

知识 4.4.1　多任务处理功能的基本概念

机器人任务程序文件只有被加载至机器人的任务插槽中，其程序指令语句才能自动地被逐条执行；一个任务插槽一次只能加载一个机器人任务程序文件。三菱工业机器人出厂时的默认配置为 8 个任务插槽，最多可扩展至 32 个任务插槽。

所谓多重任务处理功能是指将 2 个及以上的机器人任务程序文件分别加载至相应个数的任务插槽中，进行并列处理的功能（如加载、运行、暂停、复位、清除等），如图 4-44 所示。

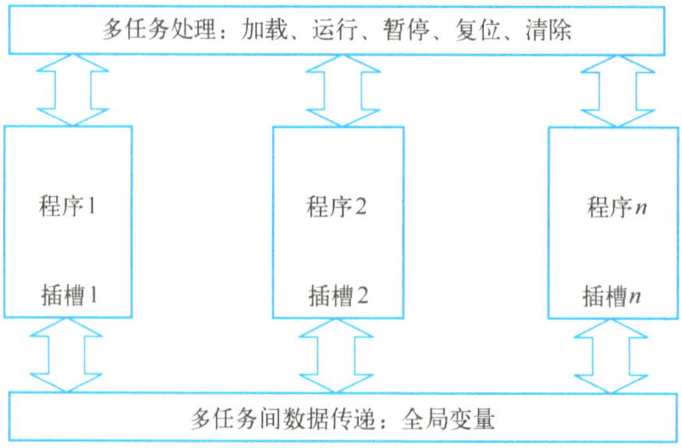

图 4-44　多任务处理功能示意图

但是，需要特别注意的是，多重任务运行并不是真正让控制器同时执行多个程序文件内的指令语句，而是一边转换程序，一边执行某个程序的 1 行或多行语句（行数可变更，由该程序所在的任务插槽中设定的优先度而定）。

知识 4.4.2　多任务处理功能的使能设置

想要在上电自动运行的插槽中执行 XRun、XLoad、XStp、Servo、XRst、Reset Error 等指令，必须先将 ALWENA 参数的值设为 1，见表 4-3。

表 4-3　ALWENA 参数设置说明

参　　数	参数名	数据类型及个数	内容说明	默认时设定值
将在通常执行程序内的多任务指令（如 XRun、XLoad 等）、Servo 指令、Reset Error 指令设定为可以执行	ALWENA	整数，1 个	在 SLT*参数里被设定为 Always 执行的程序内，将 XRun、XLoad、XStp、Servo、XRst、Reset Error 指令设为能够执行 设定值=1：可以执行 设定值=0：不可执行	0（不可）

知识 4.4.3　多任务处理功能的基本类型

多任务处理功能包括在任务插槽中加载、运行、暂停、复位和清除程序文件 5 种基本类型。以下详细介绍各种处理功能类型的操作方法。

1. 在任务插槽中加载程序

只要插槽处于程序可选择状态，即可通过控制器面板的程序选择、任务插槽参数的设置和加载指令的执行 3 种方式为插槽加载程序文件。有关通过控制器面板选择程序的加载方式介绍，请参见知识 3.3。以下详细介绍通过任务插槽参数的设置和加载指令的执行两种加载方式。

（1）通过任务插槽参数的设置

打开插槽参数设置界面，如图 4-45 所示，可以看到任务插槽参数设置的内容有程序名、运行模式、启动条件和优先级。设定意义如下。

图 4-45　插槽参数设置界面

1）程序名：指定当前插槽选择控制器中保存的某个程序文件，并加载至该插槽中。一个插槽一次只能加载一个程序文件。特别注意，通过控制器面板选择的程序会被默认加载至插槽 1 中，因此，即使事先已经通过参数设定方式为插槽 1 加载某一程序（假定程序名是 S1），一旦通过控制器面板选择了另一程序文件时（假定程序名为 S2），事先加载的程序文件 S1 也会被覆盖。因此，对于有控制器面板的机器人系统，要特别注意插槽 1 中加载的程序文件名。程序名选择见表 4-4。

表 4-4　程序名选择

参数名	初始值	可设定值	说　明
程序名	STL1：空或控制器面板选择的程序 STL2~STL32：空	控制器中保存的程序文件	当前加载至插槽中的程序文件名会显示在这个参数上

2）运行模式：指定当前插槽是连续循环运行程序文件还是单周循环运行程序文件，运行模式选择见表 4-5。

表 4-5　运行模式选择

参数名	初始值	可设定值	说　明
运行模式	REP	REP：连续	若指定 REP 运行，则程序执行中遇到 END 指令或最后一行指令语句时，会自动从第 1 步语句开始继续重复执行
		CYC：单周	若指定 CYC 运行，则程序执行中遇到 END 指令或最后一行指令语句时，程序执行状态会进入暂停中。再次运行插槽时会重复循环一次

3）启动条件：指定当前插槽运行程序的时机。从这个部分的说明中可以明确一点，保存在控制器中的程序文件需要借助插槽的运行才能被执行，而插槽运行的条件有 3 种，分别为 Start 信号启动、Always 上电自动运行和 Error 错误发生时启动，详细介绍见表 4-6。

表 4-6　启动条件选择

参数名	初始值	可设定值	说　明
运行条件	Start	Start：当控制器面板的 Start 按钮、I/O 信号中的 Start 信号为 ON 时，插槽将被运行	一般把主程序的启动条件设定为该方式
		Always：当控制器一上电时，插槽将被运行	上电自动运行的插槽中加载的程序文件不能执行 Mov 等动作控制指令语句。上电自动运行的插槽不能被控制器面板或外部 I/O 信号停止，也不能被紧急停止
		Error：控制发生错误时，插槽将被运行	错误发生后运行的插槽中加载的程序文件不能执行 Mov 等动作控制指令语句

4）优先级：由于机器人控制器采用单线程多任务的执行方式，因此，当有 2 个及以上的插槽在“同时”启动运行程序文件时，必须为每个任务插槽设定轮循时执行指令语句的行数，即：当轮到运行某一个插槽时，该插槽执行指令语句的行数。例如，插槽 1 优先度设定 2，插槽 2 优先度设定 4，插槽 3 优先度设定 1，则轮到插槽 1 执行程序指令语句时，依次执行插槽 1 程序文件的 2 行指令语句；再把程序执行权交给插槽 2，插

槽 2 中的程序文件会有 4 行指令语句被依次执行；再把程序执行权交给插槽 2，插槽 2 中的程序文件会有 1 行指令语句被依次执行，每一个插槽最多可设置 31 优先级，见表 4-7。按照上述执行方式周而复始地循环轮换程序执行权，如图 4-46 所示。

表 4-7　优先级选择

参数名	初始值	可设定值	说　明
优先级	1	1~31	数字越大，依次执行的指令语句行数越多

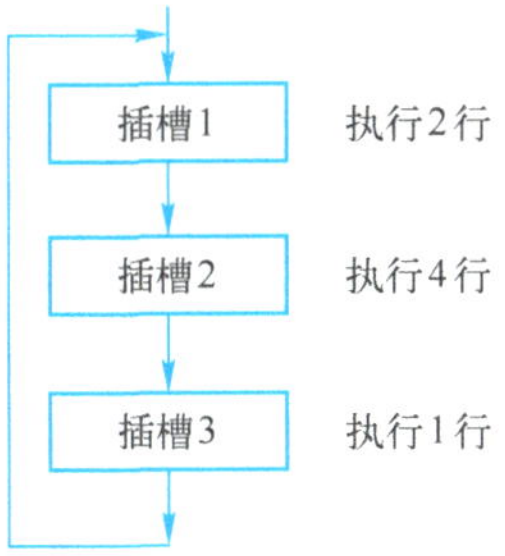

图 4-46　单线程

插槽参数设置步骤如图 4-47 所示。

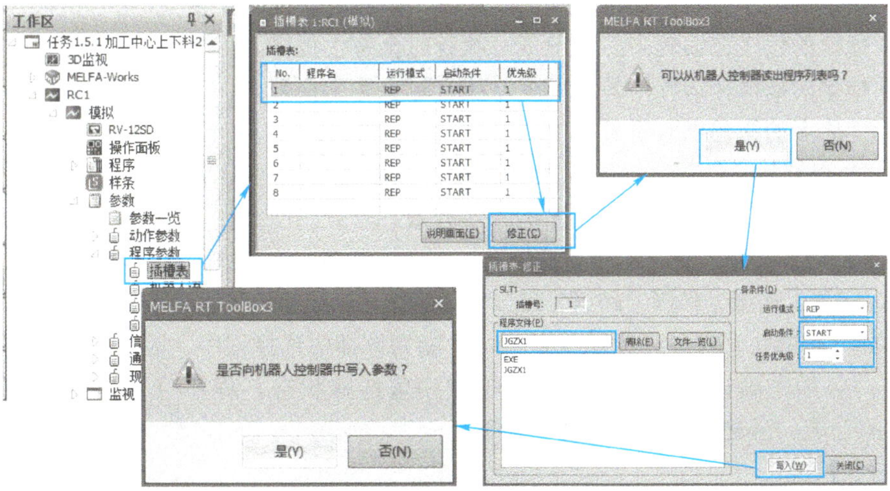

图 4-47　插槽参数设置步骤

（2）通过加载指令 XLoad 的执行

无论是离线虚拟仿真还是在线现场操作，通过指令调用方式加载机器人程序文件的步骤和内容基本一致。

在使用加载指令给插槽加载程序文件以前，必须通过控制器面板或参数设置的方式将一个程序文件加载至任务插槽中，再在该程序文件中添加程序文件加载指令语句，才能实现该方式下的程序文件加载。程序加载指令 XLoad 的功能、语法结构和使用说明如下。

【指令】

```
XLoad
```

【指令功能】

从指令所在程序行，为指定插槽加载指定程序。

【语法结构】

```
XLoad  <插槽号码> <程序名>
```

【指令参数】

<插槽号码>：指定 1～32 的插槽号码，以常数或变量指定。

<程序名>：指定程序名，以常数或变量指定。

【指令样例】

```
1 If M_Psa(2)=0 Then *LblRun         ' 确认插槽 2 的程序可以选择状态
2 XLoad 2,"10"                        ' 在插槽 2 选择程序 10
3 *L30:If C_Prg(2)<>"10" Then GoTo *L30   ' 载入前等待
4 XRun 2                              ' 启动插槽 2
5 Wait M_Run(2)=1                     ' 等待插槽 2 的启动确认
6 *LblRun                             ' 插槽 2 在运行中的情况，从这里开始执行
```

【使用说明】

1）指定的程序不存在的情况下，执行时会发生报警。

2）指定的程序被其他插槽选择的情况下，执行时会发生报警。

3）指定的程序在编辑中的情况下，执行时会发生报警。

4）指定的插槽在运行中的情况下，执行时会发生报警。

5）程序名的指定以双引号（"程序名"）括起来指定。

6）如果在上电自动运行的程序内使用，需要将参数“ALWENA”的值由 0 改为 1，并断电重启控制器后，该指令才能激活有效。

7）在 XLoad 执行后，若执行 XRun，则由于程序在加载中因此会发生报警，必要的情况下，请像上述指令样例中的第 3 步一样，等待目标插槽加载程序完成后再执行启动。

只有当插槽处于程序可选择状态下，才能为该插槽选择程序。因此，在执行加载指令以前，必须先确认目标插槽是否处于程序可选择状态。程序可选择特殊状态变量 M_Psa 的功能、语法结构和使用说明如下。

【指令】

```
M_Psa
```

【指令功能】

已指定的任务插槽返还为程序可选择。该变量为只读变量。

1：可以选择程序；

0：不可选择程序。

【语法结构】

```
<数值变量>=M_Psa[(<数值>)]
```

【指令参数】

<数值变量>：指定代入的数值变量。

<数值>：1～32，输入任务插槽号码。省略时为当前的插槽号码。

【指令样例】

```
1 M1=M_Psa(2)      '在M1输入任务插槽2的程序可以选择状态
```

XLoad 指令语句被执行的速度快于插槽加载程序文件的响应速度。只有当插槽内的程序名为目标程序名，才能认为插槽中的程序已经加载完成。因此，在执行加载指令 XLoad 后，还必须等待插槽中的程序名为目标程序名。插槽程序名特殊状态变量 C_Prg 的功能、语法结构和使用说明如下。

【指令】

```
C_Prg
```

【指令功能】

返回已选择的程序名，以字符串表示。该变量为只读变量。

【语法结构】

```
<字符串变量>=C_Prg[(<数值>)]
```

【指令参数】

<字符串变量>：指定代入的字符串变量。

<数值>：1～32，输入任务插槽号码。省略时为 1。

【指令样例】

```
1 C1$=C_Prg(1)      '在C1$代入"10"(程序号码为10的情况)
```

综上所述，通过加载指令语句为插槽加载程序文件的基本流程如图 4-48 所示。

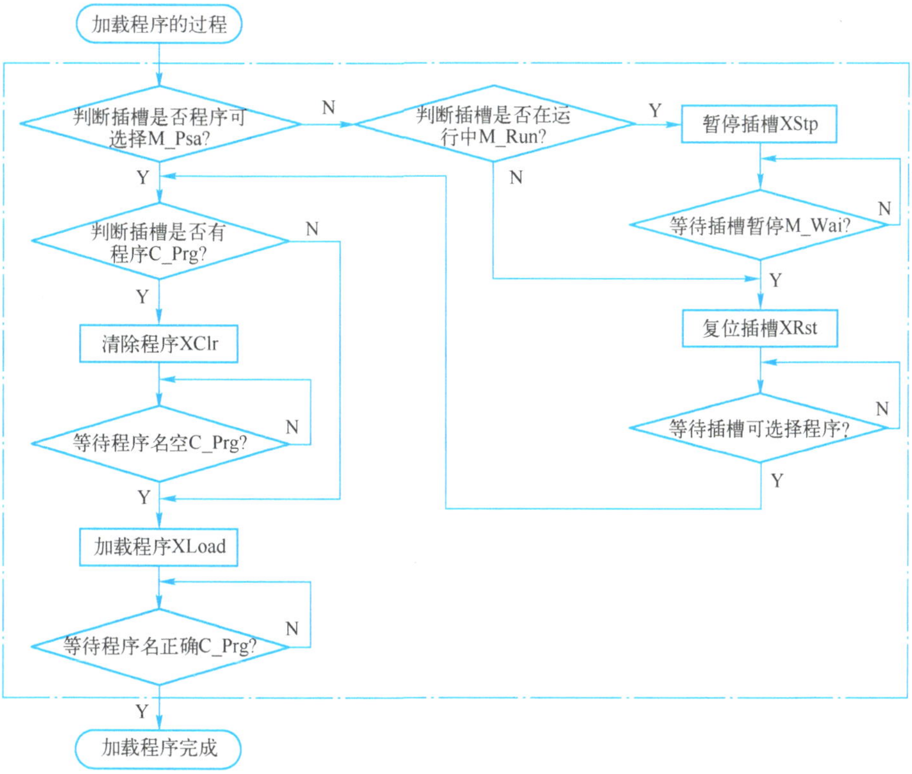

图 4-48　插槽加载程序文件的基本流程

2. 在任务插槽中运行程序

只有先将程序文件加载至任务插槽后，才能启动任务插槽，自动地运行程序文件。

任务插槽运行的启动条件有 3 种，分别为启动信号运行（Start）、上电自动运行和错误发生时运行。这 3 种启动条件的设置可通过任务插槽参数设置来实现，设置的详细说明如下。

（1）Start 启动信号运行

将插槽参数“SLT*”的启动条件设定为 Start，则控制器在处于暂停中或待机中状态下，收到 Start 启动命令时，对应插槽立即运行所加载的程序文件。

Start 启动命令可由控制器面板上的 Start 按钮、专用 Start 输入信号和 XRun 指令 3 种方式输入。前两种方式的有关说明请参见三菱工业机器人的编程技术手册，本书只对 XRun 指令方式做详细介绍。XRun 指令的功能、语法结构和使用说明如下。

【指令】

```
XRun
```

【指令功能】

在程序中启动指定的插槽或将指定的程序文件加载至指定的插槽中后启动该插槽。

【语法结构】

```
XRun  <插槽号码> [, [ “<程序名>” ] [, <运行模式>] ]
```

【指令参数】

<插槽号码>：指定 1～32 的插槽号码，以常数或变量指定。

<程序名>：指定程序名，以字符串常数或字符串变量指定。

指定的插槽里已有程序的情况下可以省略。

<运行模式>：0＝连续运行；1＝循环停止运行；省略时会变成当前的模式运行。以常数或变量指定。

【指令样例】

① 以 XRun 指令指定动作程序的情况（连续运行）

```
1 XRun 2,"1"                        ' 程序以插槽 1 启动
2 Wait M_Run(2)=1                   ' 等待启动完成
```

② 以 XRun 指令指定动作程序的情况（循环运行）

```
1 XRun 3,"2",1                      ' 将程序 2 在插槽 3 以循环运行模式启动
2 Wait M_Run(3)=1                   ' 等待启动完成
```

③ 使用 XLoad 指令，指定动作程序的情况（连续运行）

```
1 XLoad 2, "1"                      ' 将程序 1 在插槽 2 选择
2 *LBL: If C_Prg(2)<>"1" Then GoTo *LBL  ' 等待载入完成
3 XRun 2                            ' 将插槽 2 启动
```

④ 使用 XLoad 指令，指定动作程序的情况（循环运行）

```
1 XLoad 3, "2"                      '将程序 2 在插槽 3 选择
2 *LBL:If C_Prg (3)<>"2" Then GoTo *LBL   '等待载入完成
```

```
3 XRun 3,1                    '将插槽 2 以循环运行模式启动
```

【使用说明】

1）指定的程序文件不存在的情况下，执行时会发生报警。

2）指定的插槽号码处于运行中的情况下，执行时会发生报警。

3）即使任务插槽里没有程序事先被加载进去，若 XRun 指令语句含有程序名，也可以启动插槽运行程序。

4）插槽处于暂停中状态下，若执行 XRun，则会继续运行程序。

5）程序名的指定以双引号（"程序名"）括起来指定。

6）运行模式省略时会以当前的运行模式执行。

7）若要在上电自动运行的程序内执行 XRun 指令语句，必须先将参数“ALWENA”的值从 0 变更为 1，将控制器的电源关闭再开启，使它成为有效后才能使用。

8）若 XLoad 指令语句在执行中、尚未执行完成的情况下，执行 XRun 时会有程序加载中的报警发生；因此，应该如指令样例③的第 2 步、样例④的第 2 步一样，确认加载完成后再执行 XRun 指令语句。

只有当插槽处于暂停中或待机中，才能执行 XRun 指令语句。其中，XRun 指令语句在省略程序名参数的情况下，还必须确保目标插槽中已经加载目标程序。因此，在执行运行指令 XRun 前，必须确保插槽处于暂停中状态（M_Wai=1）或程序可选择中状态（M_Psa = 1），并且插槽内的程序为目标程序（C_Prg ="目标程序名"）。插槽程序名特殊状态变量 C_Prg 和程序可选择中特殊状态 M_Psa 有关知识已经在上文中做过介绍，现对暂停中特殊状态变量 M_Wai 的功能、语法结构和使用说明介绍如下。

【指令】

```
M_Wai
```

【指令功能】

返回目标插槽是否处于暂停中状态。该变量为只读变量。

1：暂停中；

0：没有暂停中。

【语法结构】

```
<数值变量>=M_Wai[(<数值>)]
```

【指令参数】

<数值变量>：指定代入的数值变量。

<数值>：1～32，即目标插槽号。省略时为当前的插槽号码。

【指令样例】

```
1 M1=M_Wai(1)          '在 M1 输入插槽 1 的暂停状态
```

XRun 指令语句被执行的速度快于插槽被真正运行的响应速度。只有当插槽处于运行中状态时，才能认为插槽已经被成功运行。因此，在执行加载指令 XRun 后，还必须等待插槽处于运行中状态。插槽运行中状态变量 M_Run 的功能、语法结构和使用说明介绍如下。

【指令】

```
M_Run
```

【指令功能】

返回目标插槽是否处于运行中状态。该变量为只读变量。

1：运行中；

0：没有运行中。

【语法结构】

```
<数值变量>=M_Run[(<数值>)]
```

【指令参数】

<数值变量>：指定代入的数值变量。

<数值>：1～32，即目标插槽号。省略时为当前的插槽号码。

【指令样例】

```
1 M1=M_Run(1)          '在 M1 输入插槽 1 的运行状态
```

综上所述，通过运行指令语句启动插槽、运行程序的基本流程如图 4-49 所示。

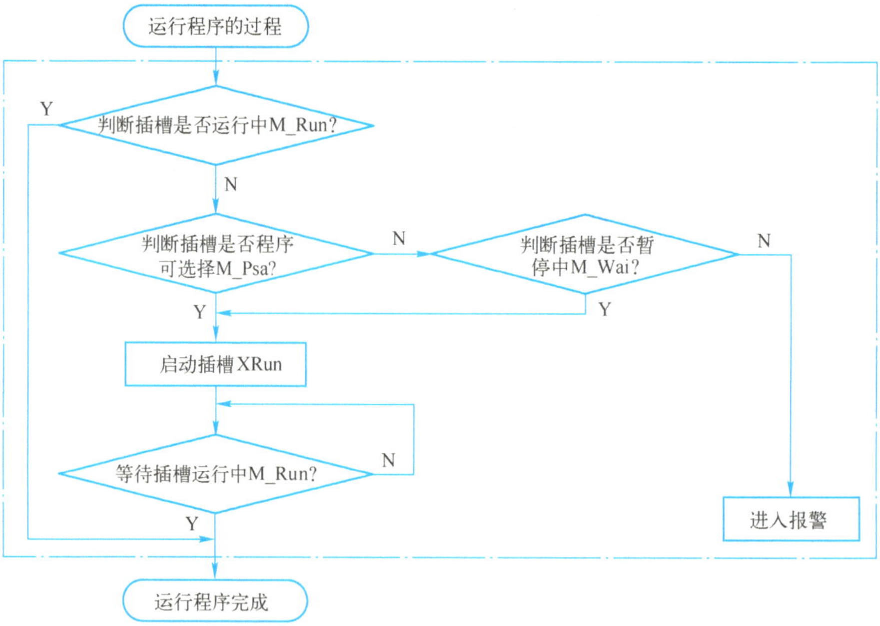

图 4-49　启动插槽、运行程序的基本流程

（2）Always 上电自动运行

将插槽参数“SLT*”的启动条件设定为 Always。一旦系统正常上电后，对应插槽立即运行加载的程序文件，若无加载程序文件，则会报错。在上电期间，无法打开和修改该插槽内的程序文件。若要修改，必须将对应插槽的启动条件改为 Start，并重启控制器电源。

必须先将 ALWENA 参数的值设为 1 时，才能在设定为 Always 上电自动运行的插槽中执行 XLoad、XRun、XStp、XRst、Servo、Reset Error 等指令语句。

（3）Error 错误发生时运行

将插槽参数“SLT*”的启动条件设定为 Error。一旦系统发生错误时，对应插槽立即运行所加载的程序文件。在错误发生时，无法打开和修改该程序文件。

3. 在任务插槽中暂停程序

若插槽处于运行中的状态，只要输入 Stop 暂停命令，即可暂停插槽，使插槽处于暂停中状态。

Stop 暂停命令可由控制器面板或示教器上的 Stop 按钮、专用 Stop 输入信号和 XStp 指令 3 种方式输入。前两种 Stop 暂停命令输入方式的有关说明请参见三菱工业机器人的编程技术手册，本书只对 XStp 指令方式做详细介绍。XStp 指令的功能、语法结构和使用说明如下。

【指令】

```
XStp
```

【指令功能】

在程序中暂停指定的插槽。

【语法结构】

```
XStp  <插槽号码>
```

【指令参数】

<插槽号码>：指定 1～32 的插槽号码，以常数或变量指定。

【指令样例】

```
1 XRun 2                        ' 执行
:
10 XStp 2                       ' 停止
11 Wait M_Wai(2)=1              ' 等待停止
```

【使用说明】

1）指定的插槽已经处于暂停中的情况下，使用该指令语句不会报错。

2）若要在上电自动运行的程序内执行 XStp 指令语句，必须先将参数“ALWENA”的值从 0 变更为 1，将控制器的电源关闭再开启，使它成为有效后才能使用。

3）若指定插槽为上电自动运行模式，也可以通过该指令语句暂停该插槽的运行状态。

只有当插槽处于运行中，使用 XStp 指令语句才能暂停插槽。因此，在执行暂停指令 XStp 前，先确认插槽是否处于运行中状态（M_Run = 1）。有关插槽运行中特殊状态变量 M_Run 的功能、语法结构和使用说明已经在上文中做详细介绍，此处不再详述。

XStp 指令语句被执行的速度快于插槽被暂停的响应速度。只有当插槽处于暂停中状态时（M_Wai=1），才能认为插槽已经被成功暂停。因此，在执行加载指令 XStp 后，还必须等待插槽处于暂停中状态。插槽暂停中状态变量 M_Wai 的功能、语法结构和使用说明已经在上文中做详细介绍，此处不再详述。

综上所述，通过暂停指令语句暂停插槽、中断程序执行的基本流程如图 4-50 所示。

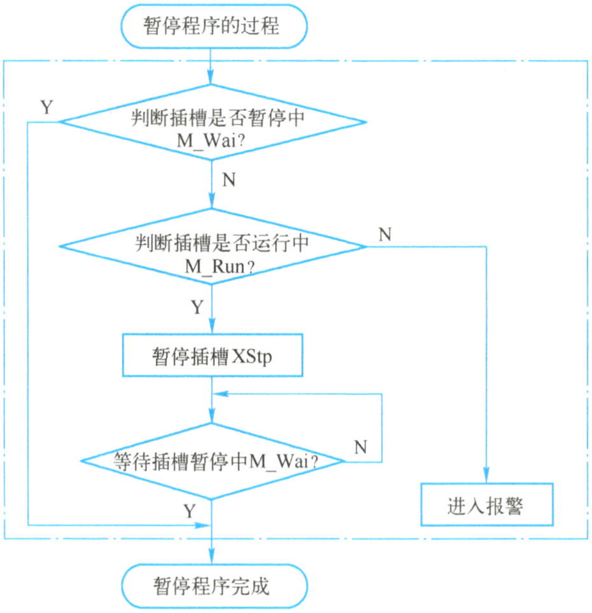

图 4-50　暂停插槽、中断程序执行的基本流程

4. 在任务插槽中复位程序

若插槽处于暂停中，只要输入 Reset 复位命令，即可复位插槽，使插槽程序指针回到第 1 步，同时插槽处于程序可选择的待机中状态。

Reset 复位命令可由控制器面板或示教器上的 Reset 按钮、专用 Reset 输入信号和 XRst 指令语句 3 种方式输入。前两种复位命令输入方式的有关说明请参见三菱工业机器人的编程技术手册，本书只对 XRst 指令方式做详细介绍。XRst 指令的功能、语法结构和使用说明如下。

【指令】

```
XRst
```

【指令功能】

将处于暂停中状态的插槽复位至程序可选择的待机中状态，同时程序指针回到第 1 步。

【语法结构】

```
XRst  <插槽号码>
```

【指令参数】

<插槽号码>：指定 1～32 的插槽号码，以常数或变量指定。

【指令样例】

```
1 XRun 2                       ' 启动
2 Wait M_Run(2)=1              ' 等待启动完成
:
10 XStp 2                      ' 停止
11 Wait M_WAI(2)=1             ' 等待停止完成
```

```
:
15 XRst 2                          ' 程序的执行开始行设为第 1 行
16 Wait M_PSA(2)=1                 ' 等待程序复位完成
```

【使用说明】

1）只有在插槽处于暂停中状态下有效。（插槽在运行中的状况或程序未选择时会变成报警中状态。）

2）若要在上电自动运行的程序内执行 XRst 指令语句，必须先将参数“ALWENA”的值从 0 变更为 1，将控制器的电源关闭再开启，使它成为有效后才能使用。

只有当插槽处于暂停中状态，使用 XRst 指令语句才能复位插槽，使程序指针回到第 1 步。因此，在执行暂停指令 XRst 前，先确认插槽是否处于暂停中状态（M_Wai = 1）。有关插槽暂停中特殊状态变量 M_Wai 的功能、语法结构和使用说明已经在上文中做详细介绍，此处不再详述。

XStp 指令语句被执行的速度快于插槽被暂停的响应速度。只有当插槽处于暂停中状态时（M_Wai = 1），才能认为插槽已经被成功暂停。因此，在执行暂停指令 XStp 后，还必须等待插槽处于暂停中状态。插槽暂停中状态变量 M_Wai 的功能、语法结构和使用说明已经在上文中做详细介绍，此处不再详述。

综上所述，通过暂停指令语句复位插槽、中断程序执行的基本流程如图 4-51 所示。

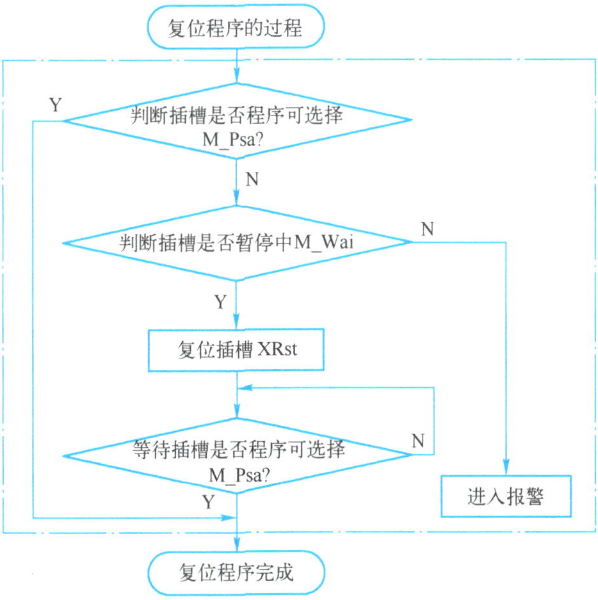

图 4-51　复位插槽、中断程序执行的基本流程

5. 在任务插槽中清除程序

若插槽处于程序可选择的待机中状态时，只要输入清除命令，即可清除插槽中的程序文件，解除插槽的程序加载状态，使插槽内的程序名为空。

清除命令可由 XClr 指令语句输入。

XClr 指令的功能、语法结构和使用说明如下。

【指令】

```
XClr
```

【指令功能】

清除指定插槽内的程序文件，解除插槽的程序加载状态，使插槽的程序名为空。

【语法结构】

```
XClr  <插槽号码>
```

【指令参数】

<插槽号码>：指定 1～32 的插槽号码，以常数或变量指定。

【指令样例】

```
1 XRun 2                                    ' 启动
2 Wait M_Run(2)=1                           ' 等待启动完成
:
10 XStp 2                                   ' 停止
11 Wait M_WAI(2)=1                          ' 等待停止完成
:
15 XRst 2                                   ' 程序的执行开始行设为第 1 行
16 Wait M_PSA(2)=1                          ' 等待程序复位完成
17 XClr 2                                   ' 清除插槽内的程序
18 Wait C_Prg = ""
```

【使用说明】

1）在指定的插槽内没有被选择的程序，会发生报警。

2）已指定插槽在运行中的情况下会发生报警。

3）已指定插槽在暂停中的情况下会发生报警。

4）若要在上电自动运行的程序内执行 XStp 指令语句，必须先将参数“ALWENA”的值从 0 变更为 1，将控制器的电源关闭再开启，使它成为有效后才能使用。

只有当插槽处于程序可选择的待机中状态，使用 XClr 指令语句才能清除插槽内的程序，使插槽程序名为空。因此，在执行暂停指令 XClr 前，先确认插槽是否处于程序可选择的待机中状态（M_Psa = 1）。有关特殊状态变量 M_Psa 的功能、语法结构和使用说明已经在上文中做详细介绍，此处不再详述。

XClr 指令语句被执行的速度快于插槽被清除程序的响应速度。只有当插槽的程序名为空时（C_Prg = ""），才能认为插槽已经被解除程序。因此，在执行清除指令 XClr 后，还必须等待插槽的程序名为空。插槽程序名变量 C_Prg 的功能、语法结构和使用说明已经在上文中做详细介绍，此处不再详述。

综上所述，通过清除指令语句清除插槽内程序文件的基本流程如图 4-52 所示。

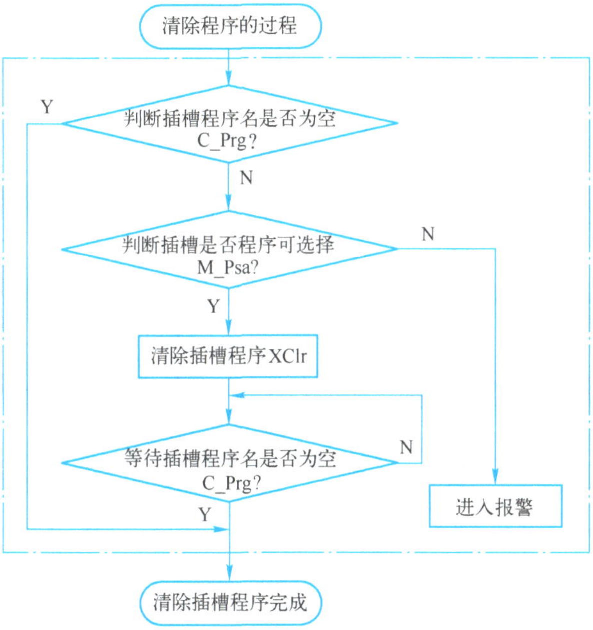

图 4-52　清除插槽内程序文件的基本流程

知识 4.5　用户定义画面与 I/O 模拟器

知识 4.5.1　用户定义画面简介（按钮与灯的制作）

用户定义画面可以被编辑，并在高性能示教器（T/B）上操作运行。通过配置按钮和指示灯等部件，同时配置 I/O 信号，就可以制作一个客户定制化的界面。一个用户定义画面里面可以制作 2 张或更多页面。这些页面可以被集合在一起，并以一个文件的形式管理起来（叫作用户定义画面文件）。可以制作 2 个或更多的用户定义画面文件。

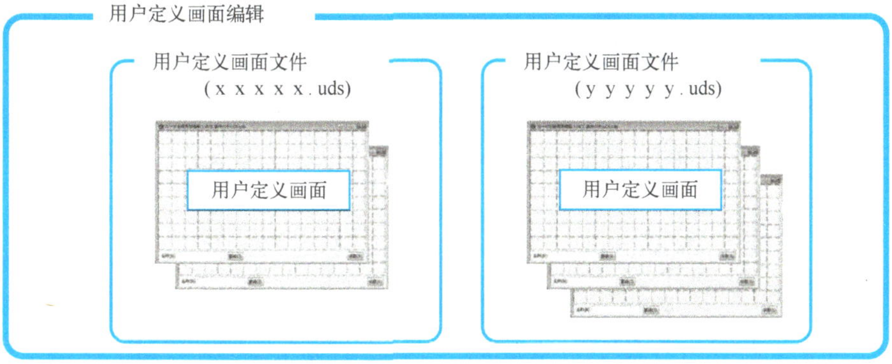

图 4-53　用户定义画面管理

本高性能示教器里，这个画面可以被用于以下的应用：

1）作为运行状态监视来使用。

2）T/B 有效时，可通过画面上的按钮让传送带等周边装置运转起来。

能够使用用户定义画面的 T/B 以及软件版本见表 4-8。

表 4-8　能够使用用户定义画面的 T/B 以及软件版本

能够使用用户定义画面的 T/B	软件版本
R46TB	Ver.2.2 以后
R56TB	Ver.2.2 以后
R57TB	所有版本

用户定义画面里能够显示的部件见表 4-9。

表 4-9　用户定义画面的部件一览

序号	部　件		说　明
1	按钮		通过单击，能够从机器人控制器输出信号 但是，信号的输出只有在 T/B 有效的情况下才可
2	灯		根据输入/输出信号的状态，可显示灯点亮/关灯
3	机器人信息	变量	能够显示指定的变量的值
		执行行内容	能够显示当前执行中的程序的执行行内容
		程序名	能够显示当前执行中的程序名
		执行行编号	能够显示当前执行中的程序的执行行编号
		位置（直交）	能够以直交型来显示机器人的当前位置
		位置（关节）	能够以关节型来显示机器人的当前位置
4	标签		能够显示字符串
5	OP 按钮		可以显示控制面板中“开始”等按钮
6	菜单按钮		可以显示移动到指定画面的菜单按钮。但是单击按钮并移动到对应窗口仅限 T/B RT ToolBox 软件可以在 Ver.1.40S 以后使用。T/B 软件版本在 Ver.4.1 以后可以使用
7	JOG 按钮		可以显示用于操控机器人各轴的 JOG 按钮。但是单击按钮并操控机器人各轴仅限 T/B RT ToolBox 软件可以在 Ver.1.40S 以后使用。T/B 软件版本在 Ver.4.1 以后可以使用
8	信息		满足设定的条件时，可以显示信息（非一直在画面中显示）

1. 用户定义画面文件的新建与编辑

为了制成用户定义画面，需要制成用户定义画面文件，如图 4-54 所示。

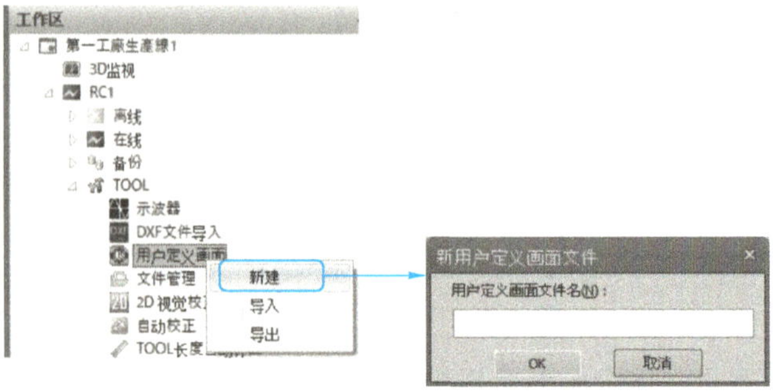

图 4-54　新建用户定义画面

从工程树，选择作为对象的工程的“TOOL”→“用户定义画面”，通过鼠标右键菜单选择“新建”。输入要新建制成的用户定义画面文件名后，单击“OK”按钮。新建制成的用户定义画面文件，会被追加到作为对象的工程的“TOOL”→“用户定义画面”的最下面。

注意：①用户定义画面文件名，虽然可自由制成，但该文件是作为 Windows 上的文件名来使用的，所以不能使用作为文件夹名无法使用的符号（\ / : * ? “ < > | 等）以及 Windows 的保留字。另外，输入的用户定义画面文件已经存在的情况下，会发生错误。②用户定义画面文件的扩展名是.uds。省略了扩展名，或者错误输入扩展名的情况下，会自动附加扩展名.uds。

从工程树，双击作为对象的工程的“TOOL”→“用户定义画面”→“用户定义画面文件”→“画面名”，指定的用户定义画面的编辑界面会显示，如图 4-55 所示。

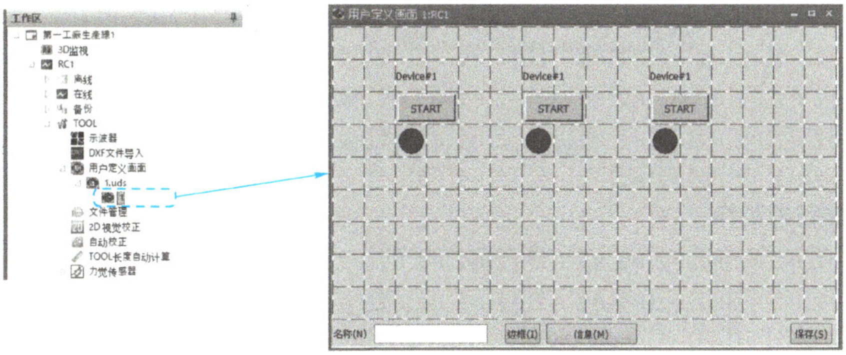

图 4-55　已经存在的用户定义画面的编辑

新建制成用户定义画面的情况下，选择作为对象的工程的“TOOL”→“用户定义画面”→“用户定义画面文件”，通过鼠标的右键菜单选择“新建”。新建的用户定义画面的编辑界面会显示，如图 4-56 所示。

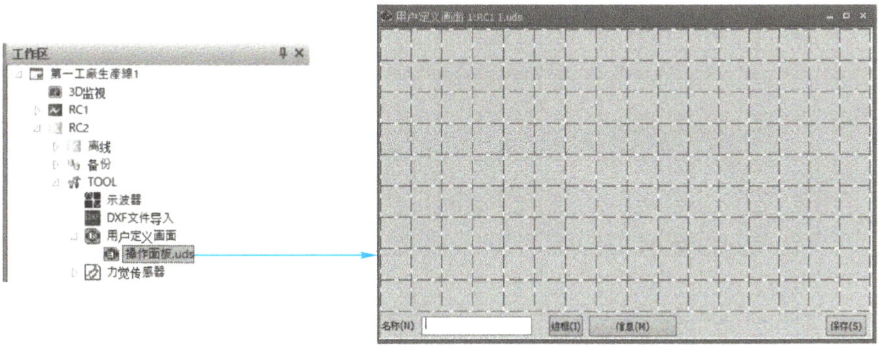

图 4-56　用户定义画面的新建

用户定义画面的编辑界面里，会显示格子线ⓐ；各部件可在被格子线隔开的块ⓑ单位里进行登录，如图 4-57 所示。

① 名称：设定画面名称。

② 边框：可在用户定义画面里画边框线。

③ 保存：保存编辑内容。

④ 信息：可以编辑信息（参照表 4-9）。

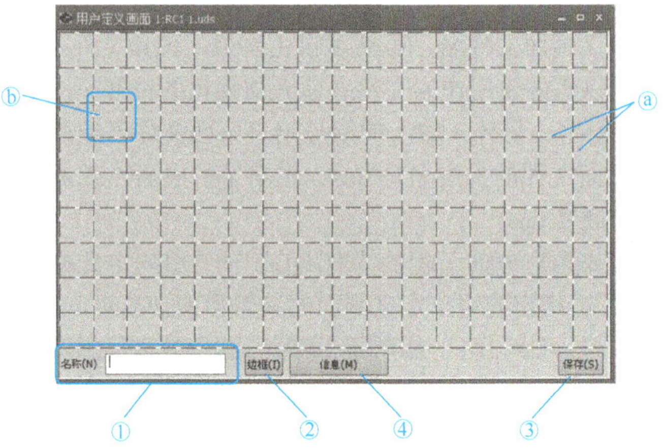

图 4-57　用户定义画面的编辑

2. 按钮的制作

按照图 4-58 中的ⓐⓑⓒⓓⓔ顺序添加按钮。

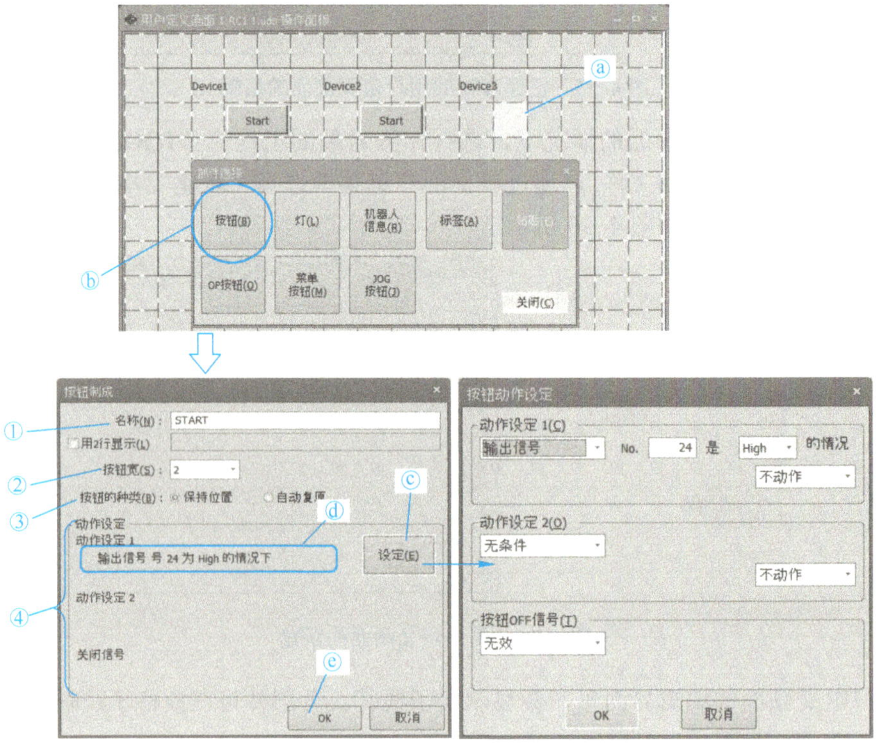

图 4-58　按钮的制作

① 名称：设定按钮的名称。

若选择“用 2 行显示”，则按钮名称能够用 2 行来显示。

② 按钮宽：设定按钮的宽度。

可设定的按钮宽度为 1/2/3，即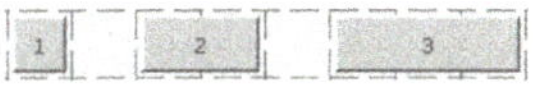

③ 按钮的种类：设定按钮的种类。

- 保持位置：单击一次按钮后保持 ON 的状态，若再单击一次，则恢复成 OFF 的状态；信号输出也保持着。
- 自动复原：按着按钮的期间，变成 ON 的状态。

④ 动作设定：

- 设定按钮为 ON 时的前提条件和信号输出的动作。前提条件可选择以下各项。以信号的状态为条件时，信号编号等也请设定。前提条件是按钮设为 ON/OFF 的时候判定。

a）无条件。

b）指定的输入信号的状态。

c）指定的输出信号的状态。

- 信号输出的动作可选择以下各项。信号输出时，信号编号等也请设定。

a）什么都不做。

b）输出指定的输出信号。

- 最多可以登入 2 个动作设置。这个 2 个动作通过各自的前提条件独立运行。另外，如果同一个信号号码都被设置为高电平输出和低电平输出，并且 2 个动作条件都成立，第 2 个动作的条件具有优先权。如果在按钮处于 OFF 的状态下设定了信号输出的动作，当按钮处于 ON 状态时，该信号会输出一个与当前高/低电平相反的信号。

3. 灯的制作

灯的制作如图 4-59 所示。

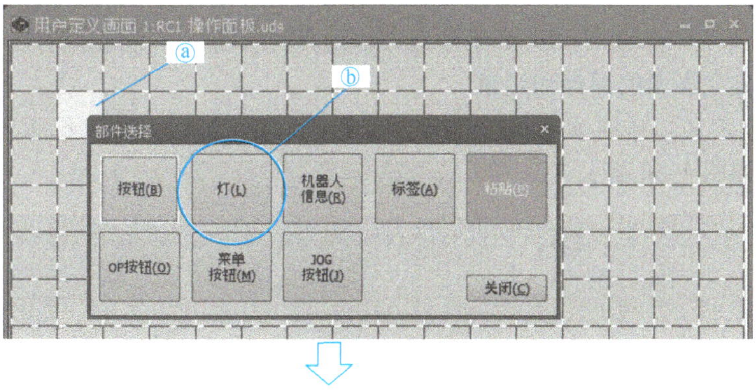

图 4-59　灯的制作

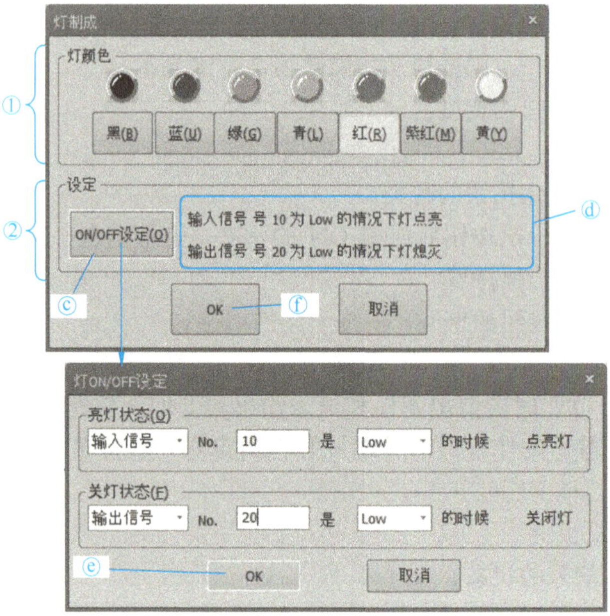

图 4-59　灯的制作（续）

1）单击ⓐ要制成灯的位置（块）。灯会配置在这个位置。

2）“部件选择”界面中，选择“灯”（ⓑ）。

3）“灯制成”界面内，设定灯的亮灯颜色。

4）单击“ON/OFF 设定”（ⓒ），在“灯 ON/OFF 设定”界面内，设定亮灯条件、关灯条件。亮灯条件、关灯条件分别设定后，单击“OK”（ⓔ）按钮。设定内容会显示在“ON/OFF 设定”的右边（ⓓ）。

5）灯颜色、亮灯/关灯条件设定后，单击“OK”（ⓕ）按钮。

① 灯颜色：选择灯的亮灯颜色。

② 设定：设定亮灯（ON）/关灯（OFF）的条件。

只设定了单方状态的时候，另外一方用相同的信号编号的 High/Low 以相反条件设定来动作。另外，亮灯条件和关灯条件双方都为真的状态时，亮灯条件优先。

4. 用户定义画面的保存和结束

进行用户定义画面的编辑后，单击“保存”（ⓐ）按钮。若要结束编辑，则单击“×”（ⓑ），如图 4-60 所示。

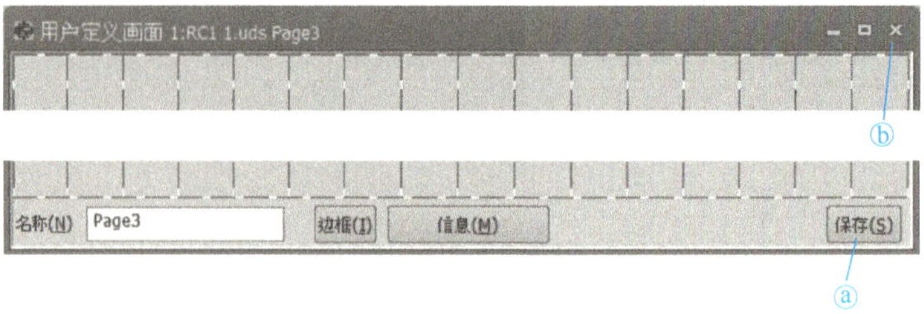

图 4-60　用户定义画面的保存和结束

5. 用户定义画面的页面编辑

1）按照以下操作对已经登录的部件进行编辑，如图 4-61 所示。

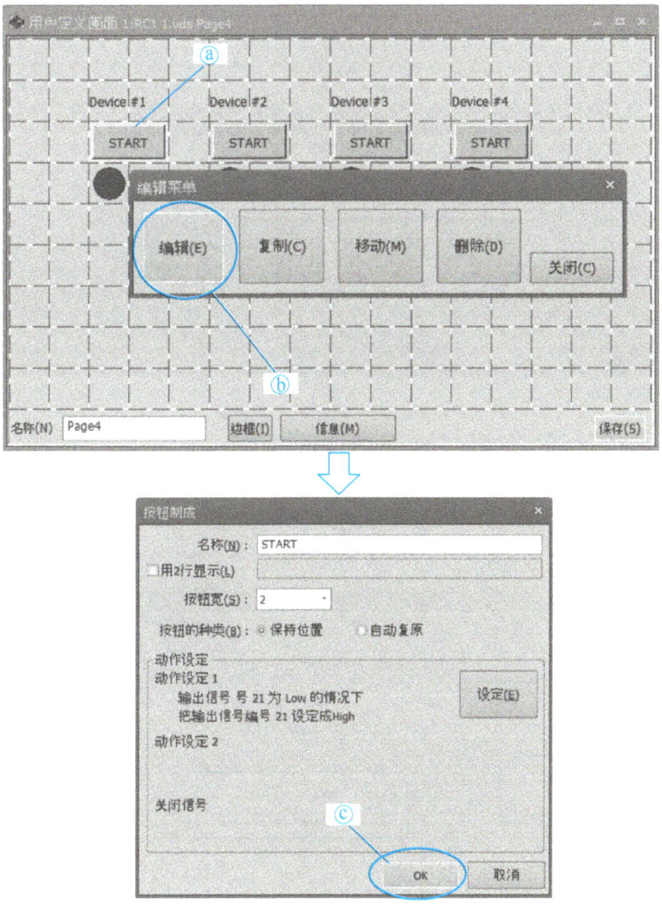

图 4-61　已存在部件的编辑

① 单击要编辑的部件（ⓐ）。

②“编辑菜单”界面中，单击“编辑”（ⓑ）按钮。

③ 选择的部件的编辑界面显示。变更设定内容后，单击“OK”（ⓒ）按钮。

2）按照以下操作对已经登录的部件进行复制，如图 4-62 所示。

① 单击选择要复制的部件（ⓐ）。

②“编辑菜单”界面中，单击“复制”（ⓑ）按钮。

③ 若单击要复制的位置（ⓒ），则“部件选择”界面中，单击“粘贴”（ⓓ）按钮。这时，复制目标的块以绿色显示。复制的确认消息界面中，单击“真”按钮。

3）按照以下操作对已经登录的部件进行移动，如图 4-63 所示。

① 单击选择要移动的部件（ⓐ）。

②“编辑菜单”界面中，单击“移动”（ⓑ）按钮。单击要移动的位置（ⓒ）。这时，移动源的部件以红色显示，移动目标的块以绿色显示。移动的确认消息界面中，单击“真”按钮。

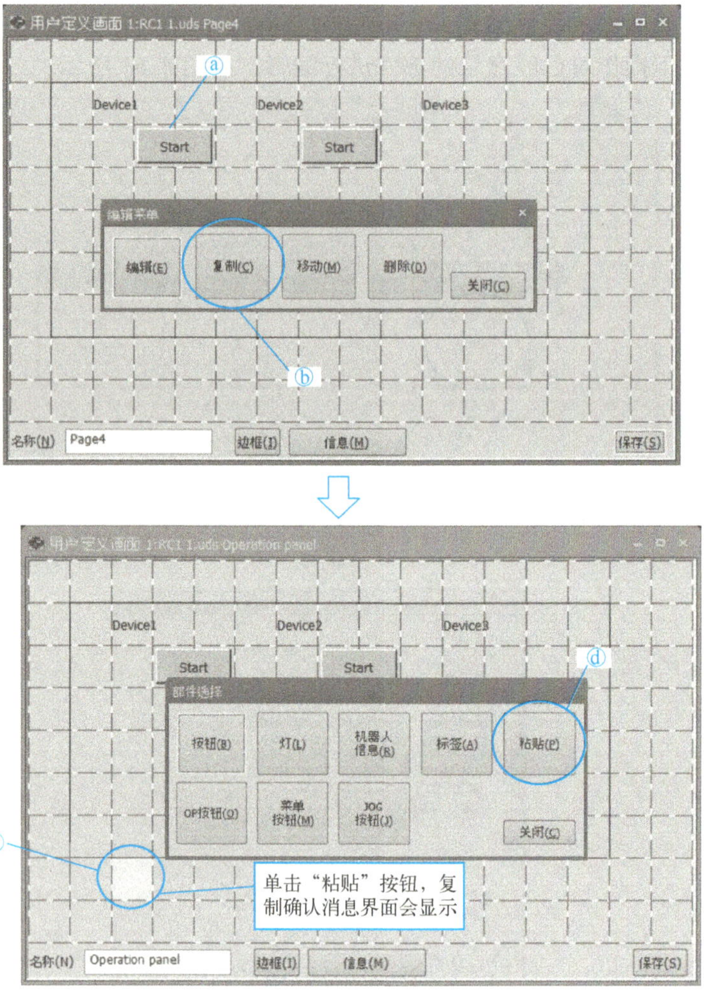

图 4-62　部件的复制/粘贴

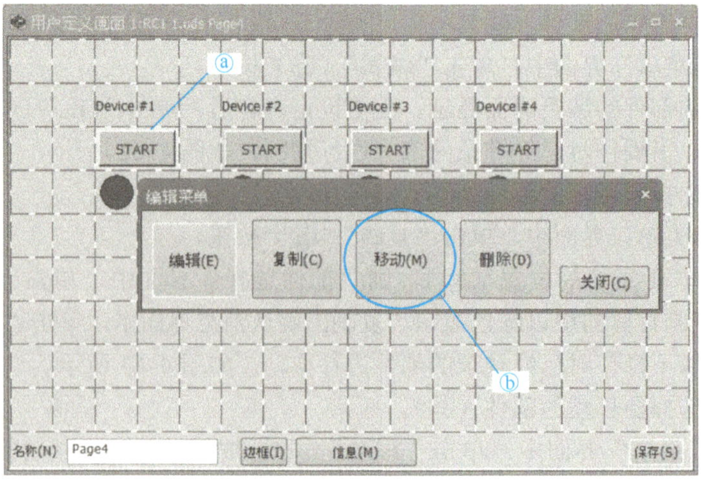

图 4-63　部件的移动

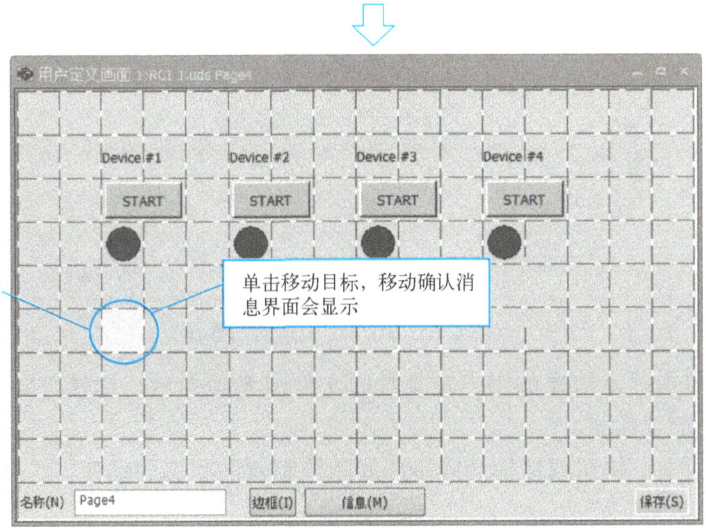

图 4-63　部件的移动（续）

4）按照以下操作对已经登录的部件进行删除。部件的删除通过以下操作进行，如图 4-64 所示。

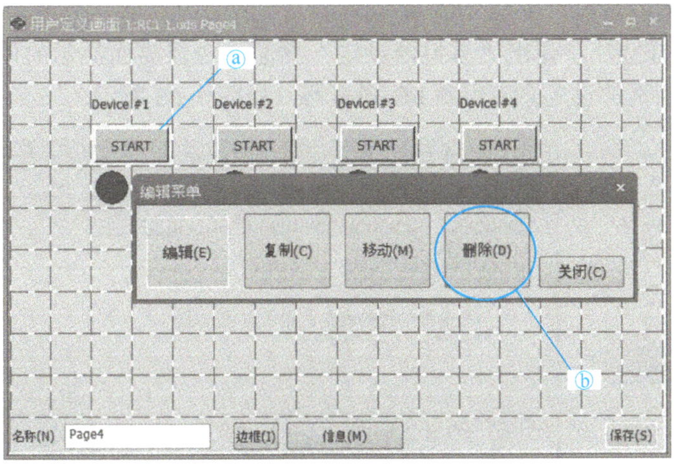

图 4-64　部件的删除

① 单击选择要删除的部件（ⓐ）。

②“编辑菜单”界面中，单击“删除”（ⓑ）按钮。

③ 确认消息界面中，单击“真”按钮。

6. 用户定义画面的显示

当在线时，可以真实地执行（显示）在编辑界面中所创建的用户定义画面，如图 4-65 所示。

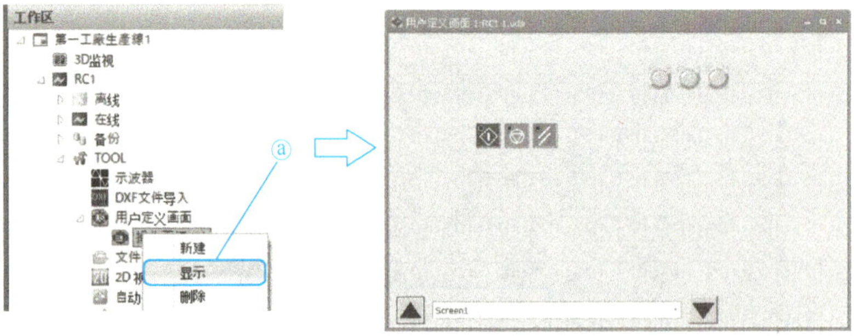

图 4-65　用户定义画面的显示

1）右键单击显示对象的用户定义画面文件或者画面名，选择“显示”（ⓐ），会显示选择的用户定义画面。

2）此画面中，按钮或灯等会同步在线随控制器的状态而动作。

知识 4.5.2　I/O 模拟器

I/O 模拟器是用于模拟机器人间的信号协作的功能，能够和 GX Simulator2/3 的设备进行协作。（关于 GX Simulator2/3 的操作，请参考 GX Works2/3 的操作说明书。）

1．模拟器的设定

启动 I/O 模拟器前，制成 I/O 模拟器定义文件。从工程树目录中双击“I/O 模拟器”→“模拟器设定”，弹出“模拟器设定”界面。在该界面显示的信号连接设定中，“有效”复选框勾选的设定会应用到 I/O 模拟器，如图 4-66 所示。

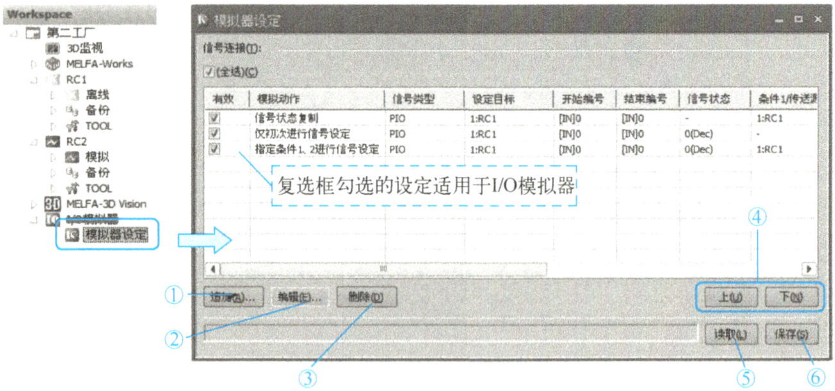

图 4-66　模拟器设定界面

右击信号连接一览，右键菜单会显示，如图 4-67 所示。

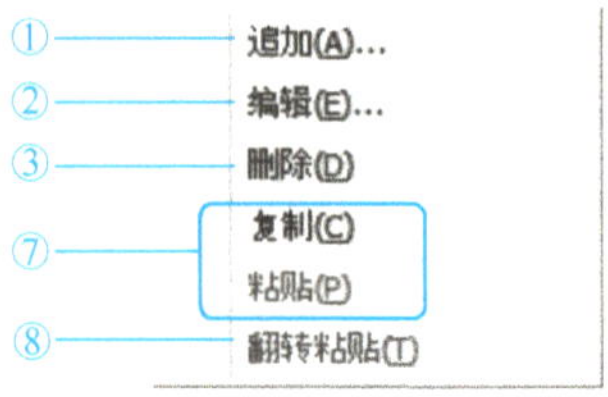

图 4-67　右键菜单

信号连接设定的追加/编辑如图 4-68 所示。

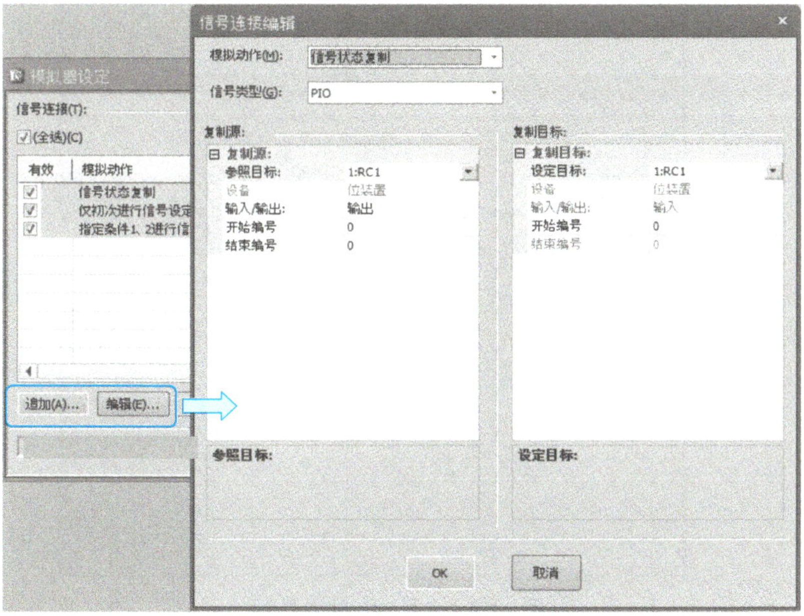

图 4-68　信号连接设定的追加/编辑

① 追加：追加信号连接设定。若选择行单击“追加”按钮，则能够留用选择的设定，追加新的信号连接设定。

② 编辑：编辑选择的行的信号连接设定。信号连接设定的编辑方法请参考“2. 信号连接编辑界面”。

③ 删除：删除选择的行的信号连接设定。能够一次删除多行。

④ 上/下：上/下移动选择的行的信号连接设定。能够一次移动多行。信号连接设定会从一览上依次执行。

⑤ 读取：读取保存在 I/O 模拟器定义文件中的信号动作定义。请注意：信号连接一览中显示的信号连接设定会被清除。

⑥ 保存：把当前的信号连接设定保存到 I/O 模拟器定义文件。

I/O 模拟器启动中要保存文件的情况下，能够选择是否要把保存的设定反映到 I/O 模拟器。

⑦ 复制/粘贴：进行信号连接设定的复制/粘贴。能够一次复制/粘贴多行。

⑧ 翻转粘贴：信号连接设定的复制源、复制目标都是机器人的时候，能够替换复制源和复制目标的机器人进行粘贴。

2. 信号连接编辑界面

模拟器设定界面中，单击“追加”按钮，或选择要编辑的信号连接设定单击“编辑”按钮，弹出“信号连接编辑”界面，如图 4-69 所示。

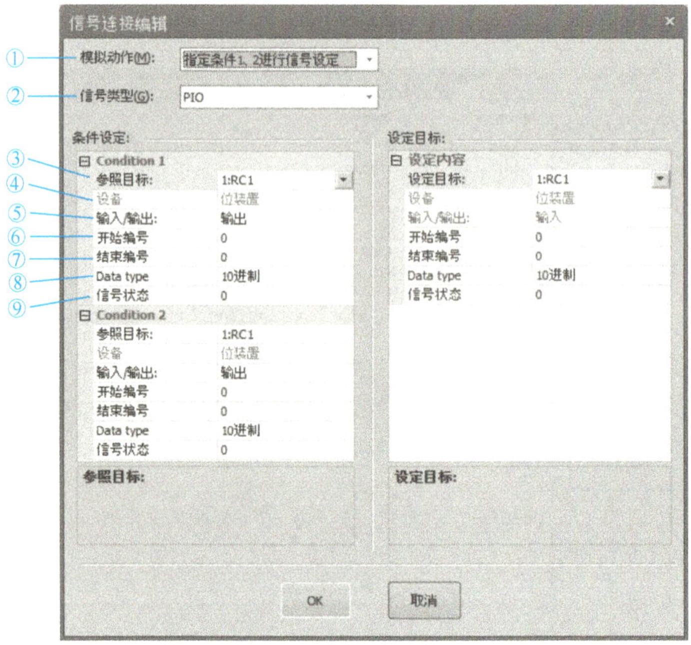

图 4-69　信号连接编辑界面

① 模拟动作：选择想要执行的信号模拟的行为，能够从“信号状态复制”（默认）、“仅初次进行信号设定”“无条件进行信号设定”“指定条件 1 进行信号设定”“指定条件 1、2 进行信号设定”中进行选择。

对各行为进行说明如下。

- 信号状态复制：把某信号状态复制到其他设备，如图 4-70 所示。

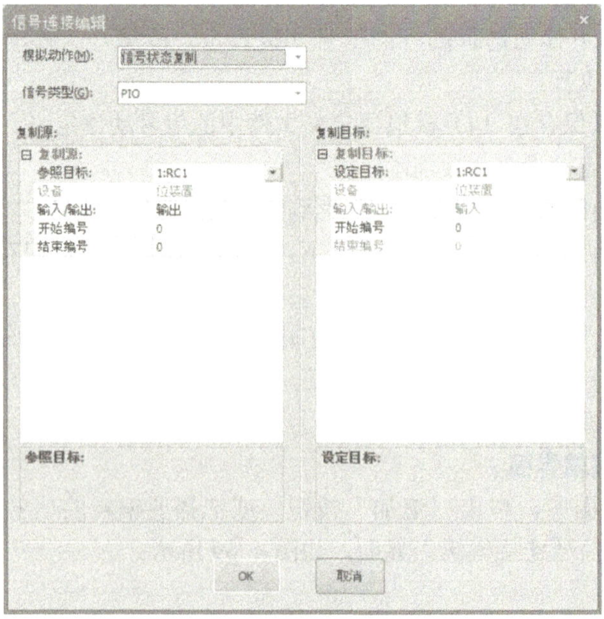

图 4-70　信号状态的复制

● 仅初次进行信号设定：设定模拟开始时的信号状态，如图 4-71 所示。

图 4-71　仅初次进行信号设定

● 无条件进行信号设定：设定模拟中的信号状态，如图 4-72 所示。

图 4-72　无条件进行信号设定

● 指定条件 1 进行信号设定/指定条件 1、2 进行信号设定：设定 1 个或 2 个条件，设定满足条件时的信号状态，如图 4-73 所示。

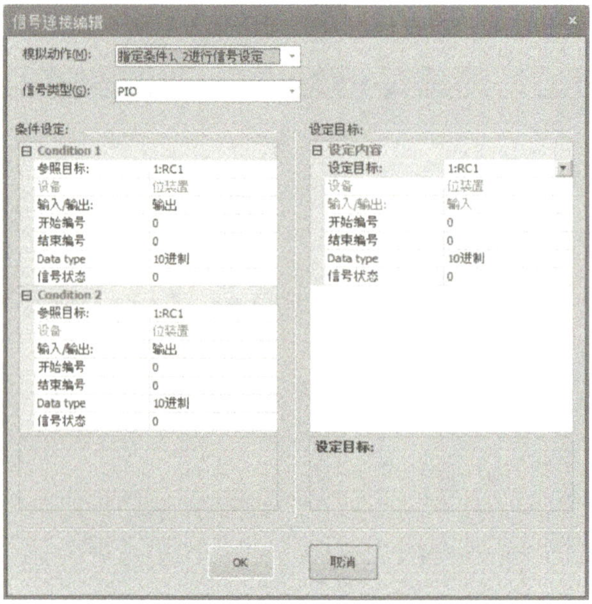

图 4-73　指定条件 1 或 1、2 进行信号设定

② 信号类型：设定信号类型，能够从“PIO”（默认）、“CC-Link（链接继电器）”“CC-Link（链接寄存器）”中选择。之后的项目根据“模拟动作”“信号类型”是不同的。

③ 复制源/复制目标/参考目标/设定目标：信号的复制源从机器人或 GX Simulator2 的设备来选择，能够从“工程 ID：工程的名称”（只显示工程的数量）、“GX Simulator2 A～D”“GX Simulator3 #1～8”中选择。GX Simulator2 按照启动的顺序分配为 A～D，请按照顺序启动 GX Simulator2。GX Simulator3 按照启动的顺序分配为 1～8，请按照顺序启动 GX Simulator3。

④ 设备：复制源/复制目标/参考目标/设定目标是 GX Simulator2/3 的情况下，选择模拟中要使用的设备；机器人的情况下设备的选择是固定的。

⑤ 输入/输出：选择信号的输入/输出。复制源/参考目标是机器人的情况下，能够选择输入、输出；复制目标/设定目标是机器人的情况下固定为输入；GX Simulator2 的情况下不显示。

⑥ 开始编号：设定信号/设备的开始编号。输入范围请参考表 4-10 开始编号、结束编号的输入范围。

表 4-10　开始编号、结束编号的输入范围

信号类型	复制源/复制目标/参考目标/设定目标	
	机器人	GX Simulator2
PIO	0～40960	0～65535（0xFFFF）
CC-Link（链接继电器）	6000～8047	
CC-Link（链接寄存器）	6000～6255	

⑦ 结束编号：设定信号/设备的结束编号。请设定开始编号和结束编号码为 32 点以内。“模拟动作”中选择了“信号状态复制”的时候，复制目标的“结束编号”会自动输入和复制源的“开始编号”“结束编号”对应的值。输入范围请参考表 4-10 开始编号、结束编号的输入范围。

⑧ 数据形式：设定“信号状态”中要使用的数值的形式。能够从“二进制”“十进制”“十六进制”中选择。

⑨ 信号状态：设定输出的信号状态。设定的值作为“数据形式”中选择形式的数值来处理。

3. I/O 模拟器的启动

启动 I/O 模拟器前，请制成 I/O 模拟器定义文件。关于 I/O 模拟器定义文件的制成，请参考“1. 模拟器的设定”。

要启动 I/O 模拟器，在模拟状态单击菜单栏的“在线”→“I/O 模拟”群组的“开始”按钮，弹出“I/O 模拟器的开始”界面，如图 4-74、图 4-75 所示。

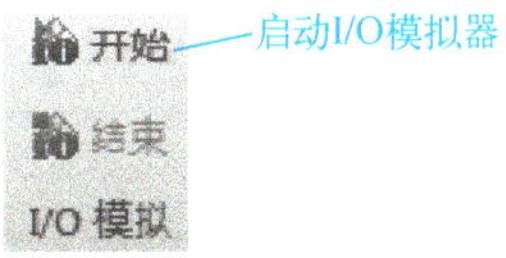

图 4-74　I/O 模拟器的启动

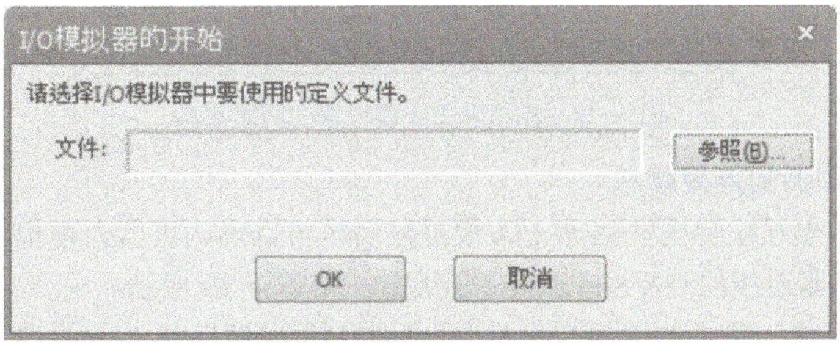

图 4-75　读取 I/O 模拟器定义文件界面

单击“参照”按钮读取想要执行的 I/O 模拟器定义文件。启动中的 I/O 模拟器使用的定义文件，能够通过显示模拟器设定界面进行确认。

模拟器的启动完成后，状态栏中会显示“I/O 模拟模式”的文字。和 GX Simulator2/3 任意一个连接的情况下，“GX Simulator”的文字也会显示，如图 4-76 所示。

图 4-76　I/O 模拟时的状态栏

I/O 模拟器的启动中，任务栏中会显示 I/O 模拟器的图标，如图 4-77 所示。

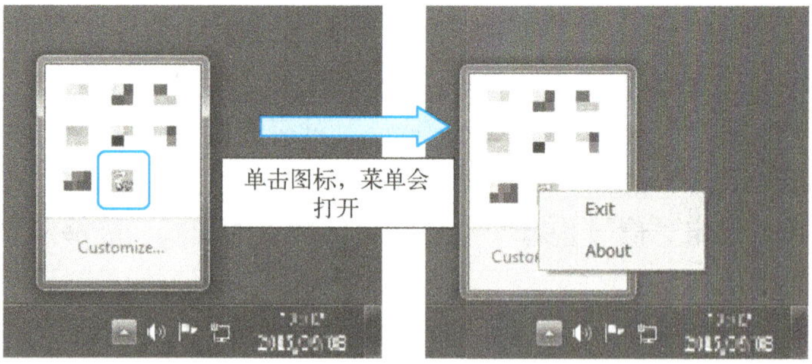

图 4-77　I/O 模拟器图标

另外，上次使用的 I/O 模拟器定义文件存在的情况下，启动模拟器的时候，能够同时启动 I/O 模拟器。请在模拟器启动时的“工程的选择”界面中复选“使用上回的定义文件启动 I/O 模拟器”，如图 4-78 所示。

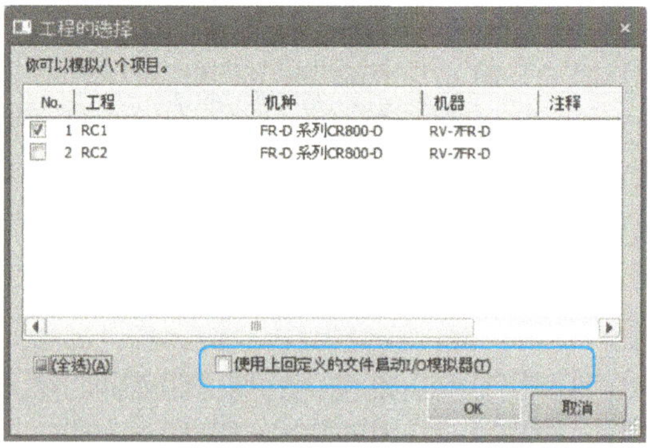

图 4-78　模拟和 I/O 模拟器的同时启动

4．I/O 模拟器的连接状态

当打开模拟器设定界面并启动 I/O 模拟器后，可以确认机器人模拟器的连接状态和即将与 I/O 模拟器连接的 GX Simulator2/3 状态，如图 4-79 所示。

当在信号连接一览中的“设定目标”“条件 1/传送源”和“条件 2”等元素都显示为红色时，意味着在这些元素中所显示的机器人模拟器还没有被连接成功。

存在无法连接的模拟器时，请确认：

1）连接对象的模拟器是否启动。

2）GX Simulator2/3 情况下的启动顺序是否正确。

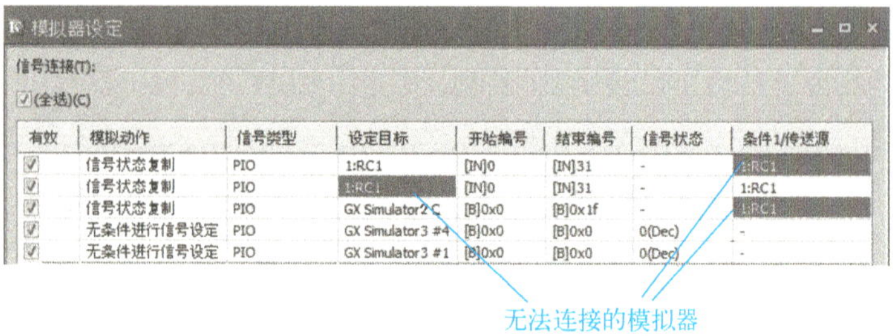

图 4-79　I/O 模拟器的连接状态

5. I/O 模拟器的结束

要结束 I/O 模拟器，单击菜单栏的“在线”→“I/O 模拟器”群组的“结束”按钮，或通过单击任务栏的 I/O 模拟器图标选择“Exit”也能够结束，如图 4-80 所示。

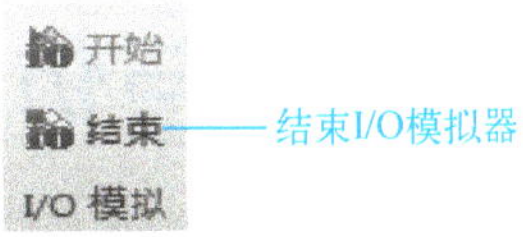

图 4-80　I/O 模拟器的结束

项目五　虚拟工业机器人立体仓库工作站的离线编程与仿真

【项目介绍】

本项目的主要内容是在三菱工业机器人虚拟仿真系统上编写工业机器人搬运托盘入库的任务程序。该项目要求机器人能够根据任意启动位置，自主规划安全返回初始位置的轨迹路径；再将输送带末端的托盘搬运放置在货架的仓位上；最后返回至初始位置。请扫描二维码 5-1 观看机器人搬运托盘入库作业的项目演示动画。

动画：项目演示

5-1　机器人搬运托盘入库作业

为了逐步引导完成该项目的实施，分别设计了“计算机器人当前活动半径程序”“缩小机器人活动半径程序”“机器人动作初始化程序”“机器人搬运托盘入库程序”4 个工作任务。

通过该项目的练习，读者应掌握机器人动作初始化的程序设计方法，以及外部程序文件调用指令的使用方法，这是对上一个项目中内部子程序调用方法的进阶补充。

【任务引导】

实训任务 5.1　计算机器人当前活动半径程序

一、任务介绍分析

本次任务的主要内容是编写任务程序，自动计算工业机器人当前活动半径，如图 5-1 所示。

为了理解并完成该任务，需要了解什么是机器人活动半径、如何寻找计算活动半径的两个点、点到点之间距离计算指令的语法结构等有关知识。请在进行相关理论知识的学习后，再按照任务实施步骤开展具体操作实践；也可以一边按照任务实施步骤，一边开展理论知识学习。

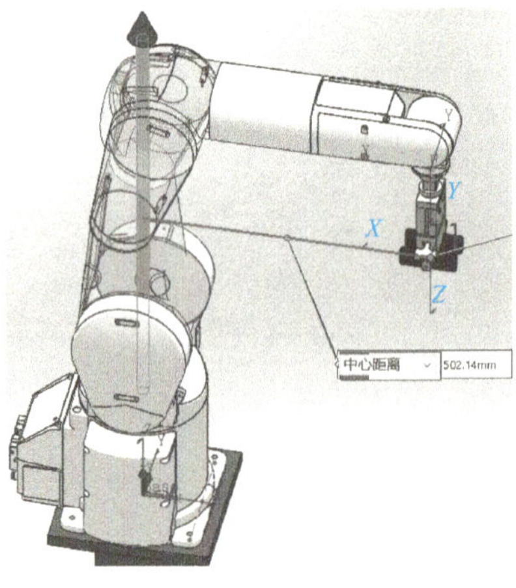

图 5-1　活动半径测量示意图

二、相关知识链接

素材：工作站文件

5-2　工业机器人立体仓库虚拟仿真工作站

知识 4.2.1、知识 5.1.1、知识 5.1.2、知识 5.2.1、知识 5.2.2、知识 5.3.1、知识 5.3.2。

三、任务实施步骤

（1）打开工业机器人立体仓库虚拟仿真工作站

1）扫描二维码 5-2，下载工业机器人立体仓库虚拟仿真工作站文件。下载以后，将其解压缩到计算机磁盘中，例如，在“D:\”根目录下。

微课：操作演示

5-3　启动虚拟仿真器

2）先后打开 SolidWorks 2017 和 RT ToolBox3 两个软件，务必在完全打开第一个软件后再打开第二个软件，否则有可能会影响后续的仿真连接。

3）在 SolidWorks 中启动 RT ToolBox 的仿真连接器。具体操作方法请扫描二维码 5-3 观看。

4）在 RT ToolBox 中打开工业机器人立体仓库虚拟仿真工作站文件，进入模拟模式，并链接到虚拟仿真器，工作站场景界面如图 5-1 所示。在链接虚拟仿真器过程中，暂时不需要勾选“托盘输送模拟”的仿真功能，具体操作方法请扫描二维码 5-4 观看。

微课：操作演示

5-4　机器人与托盘输送模拟仿真链接

（2）新建任务程序文件，命名为“SDIST”

（3）输入程序语句

```
53  Base (0,0,0,0,0,0)
54  PB = P_Base
55  M_Tool = 1
56  PB.Z = P_Curr.Z
57  MDist = Dist(PB,P_Curr)
```

请扫描二维码 5-5，观看以上活动半径计算程序设计的方法讲解微课。请先进行知识 4.2.1、知识 5.2.1、知识 5.2.2、知识 5.3.1 及知识 5.3.2 相关知识学习；同时，请学习位置数据变量与数值型变量的相关语法知识。

微课：方法讲解

5-5　活动半径计算程序设计

（4）保存程序文件 SDIST

可以通过两种方式实现程序文件的保存：一是单击文件菜单面板下的“保存”按钮，如图 5-2 所示；二是通过<Ctrl+S>快捷键实现保存。

（5）设置工具坐标系参数

将工具坐标系 1 设置在工业机器人终端的抓手末端，该坐标系由相对法兰坐标系沿着 Z 正方向平移 195mm 获得。因此，设置工具坐标系 1 的参数为（0,0,195,0,0,0），如图 5-3 所示。

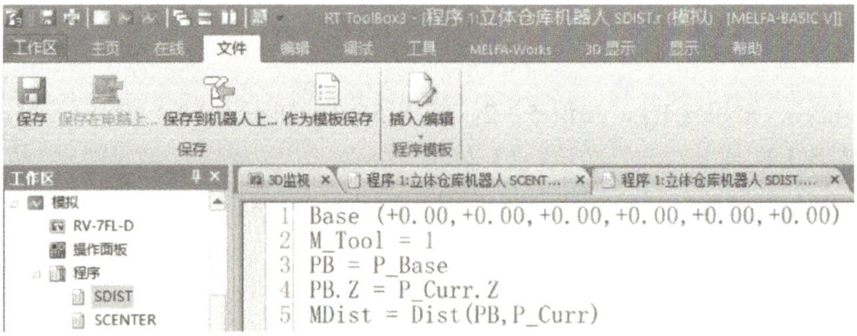

图 5-2　程序文件的保存按钮

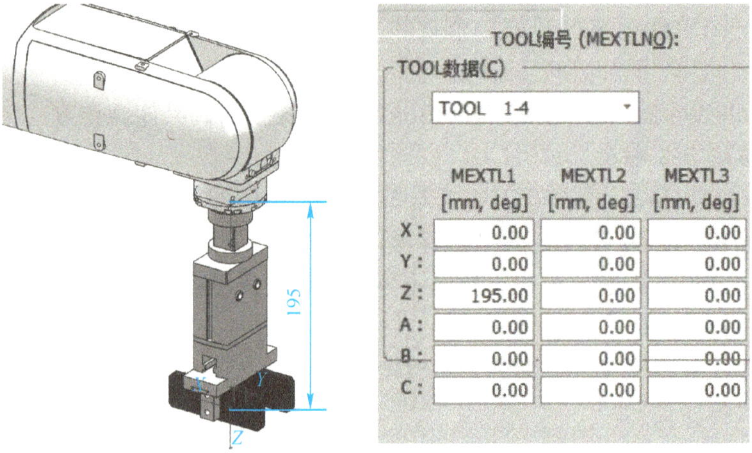

a)　　b)

图 5-3　工具坐标系设置

（6）运行程序文件 SDIST

在虚拟控制面板中选择并运行 SDIST 程序文件，如图 5-4 所示，具体操作方法请扫描二维码 5-6 观看。

微课：操作演示

5-6　运行程序文件

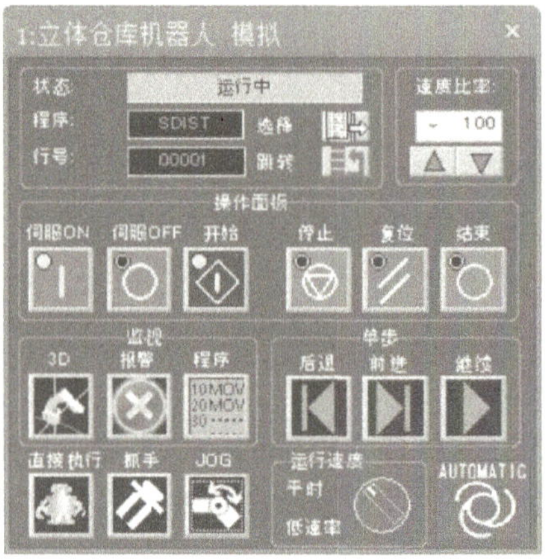

图 5-4　运行程序文件界面

（7）监视程序文件运行情况

打开程序文件 SDIST 所在任务插槽 1 的程序监视窗口，追加变量 MDIST，实时监视程序运行时的活动半径计算值，如图 5-5 所示，同时，将监视到的活动半径计算值与操作面板上的数据进行比较，判断是否一致，具体操作方法请扫描二维码 5-7 观看。

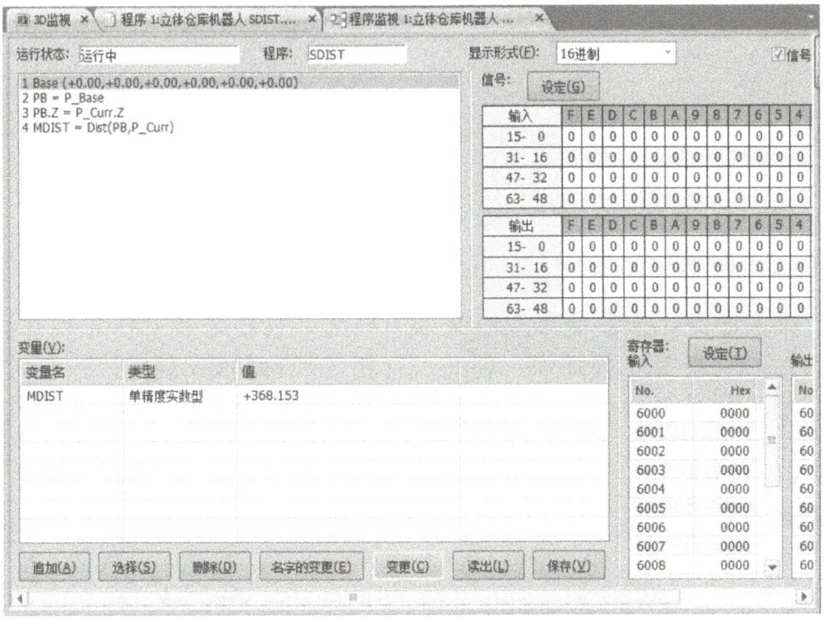

图 5-5　任务插槽程序监视窗口

微课：操作演示

5-7　监视任务插槽

实训任务 5.2　缩小机器人活动半径程序

一、任务介绍分析

本次任务的主要内容是在任务 5.1 成果的基础上，编写缩小活动半径的任务程序，实现自动计算出当前位置下向中心靠拢到安全活动半径的目标位置，并自动插补到该目标位置，如图 5-6 所示。当机器人的当前活动半径过大时，若直接从任意起始位置启动，插补到初始位，则有可能会与周围物体发生（扫描二维码 5-8 可以观看“初始化碰撞实验”的动画）。因此，程序中需要自动计算当前活动半径，若活动半径过大，需要先向中心靠拢到安全活动半径的位置，再回初始位。

动画：情景演示

5-8　初始化碰撞实验

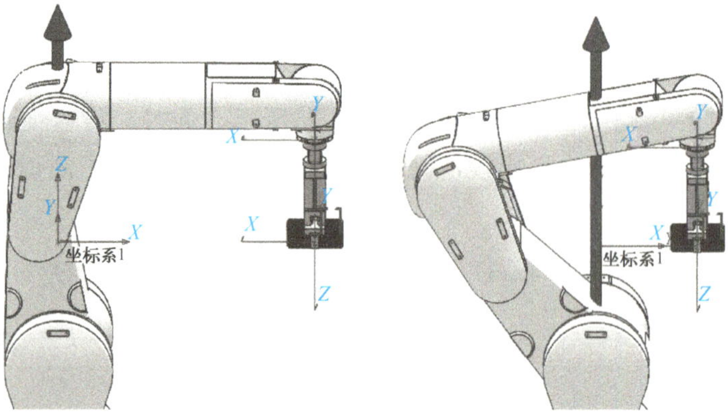

a)　　b)

图 5-6　缩小活动半径示意图

a) 启动时刻的当前位置　b) 向中心靠拢的目标安全位置

为了理解并完成该任务，需要熟悉数组变量的概念、程序跳转方法与标签定义、位置是否可到达的判断等有关知识。请在进行相关理论知识的学习后，再按照任务实施步骤开展具体操作实践；也可以一边按照任务实施步骤，一边开展理论知识学习。

二、相关知识链接

知识 4.2.6、知识 5.1.3、知识 5.2.3、知识 5.2.4、知识 5.2.5、知识 5.4。

三、任务实施步骤

微课：程序讲解

5-9　缩小活动半径程序设计

1）在任务 5.1 基础上，继续打开工业机器人立体仓库虚拟仿真工作站，具体操作方法请参考实训任务 5.1 中的第（1）步。

2）新建任务程序文件，命名为“SCENTER”。

3）请在充分理解知识 5.1.3 所述的缩小活动半径计算方法后，编写以下程序语句：

```
Dim PMid(20)           '定义直交位置数组变量，长度 20 个
Base (0,0,0,0,0,0)     '将基座坐标系与世界坐标系重合
M_Tool = 1         '选用 1 号工具坐标系作为当前工具坐标系
PB = P_Base        '将 PB 坐标系与基座坐标系重合
PB.Z = P_Curr.Z    '将 PB 坐标系沿世界坐标系 Z 轴平移至与当前工具坐标系等高位置
P0 = PB            '将 PB 坐标系位置赋值给 P0
P1 = P_Curr        '将当前工具坐标系位置赋值给 P1
Mn = 0             '计算次数 Mn 清零
*Lmid              '计算中点位置入口
```

```
10 Mn = Mn + 1                   '计算次数加 1
11 PMid(Mn) = P_Curr             '获得当前工具坐标系的位置及本体标志数据
12 PMid(Mn).X = (P0.X + P1.X) / 2       '计算中点的 x 坐标
13 PMid(Mn).Y = (P0.Y + P1.Y) / 2       '计算中点的 y 坐标
14 PD = PMid(Mn)                 '将当前中点位置数据赋值给中间变量 PD
15 MDist = Dist(PD,PB)           '计算从当前中点位置到转动中心的活动半径
16 If MDist > 550 Then P1 = PMid(Mn) '如果活动半径过大，将当前中点赋值
                                      给 P1，为下一次向里求中点做准备
17 If MDist > 550 Then GoTo *Lmid     '如果活动半径过大，跳转至第 9 步，重
                                      新开始计算中点
18 If MDist < 500 Or PosCq(PD) <> 1 Then P0 = PMid(Mn)
'如果活动半径过小或无法到达，将当前中点赋值给 P0，为下一次向外求中点做准备
19 If MDist < 500 Or PosCq(PD) <> 1 Then GoTo *Lmid
'如果活动半径过小或无法到达，跳转至第 9 步，重新开始计算中点
20 PSafe = PMid(Mn)              '计算的中心位置合格，赋值给安全活动半径的目标位
                                 置 PSafe
21 Spd 300        '设置线性插补速度为 300mm/s
22 Mvs PSafe      '直线插补至 PSafe
23 Hlt
```

如果中点计算次数 Mn 超过第 1 行语句中数组变量长度，则会出现以下数组语法错误，如图 5-7 所示。此时，可以通过增加数组变量长度解决问题。

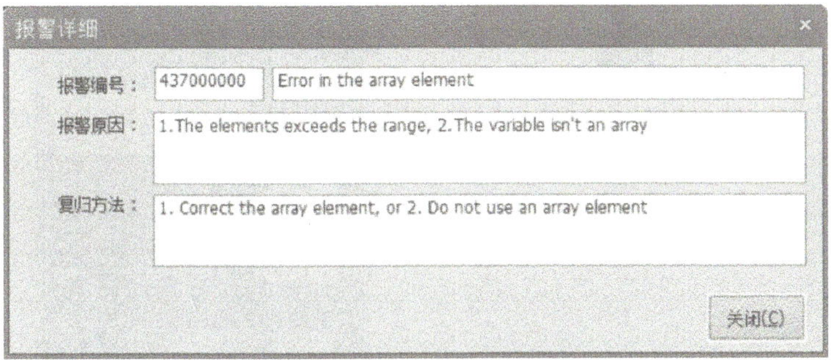

图 5-7　数组变量长度不够的错误提示

微课：操作演示

5-10　直交 JOG 与运行程序文件

4）保存程序文件 SCENTER。具体操作方法请参考实训任务 5.1 中的第（4）步。

5）通过直交 JOG 方式，移动末端工具到活动半径为 800mm 的位置，如图 5-8 所示。

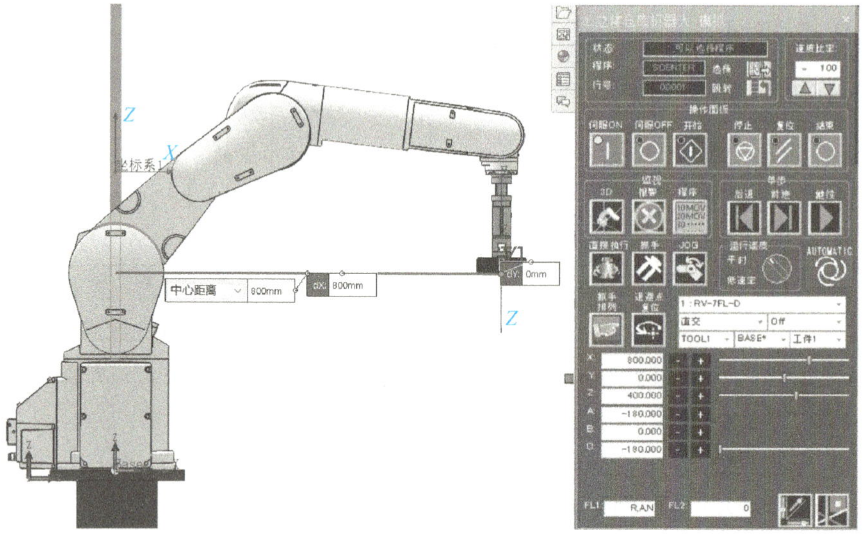

图 5-8　活动半径为 800mm 的机器人位姿图

6）运行程序文件 SCENTER。在虚拟控制面板中选择并运行 SCENTER 程序文件，如图 5-9 所示，具体操作方法请参考实训任务 5.1 中的第（6）步。

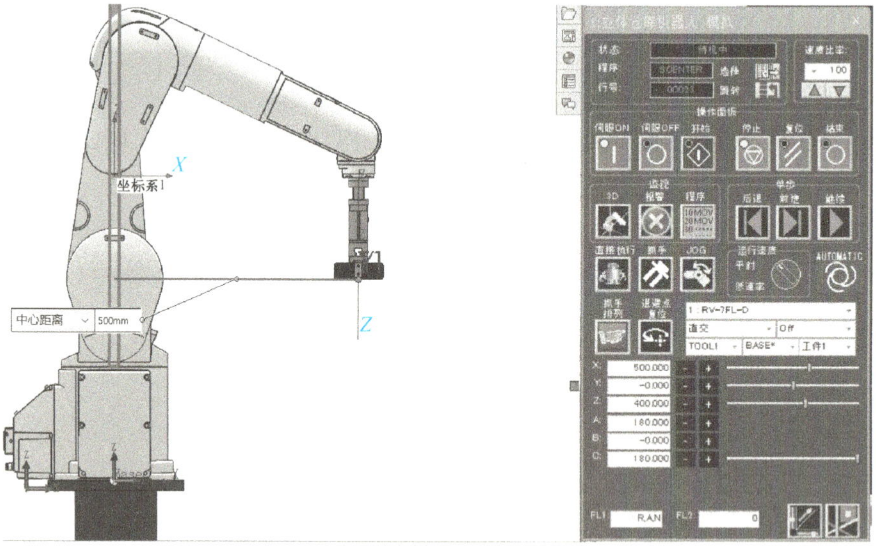

图 5-9　运行 SCENTER 程序后的机器人位姿图

7）监视程序文件运行情况。打开程序文件 SCENTER 所在任务插槽 1 的程序监视窗口，追加变量 Mn，实时监视程序运行时的中点计算次数值，如图 5-10 所示。通过监视可知，当前工具坐标系从 800mm 的活动半径启动时，一共计算了 3 次，才最终获得安全活动半径的目标位置。具体操作方法请参考实训任务 5.1 中的第（7）步。

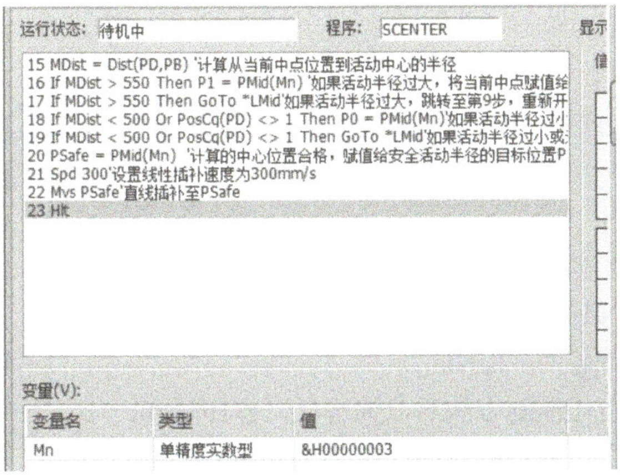

图 5-10　向中心靠拢程序运行监视界面

微课：操作演示

5-11　圆筒 JOG 与监视程序文件

8）通过圆筒 JOG 方式，移动末端工具到不同活动半径、不同角度位置分别启动程序文件的运行，查看中点计算次数情况。

实训任务 5.3　机器人动作初始化程序

一、任务介绍分析

动画：情景演示

5-12　任意启动位置下动作初始化

本次任务的主要内容是在综合应用前两个任务成果的基础上，编写机器人动作初始化的任务程序，控制机器人本体将终端工具从任意启动位置向中心靠拢，再安全地返回固定的初始位置，实现机器人动作初始化的目的，如图 5-11 所示，扫描二维码 5-12 可以观看“任意启动位置下动作初始化”的动画。

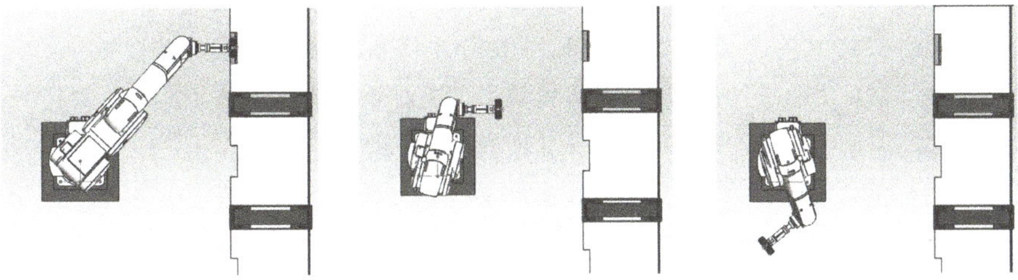

a)　　b)　　c)

图 5-11　动作初始化过程示意图

a) 启动时刻位置　b) 向中心靠拢后位置　c) 旋转至初始位置

为了理解并完成该任务，需要了解关节位置变量的概念、关节位置型特殊全局变量 J_Curr、If 条件判断语句等有关知识。请在进行相关理论知识的学习后，再按照任务实施步骤开展具体操作实践；也可以一边按照任务实施步骤，一边开展理论知识学习。

二、相关知识链接

知识 4.2.2、知识 4.2.3、知识 4.2.6、知识 5.1.4、知识 5.2.7。

微课：程序讲解

5-13 动作初始化程序设计

三、任务实施步骤

1）在任务 5.1 基础上，继续打开工业机器人立体仓库虚拟仿真工作站，具体操作方法请参考实训任务 5.1 中的第（1）步。

2）新建任务程序文件，命名为“SINIT”。

3）请在充分理解动作初始化控制方法后，编写以下程序语句：

```
Base (0,0,0,0,0,0)    '将基座坐标系与世界坐标系重合
M_Tool = 1            '选用 1 号工具坐标系作为当前工具坐标系
PB = P_Base           '将 PB 坐标系与基座坐标系重合
PB.Z = P_Curr.Z       '将 PB 坐标系沿世界坐标系 Z 轴平移至与当前工具坐标系等高位置
MDist = Dist(PB,P_Curr)      '计算从当前位置到转动中心的活动半径
If MDist >550 Then GoSub *SCENTER
                             '如果活动半径过大，执行向中心靠拢子程序
JTmp = J_Curr                '读取当前关节位置型数据给临时变量 JTmp
JTmp.J1 = JStart.J1          '修改临时变量 JTmp 的 J1 轴为初始位置的 J1 轴
Mov JTmp          '插补到 JTmp 位置，旋转 J1 轴至与 JStart 的 J1 轴相同角度
Mov JStart                   '插补到 JStart 初始位
Hlt                          '程序暂停
End                          '主程序结束
*SCENTER
    Dim PMid(20)             '定义直交位置数组变量，长度 20 个
    P0 = PB                  '将 PB 坐标系位置赋值给 P0
    P1 = P_Curr              '将当前工具坐标系位置赋值给 P1
    Mn = 0                   '计算次数 Mn 清零
    *LMid                    '计算中点位置入口
    Mn = Mn + 1              '计算次数加 1
    PMid(Mn) = P_Curr        '为获得当前工具坐标系的位置及本体标志数据
    PMid(Mn).X = (P0.X + P1.X) / 2 '计算中点的 x 坐标
    PMid(Mn).Y = (P0.Y + P1.Y) / 2 '计算中点的 y 坐标
    PD = PMid(Mn)                  '将当前中点位置数据赋值给中间变量 PD
    MDist = Dist(PD,PB)            '计算从当前中点位置到活动中心的半径
    If MDist > 550 Then P1 = PMid(Mn)
'如果活动半径过大，将当前中点赋值给 P1，为下一次向里求中点做准备
```

```
26      If MDist > 550 Then GoTo *LMid
'如果活动半径过大，跳转至第 9 步，重新开始计算中点
27      If MDist < 500 Or PosCq(PD) <> 1 Then P0 = PMid(Mn)
'如果活动半径过小或无法到达，将当前中点赋值给 P0，为下一次向外求中点做准备
28      If MDist < 500 Or PosCq(PD) <> 1 Then GoTo *LMid
'如果活动半径过小或无法到达，跳转至第 9 步，重新开始计算中点
29      PSafe = PMid(Mn) '计算的中心位置合格，赋值给安全活动半径的目标位置 PSafe
30      Spd 300          '设置线性插补速度为 300mm/s
31      Mvs PSafe        '直线插补至 PSafe
32 Return
```

4）将初始位变量 JStart 示教为（0,0,90,0,90,0），如图 5-12 所示。

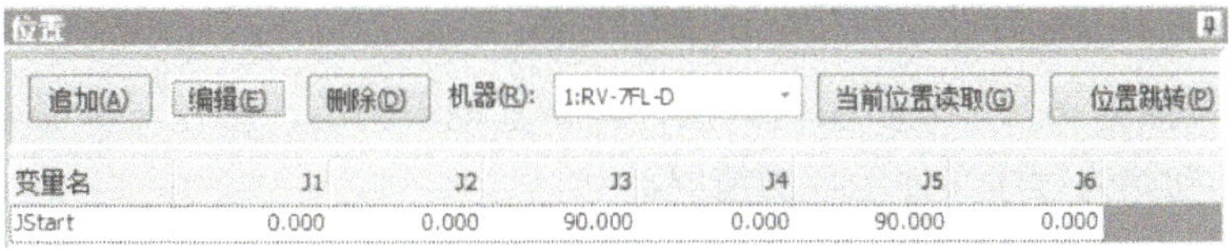

图 5-12　初始位变量示教结果

5）保存程序文件 SINIT。具体操作方法请参考实训任务 5.1 中的第（4）步。

6）通过直交 JOG 方式，移动工具坐标系到如图 5-13 所示的启动位置。

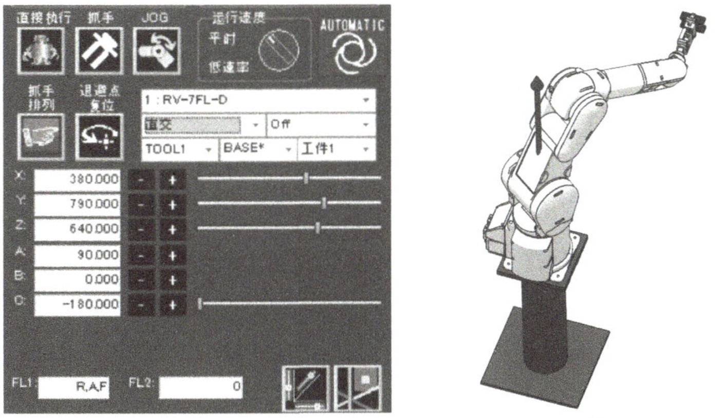

a)　　　　　　　　　　b)

图 5-13　启动位置的数据与姿态

a) 直交位置数据　b) 本体姿态图

7）运行程序文件 SINIT。在虚拟控制面板中选择并运行 SINIT 程序文件，具体操作方法请参考实训任务 5.1 中的第（6）步，程序文件运行后，机器人本体按图 5-14 所示的各个位置安全地回到初始位。

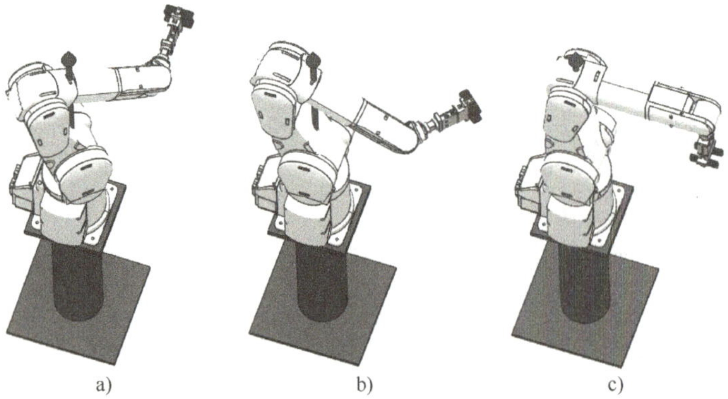

图 5-14　运行 SINIT 程序过程中各个机器人位姿图

a) 向中心靠拢位置　b) J_1 轴回初始位　c) 所有轴回初始位

8）继续按照第 6）、7）步操作方法，测试其他不同活动半径与机器人末端姿态的启动位置下，初始化程序文件运行的情况。

实训任务 5.4　机器人搬运托盘入库程序

一、任务介绍分析

本次任务的主要内容是在综合应用前 3 个任务成果的基础上，编写机器人自动搬运托盘入库的任务程序，控制机器人本体自动地从任意启动位置开始执行动作初始化，再将到达输送带末端的托盘搬运放入货架，如图 5-15 所示。

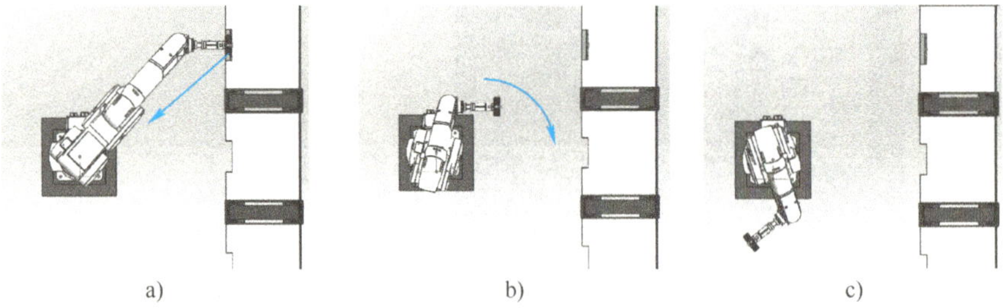

图 5-15　动作初始化过程示意图

a) 启动时刻位置　b) 向中心靠拢后位置　c) 旋转至初始位置

为了理解并完成该任务，需要了解关节位置变量的概念、关节位置型特殊全局变量 J_Curr、If 条件判断语句等有关知识。请在进行相关理论知识的学习后，再按照任务实施步骤开展具体操作实践；也可以一边按照任务实施步骤，一边开展理论知识学习。

二、相关知识链接

微课：程序讲解

5-14　SCT 程序文件的设计

知识 5.2.6、知识 5.2.8、知识 5.2.9、知识 5.4。

三、任务实施步骤

1）打开工业机器人立体仓库虚拟仿真工作站，具体操作方法请参考实训任务 5.1 中的第（1）步。

2）把 SINIT 程序文件复制、粘贴为 SCT 程序文件。

3）打开 SCT 程序文件，删除第 11 行程序语句，并将第 1～10 行程序语句修改为如下程序语句：（请扫描二维码 5-15 观看程序语句设计的讲解微课）

```
1 FPrm MJ1          '传递参数给 MJ1，作为向中心靠拢后 J1 轴的角度值，见第 9 行
2 Base (+0.00,+0.00,+0.00,+0.00,+0.00,+0.00)
                    '将基座坐标系与世界坐标系重合
3 M_Tool = 1        '选用 1 号工具坐标系作为当前工具坐标系
4 PB = P_Base       '将 PB 坐标系与基座坐标系重合
5 PB.Z = P_Curr.Z   '将 PB 坐标系沿世界坐标系 Z 轴平移至与当前工具坐标系等高位置
6 MDist = Dist(PB,P_Curr)        '计算从当前位置到转动中心的活动半径
7 If MDist >550 Then GoSub *SCENTER '如果活动半径过大，执行向中心靠拢子程序
8 JTmp = J_Curr            '读取当前关节位置型数据给临时变量 JTmp
9 JTmp.J1 = Rad(MJ1)       '修改临时变量 JTmp 的 J1 轴为参数传递下来的角度值
10 Mov JTmp   '插补到 JTmp 位置，旋转 J1 轴至与 JStart 的 J1 轴相同角度
11 End
```

4）新建任务程序文件，命名为“STRAN”。

5）输入以下程序语句：

微课：程序讲解

5-15　STRAN 程序文件的设计

```
1 M_Out(900) = 0         '抓手控制信号清零
2 M_Out(902) = 0         '托盘输送控制信号清零
3 CallP "SCT",0          '调用子程序文件"SCT"，向中心靠拢
                          后，J1 轴转至 0° 位置
4 '-----------------抓取托盘部分程序块
5    JOvrd 50            '关节速度设置为 50%
6    M_Tool = 1          '选择工具坐标系参数 1
7    Mov PGet,-150       '关节插补至抓取托盘位置前方 150mm 处
8    Spd 300             '线性速度设置为 300mm/s
9    Mvs PGet            '直线插补至抓取托盘位置
10    Dly 0.1            '延时 0.1s
11    M_Out(900) = 1     '抓手闭合
12    Dly 0.5            '延时 0.5s
```

```
    Spd 100            '线性速度设置为 100mm/s
    Mvs PGetUp         '直线插补至抓取托盘上方位置
    M_Out(902) = 1     '托盘输送带启动
'--------------------------------------
CallP "SCT",90         '调用子程序文件"SCT"，向中心靠拢后，J1 轴转至 90° 位置
'----------------------放置托盘部分程序块
    Spd 600            '线性插补速度为 600mm/s
    M_Tool = 1         '选择工具坐标系参数 1
    Mvs PPut,-380      '关节插补至放置托盘位置前方 380mm 处
    Spd 300            '线性速度设置为 300mm/s
    Mvs PPut           '直线插补至放置托盘位置
    Dly 0.1            '延时 0.1s
    M_Out(900) = 0     '抓手张开
    Dly 0.5            '延时 0.5s
    Spd 600            '线性速度设置为 600mm/s
    Mvs PPut,-380      '直线插补至放置托盘位置前方 380mm 处
'--------------------------------------
CallP "SCT",0      '调用子程序文件"SCT"，向中心靠拢后，J1 轴转至 0° 位置
Hlt                '程序暂停
End                '程序结束，返回调用的主程序
```

6）设置 I/O 模拟器，并单击开始 I/O 模拟功能，模拟输送带输送托盘的 902 控制信号，如图 5-16 所示。

动画：功能演示

5-16　输送带输送模拟

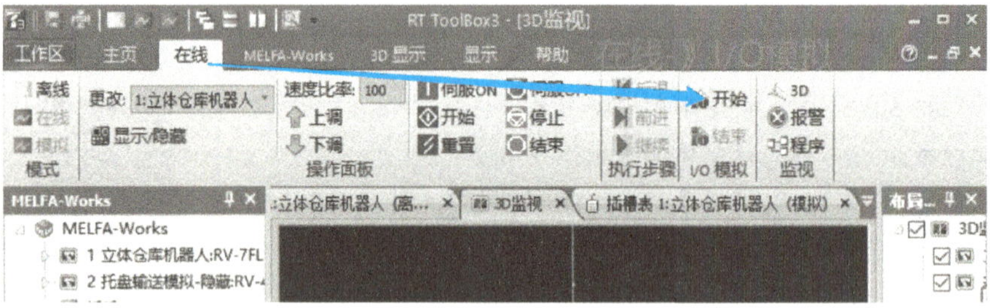

图 5-16　I/O 模拟控制面板

微课：操作演示

5-17　输送带的 I/O 模拟信号设置

7）设置抓手模拟控制信号。在 RT ToolBox 的 MELFA-Works 树目录下，双击“抓手设定”选项，在弹出的抓手属性设置窗口中，使能虚拟抓手 1、绑定控制信号地址为 900、抓取时工件虚拟姿态保持，如图 5-17 所示。

8）运行程序文件。在立体仓库机器人控制面板中选择主程序文件“STRAN”，速度比率设为 50，单击“开始”按钮，启动程序文件的运行。

9）改造主程序文件。分别把抓取托盘部分和放置托盘部分的程序语句块封装成子程序*SGet 和*SPut，如下所示，按照第 6）步测试程序运行。

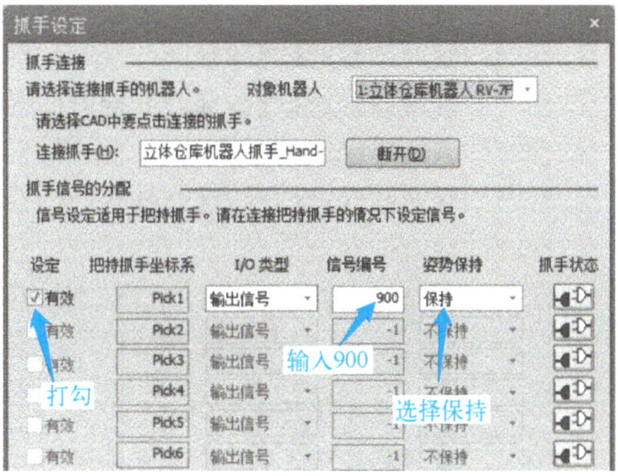

图 5-17 抓手属性设置窗口

```
M_Out(900) = 0      '抓手信号关闭
M_Out(902) = 0      '托盘输送控制信号清零
CallP "SCT",0       '调用子程序文件"SCT"，向中心靠拢后，J1 轴转至 0°位置
GoSub *SGet         '调用抓取托盘子程序
CallP "SCT",90      '调用子程序文件"SCT"，向中心靠拢后，J1 轴转至 90°位置
GoSub *SPut         '调用放置托盘子程序
CallP "SCT",0       '调用子程序文件"SCT"，向中心靠拢后，J1 轴转至 0°位置
End
'-------------------------------------
*SGet                    '以下程序为抓取托盘部分
    JOvrd 50             '关节速度设置为 50%
    M_Tool = 1           '选择工具坐标系参数 1
    Mov PGet,-150        '关节插补至抓取托盘位置前方 150mm 处
    Spd 300              '线性速度设置为 300mm/s
    Mvs PGet             '直线插补至抓取托盘位置
    Dly 0.1              '延时 0.1s
    M_Out(900) = 1       '抓手闭合
    Dly 0.5              '延时 0.5s
    Spd 100              '线性速度设置为 100mm/s
    Mvs PGetUp           '直线插补至抓取托盘上方位置
    M_Out(902) = 1       '托盘输送带启动
Return
'-------------------------------------
```

```
'--------------------------------------
*SPut                     '以下程序为放置托盘部分
   JOvrd 50               '关节速度设置为 50%
   M_Tool = 1             '选择工具坐标系参数 1
   Mov PPut,-380          '关节插补至放置托盘位置前方 380mm 处
   Spd 100                '线性速度设置为 100mm/s
   Mvs PPut               '直线插补至放置托盘位置
   Dly 0.1                '延时 0.1s
   M_Out(900)= 0          '抓手张开
   Dly 0.5                '延时 0.5s
   Spd 300                '线性速度设置为 300mm/s
   Mvs PPut,-380          '直线插补至放置托盘位置前方 380mm 处
Return
'--------------------------------------
```

【知识学习】

知识 5.1　工业机器人活动半径与初始化

知识 5.1.1　工业机器人活动半径的概念

工业机器人活动半径随机器人本体末端法兰有无安装工具而有所不同，当工业机器人刚出厂时，由于本体末端没有安装任何工具，因此，活动半径是指机器人本体末端法兰面中心到基座转轴的垂直距离，如图 5-18 所示。

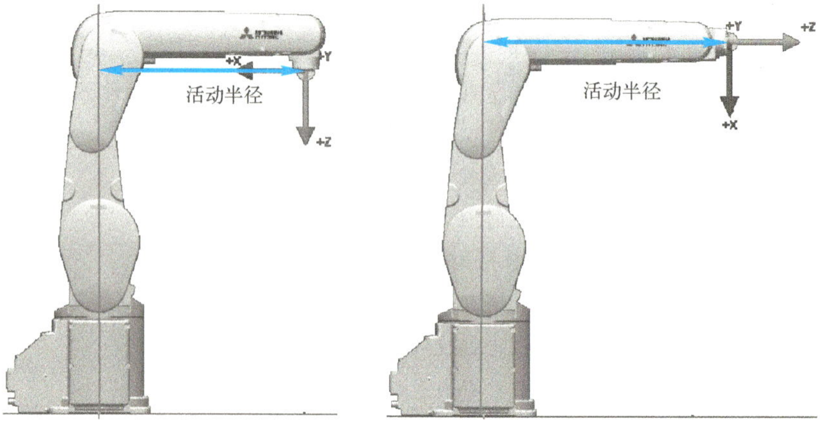

图 5-18　未安装工具时的活动半径

当工业机器人本体末端安装了工具时，活动半径是指终端工具最外围边缘距离 J_1 轴转轴的距离，如图 5-19 所示。

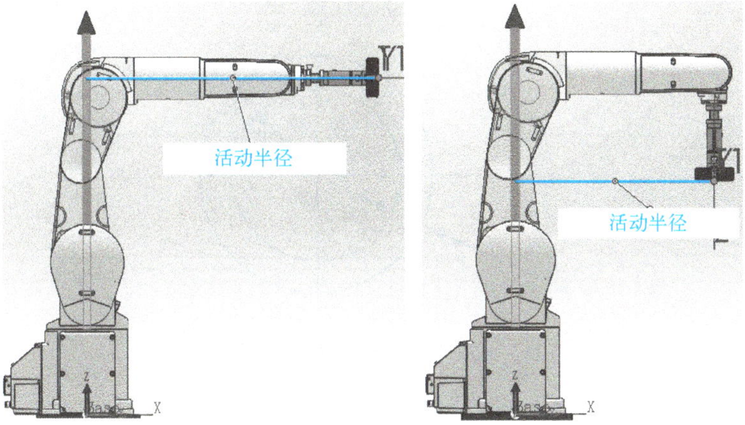

图 5-19　安装工具时的活动半径

知识 5.1.2　工业机器人活动半径的测量

工业机器人活动半径可由两点之间距离测量得到，这两点分别为工具坐标系原点 P_{to}、工具坐标系原点到 J_1 转轴的垂足 P_{bo}，如图 5-20 所示。

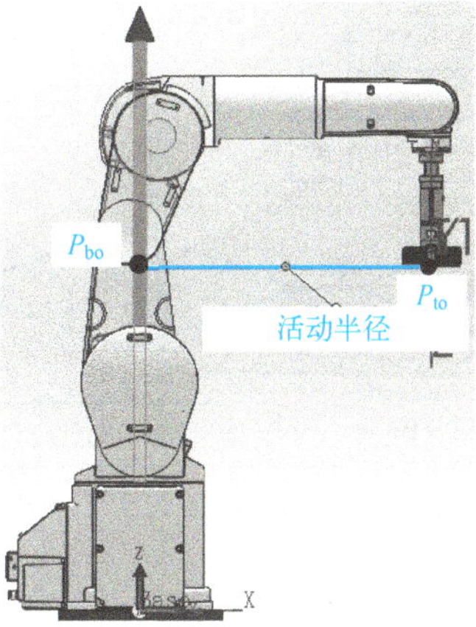

图 5-20　工业机器人活动半径测量点

将世界坐标系平移至垂足 P_{bo} 位置获得垂足坐标系$\{P_{\mathrm{bo}}\}$，通过 Dist 函数计算垂足坐标系$\{P_{\mathrm{bo}}\}$与工具坐标系$\{P_{\mathrm{to}}\}$原点之间的距离，即可测量得到活动半径的大小。假设基座坐标系与世界坐标系重合，则 $P_{\mathrm{bo}}.\mathrm{z}=P_{\mathrm{to}}.\mathrm{z}$，$P_{\mathrm{bo}}$ 的其余分量全为 0。

知识 5.1.3　缩小到安全活动半径的目标位置计算方法

机器人工作过程中有可能随时停机，因此，机器人的启动位置具有不确定性，如图 5-21 所示，3 个 P_Curr 为不同的当前启动位置，其向中心靠拢到安全活动半径的目标位置也不固定，因此无法手动示教或用程序简单赋值。为了自动计算该目标位置，设计了如图 5-22 所示的计算方法。

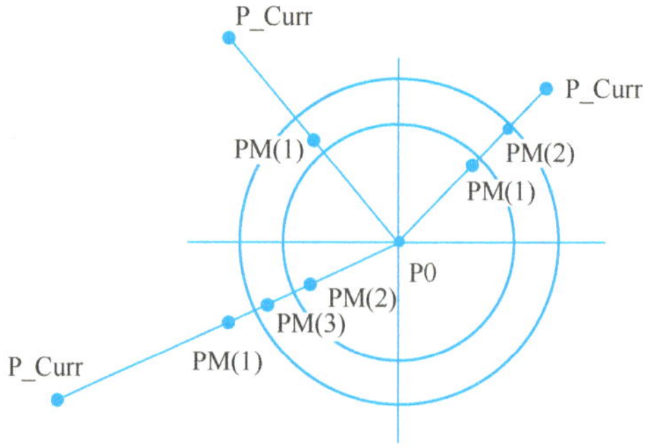

图 5-21　求安全位置和可到达位置的示意图

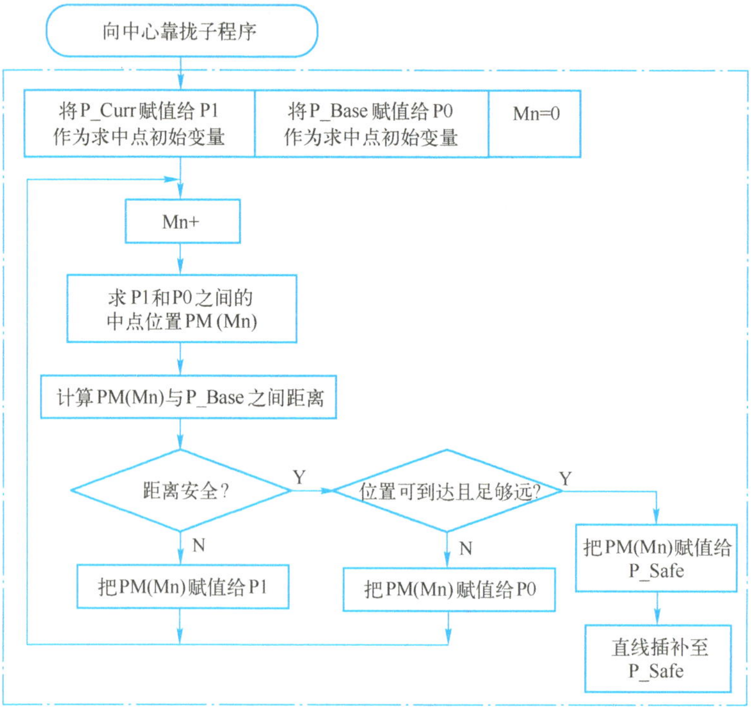

图 5-22　求安全位置和可到达位置的流程图

1）首先，获取当前工具坐标系的直交位置数据给 P1，垂足坐标系的直交位置数据给 P0，Mn 变量清零。

2）Mn 自动加 1。

3）计算 P0 与 P1 之间的中点位置，赋值给数组变量 PM(1)。

4）计算 PM(1)位置的活动半径。

5）若活动半径过大，则将 PM(Mn)赋值给 P1，并返回至第 2）步，继续向里求中点。

6）若活动半径过小，则将 PM(Mn)赋值给 P0，并返回至第 2）步，继续向外求中点。

7）若活动半径安全合法，将 PM(Mn)赋值给 P_Safe，作为目标安全位置，向中心插补靠拢。

知识 5.1.4　动作初始化控制方法

机器人启动时，自动执行动作初始化的控制流程设计如下：测量当前活动半径，并判断活动半径是否安全。如果终端工具的末端位置处于安全活动半径内，则直接旋转机器人本体 J_1 轴到初始位 JStart 的 J_1 关节角度值，再关节插补到初始位 JStart。如果终端工具的末端位置处于不安全活动半径位置，则先到达缩小到安全活动半径的目标位置，再依次旋转机器人本体 J_1 轴到初始位 JStart 的 J_1 关节角度值，关节插补到初始位 JStart，具体操作方法如图 5-23 所示。

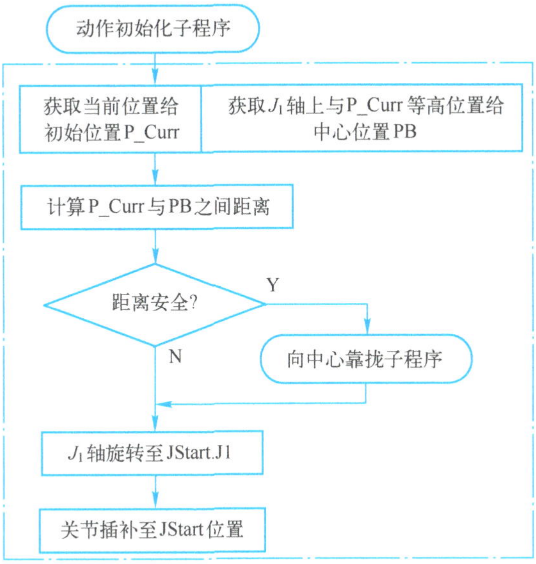

图 5-23　机器人动作初始化的控制流程图

知识 5.2　相关指令与函数介绍

知识 5.2.1　Base 基座变换指令

【指令功能】

该指令指定从世界坐标系至基座坐标系的变换。

【语法结构】

```
Base <基本变换数据>
```

【指令参数】

<基本变换数据>：用直交位置矩阵或直交位置变量表示。

【指令样例】

```
1 Base (50,100,0,0,0,90)        ' 变换数据以常数输入
```

```
2 Mvs P1
3 Base P2                              ' 变换数据以常数输入
4 Mvs P1
5 Base P_NBase                         ' 变换数据返回到初始值
```

【使用说明】

1）基本变换数据的 X、Y、Z 成分，表示从世界坐标系到基座坐标系所需的平移量；A、B、C 成分表示从世界坐标系变换至基座坐标系所需的旋转量。

X——往 *X* 轴方向平行移动距离。

Y——往 *Y* 轴方向平行移动距离。

Z——往 *Z* 轴方向平行移动距离。

A——绕 *X* 轴的回转角度。

B——绕 *Y* 轴的回转角度。

C——绕 *Z* 轴的回转角度。

2）A、B、C 的正负号符合笛卡儿坐标系右手螺旋守则。

3）当用直交位置变量表示<基本变换数据>时，构造标志数据 FL1 和多旋转标志数据 FL2 无意义。

4）基座变换的系统初始值为 P_NBase=(0,0,0,0,0,0) (0,0)。

知识 5.2.2　Dist 两点间距计算函数

【指令功能】

该指令计算两坐标系原点之间的距离。

【语法结构】

```
<数值变量>= Dist (<位置 1>, <位置 2>)
```

【指令参数】

<位置 1>、<位置 2>：用直交位置矩阵或直交位置变量表示。

【指令样例】

```
1 M1=Dist(P1,P2)  ' 计算 P1 原点到 P2 原点的距离，赋值给 M1
```

【使用说明】

1）返回位置 1 和位置 2 原点之间的距离（mm）。

2）位置数据的角度位置被忽视，只使用 *X*、*Y*、*Z* 的数据计算。

3）无法使用关节变量，使用时会发生报警。

4）<位置 1>，<位置 2>无法表述有自变量的函数，执行时会发生报警。

知识 5.2.3　PosCq 位置可到达确认函数

【指令功能】

该指令确认被给予的位置是否进入动作范围内，如果给予的位置变量进入机器人有效的动作范围内，函数返回数值 1，否则返回 0。

【语法结构】

```
<数值变量> = PosCq(<位置变量>)
```

【指令参数】

<位置变量>：直交位置型或关节位置型数据。

【指令样例】

```
1 M1=PosCq(P1)     '若 P1 的位置在动作范围内，则 M1 被赋值 1
```

【使用说明】

1）函数的结果为只读数据 0 或 1，不可对函数赋值或强制修改。

2）指令参数可以是变量或常数。

知识 5.2.4　GoTo 跳转指令

【指令功能】

该指令将程序指针无条件地跳转至指定标签所在行地址。

【语法结构】

```
GoTo <标签>
```

【指令参数】

<标签>：详见标签的语法结构，表示程序即将跳转的目标行。

【指令样例】

```
10 GOTO  *L100        ' 无条件地跳转到标签*L100 的程序行
:
100 *L100             ' *L100 标签所在行
101 MVS  P1           ' 直线插补到 P1 位置
```

【使用说明】

1）该指令是程序跳转指令，不是子程序调用指令；跳转指令参数表示某一行语句地址的记号；跳转目的行语句与跳转指令在同一个程序文件内。

2）必须存在指定的标签名，否则报错。

3）不得在 If—EndIf 语句之间或 Select—End Select 语句之间使用 GoTo 跳转，否则程序报错。

4）跳转后不可用 Return 指令返回，也无须返回。

知识 5.2.5　标签

【指令功能】

标签表示某一行程序语句地址的记号或子程序名。

【语法结构】

```
*<标签名>
```

【指令参数】

<标签名>：由可用的字符串构成。

【指令样例】

```
10 Goto *Check       '跳转至第 50 行
…
50 *Check            '标签*Check
51 GoSub *S1         '调用*S1 子程序
52 End               '主程序结束
53 *S1               '子程序名*S1
54 M1= M1 + 2
55 Return
```

【使用说明】

1）标签名必须符合标识符的命名规则，且不得以已经被变量使用的字符串命名。

2）与 GoTo 指令配合使用时，标签的功能是某一行地址的记号，之后不需要 Return 语句返回；与 GoSub 指令配合使用时，标签的功能是子程序名，代表的是子程序的入口地址，在子程序结束时必须使用 Return 语句返回。

知识 5.2.6　CallP 子程序文件调用指令

【指令功能】

该指令调用指定程序文件名的子程序。指令功能与 GoSub 指令类似。

【语法结构】

```
CallP "<程序文件名> " [, <自变量> [, <自变量>] …]
```

【指令参数】

<程序文件名>：用字符串常数或字符串变量指定程序。

<自变量>：程序被调用时，程序会指定替换的变量或常数。自变量的最大个数为 16。

【指令样例】

① 在调用程序替换自变量时

```
主程序文件：
1 M1=0
2 CallP "10" ,M1,P1,P2
3 M1=1
4 CallP "10" ,M1,P1,P2
:
10 CallP "10", M2,P3,P4
:
15 End
"10"子程序文件：
1 FPrm M01, P01,P02
2 If M01<>0 Then GoTo *LBL1
```

```
3 Mov P01
4 *LBL1
5 Mvs P02
6 End                        '在此会返回到主程序
```

*在主程序的第 2、4 步被执行时，M1，P1，P2 分别被设定为子程序的 M01，P01，P02，在主程序的第 10 步被执行时，M2，P3，P4 被设定为子程序的 M01，P01，P02

② 在调用程序没有替换自变量时

```
主程序文件的指令
1 Mov P1
2 CallP "20"
3 Mov P2
4 CallP "20"
5 End
"20"子程序文件的指令
1 Mov P1                     '子程序的 P1 和主程序的 P1 不同
2 Mvs P002
3 M_Out(17)=1
4 End                        '在此会返回到主程序
```

【使用说明】

1）在 CallP 指令里被执行的子程序，以 End 指令结束，并返回到主程序。在没有 End 指令等的情况下，最终行执行后，返回到主程序。

2）将自变量替换的情况下，以 CallP 指令表述自变量的同时，必须在子程序的前面以 FPrm 指令定义自变量。

3）主程序和子程序、自变量的型及个数不同的情况下（在 FPrm 指令下），执行时会发生报警。

4）将程序复位的情况下，会返回到主程序的前面控制。

5）在主程序里执行的定义指令（Def Act、Def FN、Def Plt、Dim）在子程序为无效。从子程序返回时会再度变成有效。

6）速度、Tool 数据即使在子程序里也全部有效。Accel、Spd 的值为无效。Oadl 的模式为有效。

7）在子程序中使用 CallP 并且可以执行其他子程序。但是，无法在主程序及已经有在其他任务插槽中，调用执行中的程序。而且，也无法调用本身的程序。

8）可以从最初的主程序开始，执行 8 阶段（阶层）的子程序 CallP。

9）可以从主程序向子程序传递参数，改变子程序中变量的数值，但是不能在子程序中通过改变变量的数值来传递子程序的处理结果到主程序中。如果想要在主程序中使用子程序内的处理结果，通过使用全局变量来传递该数据。

知识 5.2.7 End 主程序结束指令

【指令功能】

在主程序文件中，执行该指令表示主程序语句的最后一行；在子程序文件中，则用于返回主程序文件。

【语法结构】

```
End
```

【指令参数】

无

【指令样例】

```
1  Mov P1                   ' 主程序文件 S1
2  GoSub *ABC               1 CallP "T1"  '调用子程序文件 T1
3  End ' 程序的结束          2 End
 :
10  *ABC                    ' 子程序文件 T1
11   M1=1                   1 Dly 1
12  Return                  2 End  '返回主程序主程序文件 S1 中的第 2 行
```

【使用说明】

1）当执行 End 指令语句后，循环模式下程序指针自动返回至第一行程序语句。

2）一个程序文件语句中，允许出现多个 End 指令语句。

3）如果程序语句中没有 End 指令语句，则执行到最后一行，就认为是程序的结束。

知识 5.2.8 FPrm 指令

【指令功能】

在子程序中定义传递参数的类型及数量，用于接收来自主程序传递下来的参数数据（当主程序使用 CallP 指令调用另外程序文件时）。

【语法结构】

```
FPrm<假设参数> [,<假设参数>] …
```

【指令参数】

<假设参数>：子程序中定义的变量，用于接收从主程序传递来的参数数据。任意型的变量皆可使用，最多可使用 16 个变量。

【指令样例】

```
<主程序>
1 M1=1
2 P2=P_Curr
3 P3=P100
```

```
4 CallP "100",M1,P2,P3 '也可以表述成类似 CallP "100", 1, P_Curr, P100.
5 End
<子程序"100">
1 FPrm M1,P1,P2
2 If M1=1 Then GoTo *LBL
3 Mov P1
4 *LBL
5 Mvs P2 ' 下一句返回主程序第 5 行
6 End
```

【使用说明】

1）在调用子程序但不传递参数的情况下，不使用 FPrm 指令。

2）CallP 传递的参数和以 FPrm 定义的假设参数在个数或数据类型不一致时，会发生报警。

3）该指令无法从子程序中传递参数给主程序。想要在主程序中使用子程序内的处理结果，可使用全局变量来传递数值。

知识 5.2.9　Rad 弧度单位转换函数

【指令功能】

将以度为单位的角度数值转换为以弧度为单位的弧度数值。

【语法结构】

```
<数值变量> = Rad(<数式>)
```

【指令参数】

<数式>：数值型数据。

【指令样例】

```
1 P1=P_Curr
2 P1.C=Rad(90)
3 Mov P1 ' 只往将 C 轴从现在位置变为 90° 的 P1 移动
```

【使用说明】

1）该指令将数式的值由角度单位的度（deg）转换为弧度（rad）。

2）该指令常使用于代入位置变量的姿势成分及计算三角函数的情况。

知识 5.3　相关特殊全局变量介绍

知识 5.3.1　P_Curr 工具坐标系的当前直交位置数据

【指令功能】

该指令读取当前工具坐标系对应的直交位置位置（X,Y,Z,A,B,C,L1,L2）（FL1,FL2）。

【语法结构】

```
<位置变量>= P_Curr [ (<机器号码>) ]
```

【指令参数】

<位置变量>：指定代入的位置变量。

<机器号码>：输入机器号码1～3，省略时为1。

【指令样例】

```
1 Def Act 1,M_In(10)=1 GoTo *LACT ' 定义中断
2 Act 1=1 ' 中断开启
3 Mov P1
4 Mov P2
5 Act 1=0 ' 中断关闭
...
100 *LACT
101 P100=P_Curr ' 进入中断后，读取当前直交位置数据
102 Mov P100,-100
103 End  '程序结束
```

【使用说明】

1）该指令只读，不可赋值。

2）读取该特殊全局变量时，必须确定当前使用哪个工具坐标系、基座变换Base参数数据；不同的工具坐标系或基座变换参数，读取的P_Curr不一样。

知识5.3.2　P_Base当前基座变换参数

【指令功能】

该指令读取当前基座变换参数(X,Y,Z,A,B,C)(0,0)。

【语法结构】

```
<位置变量>= P_Base [ (<机器号码>) ]
```

【指令参数】

<位置变量>：指定代入的位置变量。

<机器号码>：输入机器号码1～3，省略时为1。

【指令样例】

```
1 P1 = P_Base ' 读取当前设定的基座变换参数，并赋值给P1变量
```

【使用说明】

1）该指令只读，不可赋值。

2）通过Base变换指令，可以修改P_Base读出的数据。特别注意，通过Base指令修改基座变换参数后，会影响事先示教好的位置重现。

知识 5.4　数组变量及定义

将多个数据类型相同的变量按照无序排列组成的集合叫作数组变量。数组变量有变量名，组成数组的各个变量叫作数组元素。按照数组的排列列数不同，可以分为一维数组、二维数组和三维数组。可以通过 Dim 语句来定义数组变量，最多可以定义三维数组。数组变量的下标从 1 开始。数组类型包括数值型、字符串变量数组、直交位置变量数组和关节位置变量数组。

例如：

```
Dim M1(10) 单精度实数型
Dim M2%(10) 整数型
Dim M3&(10) 长精度整数型
Dim M4!(10) 单精度实数型
Dim M5#(10) 双精度实数型
Dim P1(20)
Dim J1(5)
Dim ABC(10,10,10)
```

数组变量只有定义过以后才能被使用，使用时，通过下标引用数组变量的元素，例如：

```
Dim MAge(3)
MAge(1) = 12
MAge(2) = 14
MAge(3) = 20
```

知识 5.5　关节变量及定义

关节变量是以 J 字母开头的变量或通过 Def Jnt 指令定义的变量。

关节位置变量只能被赋值关节位置数据。引用变量的某个成分值时，可在变量名的后面加上“.”和成分名“J1”等。

JData.J1、JData.J2、JData.J3、JData.J4、JData.J5、JData.J6 成分的单位为弧度（rad）。在进行度的变换时，可使用 Deg 函数，如 M2=Deg（P1.A）。

举例：

```
JData=(0,180,90,0,0,0,0,0)        ''''为变量 JData 赋值
M1=JData.J1                       ''''单位为 mm，引用 J1
M2=Deg(JData.J2)                  ''''单位为°，引用 J2
Def Jnt K10                       ''''定义 K10 为关节位置变量
MOV K10                           ''''将各个关节插补至变量 K10
```

参 考 文 献

[1] 蔡自兴. 机器人学[M]. 北京：清华大学出版社，2000.

[2] 孙树栋. 工业机器人技术基础[M]. 西安：西北工业大学出版社，2007.

[3] 樊泽明，吴娟，任静，等. 机器人学基础[M]. 北京：机械工业出版社，2011.

[4] 黄金梭，沈正华. 工业机器人应用技术[M]. 北京：机械工业出版社，2019.

[5] 宋云艳. 工业机器人离线编程与仿真[M]. 北京：机械工业出版社，2021.

[6] 朱国云，王丽. EASY-ROB 机器人离线编程项目教程[M]. 北京：机械工业出版社，2020.

[7] 三菱电机自动化（中国）有限公司. CR750/CR751/CR760 系列控制器的操作说明书：功能和操作的详细说明（BFP-A8985-B）[Z]. 2015.

[8] 三菱电机自动化（中国）有限公司. CR750/CR751/CR760 系列控制器的操作说明书：从控制器安装及基本操作到维护（BFP-A8984-B）[Z]. 2015.

[9] 三菱电机自动化（中国）有限公司. RT ToolBox3 / RT ToolBox3 mini 操作说明书[Z]. 2015.

[10] 三菱电机自动化（中国）有限公司. RT ToolBox3 Pro MELFA-Works 功能说明书[Z]. 2017.

[11] 三菱电机自动化（中国）有限公司官方网站[EB/OL].（2022-08-10）[2022-08-10]. http://cn.mitsubishielectric.com/fa/zh/.

[12] 三菱电机自动化（中国）有限公司资料中心网站[EB/OL].（2022-08-10）[2022-08-10]. https://mitsubishielectric.yangben.cn/assets/51447151038d45ff881ac6bbad6f387f.